流域洪水极值时空演变

研究方法与应用

LIUYUHONGSHUIJIZHISHIKONGYANBIAN
YANJIUFANGFAYUYINGYONG

◎杜鸿 夏军 曾思栋 著

图书在版编目(CIP)数据

流域洪水极值时空演变研究方法与应用 / 杜鸿，夏军，曾思栋著. —武汉：长江出版社，2020.10
ISBN 978-7-5492-7276-1

Ⅰ. ①流… Ⅱ. ①杜… ②夏… ③曾… Ⅲ. ①区域洪水－极值(数学)－研究－中国 Ⅳ. ①P331.1

中国版本图书馆 CIP 数据核字(2020)第 203382 号

流域洪水极值时空演变研究方法与应用　　杜鸿 夏军 曾思栋 著

责任编辑：张蔓
装帧设计：蔡丹
出版发行：长江出版社
地　　址：武汉市解放大道 1863 号　　邮　　编：430010
网　　址：http://www.cjpress.com.cn
电　　话：(027)82926557(总编室)
　　　　　(027)82926806(市场营销部)
经　　销：各地新华书店
印　　刷：武汉市首壹印务有限公司
规　　格：787mm×1092mm　1/16　12.5 印张　258 千字
版　　次：2020 年 10 月第 1 版　2020 年 10 月第 1 次印刷
ISBN 978-7-5492-7276-1
定　　价：48.00 元

前言

PREFACE

气候变化改变了全球水文循环现状和水资源时空演变规律，影响了水文极值事件发生的频率和强度。近几十年来，我国洪涝灾害频繁发生，给人民生命财产带来了巨大损失，对区域水资源安全造成了严重威胁。气候变化背景下洪水极值事件的时空演变规律的研究，对区域防灾减灾、流域水资源适应性管理、社会经济的可持续发展具有重要的科学意义和应用价值。本书选取了我国洪涝灾害典型流域为研究区域，采用多种统计学方法分析了该流域洪水极值事件的时空演变规律和周期变化特征，研究了气候变化背景下洪水极值事件的概率统计规律，进一步基于统计途径和成因途径探索了气候变化对流域洪水极值事件发生频率和强度的影响。

第一章介绍了研究背景与意义，综述了洪水极值事件以及洪水频率分析的研究进展，介绍了本书的研究区域概况与数据资料来源。第二章介绍了流域洪水极值事件的选取，研究了洪水极值的时空变化特征。第三章介绍了基于极值分布理论的流域洪水极值事件的站点和区域频率分析，探讨了分位数估计的准确性和不确定性。第四章介绍了基于Copula函数的流域洪水极值事件的多变量频率分析。第五章基于统计途径构建了参数时变的极值统计模型，研究了流域洪水极值事件的非一致性变化特征，基于成因途径构建了流域水文模型，对流域洪水极值事件进行了未来气候情景下的预估，进一步研究了气候变化背景下洪水极值事件发生的时空变化规律，分析了气候变化对洪水极值事件发生频率和强度的影响。第六章总结了本书研究的主要结论，提出了今后需要进一步研究的问题。

本书得到美丽中国生态文明建设科技工程专项（编号：XDA23040500）、国家自然科学基金青年基金资助项目（编号：51809008）、湖北省自然科学基金项目（编号：2018CFB123）、中南民族大学中央高校基本科研业务专项资金项目（编号：CZY18042）资助出版。

由于作者水平有限，书中难免有不完善之处，敬请读者不吝指正！

著者

2020年4月25日

目 录

CONTENTS

CONTENTS

第一章 绪 论

1.1 研究背景及意义

1.1.1 研究背景

联合国政府间气候变化专门委员会(The Intergovernmental Panel on Climate Change, IPCC)第五次评估报告认为,全球气候变化已是不争的事实。气候变化将改变全球水文循环的现状,直接影响降水、蒸发、径流、土壤湿度等,导致洪涝、干旱等极端水文事件的发生,增加水旱灾害风险,对全球和区域水资源安全构成严重威胁。极端水文气象灾害不但直接引起人员伤亡和财产损失,还造成一系列其他灾害,如滑坡、泥石流、疫病等,严重威胁和制约人类生存及区域社会经济的可持续发展。根据最近的统计显示,全球气候变化和极端气候事件所造成的经济损失在过去 40 年平均上升了 10 倍,其中与水有关的洪水、干旱等灾害平均每年造成 1000 亿美元的损失,相当于全部自然灾害损失的一半。因此,气候变化背景下极端水文气象事件的研究引起了国际社会、各国政府和科学界的高度重视和广泛关注,成为众多国际研究计划的重点内容。例如,1986 年国际地圈生物圈计划(IGBP),1988 年全球能量与水循环实验计划(GEWEX),1995 年国际水文计划(IHP)等重点研究了气候变化对水文循环的影响,为进一步研究气候变化背景下极端水文气象事件奠定了基础。1997 年,CLIVAR(Climate Variability and Predictability),GCOS(Global Climate Observing System)和 WMO(World Meteorological Organization)在美国召开了研讨会,探讨了气候变化监测、检测和极端气候指标体系。2006 年,水文气象安全问题国际会议在莫斯科召开,围绕极端水文气象事件的影响、预测预警以及对策研究等方面进行了讨论。2008—2013 年联合国教科文组织开展实施的国际水文计划第七阶段计划(IHP Ⅶ)将"水文灾害、水文极端事件及与水有关的灾难"作为一个重点研究领域。2012 年,IPCC 发表了一份特别报告《管理极端事件和灾害风险,推进气候变化适应》,重点阐述了气候变化和极端气候事件及其影响,以及相关风险管理战略。近年来,我国也启动了诸多研究项目和计划,对气候变化背景下极端水文气象事件进行了全面研究。例如,2008 年,国家科技部启动了"十一五"科技支撑计划重点项目"我国主要极端天气气候事件及重大气象灾害的监测、检测和预测关键技术研究"。同年,水利部公益性行业科研专项项目"中国极端洪水干旱预警与风险管理关键技术"

启动，基于气候水文征兆建立极端洪水、干旱事件预警预报模型，评估极端洪水、干旱灾害风险，同时深入研究极端洪旱灾害风险管理的社会消化机制和市场激励机制。2010年，“气候变化对我国东部季风区陆地水循环与水资源安全的影响及适应对策”国家重大科学研究计划973项目启动，气候变化背景下我国东部季风区洪涝灾害高风险区极端洪涝水文事件发生规律及演变趋势的研究是其中一项重要研究内容。同年，另一个国家973项目“气候变化对黄淮海地区水循环的影响机理和水资源安全评估”启动，其中气候变化对旱涝灾害的驱动机制、影响及风险评估是拟解决的关键科学问题之一。2012年，我国全球变化研究国家重大科学研究计划“十二五”专项规划将全球变化背景下极端天气气候事件的演变规律、影响和适应作为一个重点研究领域。

全球气候变化在一定程度上改变了水文循环过程和水资源的时空格局，影响了洪水和干旱等极端水文事件发生的频率、强度和时空分布特征，加剧了水旱灾害的风险，对现有水利工程和水安全应急管理系统造成严重威胁。因此，开展气候变化背景下极端水文事件的时空演变规律的研究是现代水文科学发展中亟待解决的问题，也是人类社会为保障全球和区域水安全，进行水资源适应性管理对水文科学提出的现实需求。

1.1.2 研究意义

第一，洪水、干旱等极端水文事件的研究是国内外关注的焦点和研究的热点问题之一。由于全球气候变化的影响，极端水文气象事件，如洪水，干旱等的发生可能将变得更加频繁。随着人类社会和经济的发展，人口和经济的暴露度不断增加，频繁发生的极端水文事件给人类生活、社会经济发展等造成了更加严重的影响和损失，加剧了全球和区域水安全问题。近十多年来，世界各地因极端天气事件所引发的自然灾害给人类社会和生态环境造成的直接经济损失呈指数上升趋势，由此导致的人口死亡率也在不断增长。在全球气候变化的大背景下，我国的洪水、干旱等极端水文事件频繁发生，加剧了灾害风险。气候变化影响下我国极端水文事件的风险增加，可能改变我国现有防洪抗旱的标准和格局，进一步加剧防御水旱灾害的难度。因此，关于气候变化对洪水、干旱等极端水文事件的影响的研究已成为一个亟待解决的科学问题。

第二，气候变化背景下洪水极值事件的研究是面向国家的重大需求问题。我国水资源分布不均，年际变化大，洪涝灾害频繁，给社会经济发展和人民生命财产带来了巨大的损失。据统计，1990—2005年全国年均洪涝灾害损失达1100多亿元，随着气候变暖趋势的加剧，极端水文气象事件突发多发频发，防洪安全不容乐观，成为国家水安全重点关注的问题。因此，在气候变化的大背景下，针对我国流域水循环、水资源时空变化规律以及洪涝灾害等重大水问题，开展气候变化背景下流域洪水极值事件统计规律与特征的研究，探讨气候变化背景下洪水极值事件发生的频率和强度的变化，对于科学认识气候变化背景下我国陆地水循环的时空演变特征，把握气候变化对洪水极值事件的影响规律，评估气候变化对区域和流域水安全的影响，对流域防洪规划设计、大型水电工程规划开发和运行管理、区域防灾减灾和经济社会可持续发展等具有重要科学意义与应用价值。

第三，气候变化背景下流域洪水极值事件的统计特征和规律的研究对保障该流域的水安全、实施应对气候变化的水资源适应性管理具有重大意义。受东亚季风活动的影响，我国东部地区大范围的洪涝灾害严重，尤其以江淮流域最为突出。如淮河流域地处我国南北气候过渡带，以北为暖温带区，以南为亚热带区，由于其特殊地理特征，极易发生洪涝灾害。据历史文献记载统计，从14—19世纪的500年，流域内发生较大水灾350次，不足两年一次；黄河夺淮初期的12、13世纪，平均每百年发生水灾35次；14、15世纪，平均每百年发生水灾75次；16世纪至新中国成立初期的450年，平均每百年发生水灾94次。1921年、1931年相继发生了全流域大洪水，1954年发生了新中国成立以来最严重的大洪水事件，1991年再次发生全流域大洪水。随着全球变暖，进入21世纪，流域内洪水灾害呈现不断加剧趋势，2003—2008年6年中出现了5次大范围的洪水，2012年沂沭河暴雨洪水，给人民生活和社会经济发展带来了严重损失。因此，研究气候变化背景下流域洪水极值事件的时空演变特征与概率统计规律，对流域的水资源安全、水资源管理和防灾减灾等方面都具有十分重要的理论意义与现实意义。

1.2 洪水极值事件的定义及指标

(1)极端气候事件的定义及指标研究

世界气象组织(WMO)规定，一般30年以上一遇的气候事件为极端气候事件，即气候变量超出一定历史时期的累年极值。气候统计学中常用概率分位数作为气候极端值的阈值，超过阈值即可认为是气候极值。一般地，极端气候事件可以从以下三方面特征来定义：事件发生的频率相对较低；事件有相对较大或较小的强度值；事件导致了严重的社会经济损失。当然，对于某一具体的极端气候事件，通常不同时具备以上三方面特征。根据IPCC第三次和第四次评估报告，极端气候事件是对于某一个特定的地点和时间，发生概率很小的事件，通常发生概率只占该类气候事件的10%或者更低，即小概率事件。美国气候变化科学项目综合评估报告中给出的极端事件定义为出现概率小于或等于10%的事件。这种基于气候要素的概率分布的定义方法考虑了区域差异性，避免了事件的绝对强度随不同地区差异较大，难以用统一标准比较的问题。从统计意义上讲，极端气候事件是指某地的气候状态严重偏离了其平均状态的小概率事件。目前大多数学者利用全球和区域空间尺度的几十年甚至上百年时间尺度的气候记录资料，采用时间序列和概率统计方法来定义极端气候事件，进而研究极端气候事件的变化特征。一是采用概率百分位数作为极端事件的阈值，超过或者小于该阈值即被认为是极端事件；二是根据不同概率分布类型的边缘值确定气候极端值或阈值。

事实上,大范围暴雨洪涝、长期干旱、台风等都可以看作极端气候事件。

研究极端气候事件的时空变化特征通常有两种方法:一是定义极端气候事件相关的代用气候指数;二是根据极端气候事件本身定义标准,通过对原始资料的分析来判断极端气候事件的频率和强度的变化。气候变化监测、检测和指数专家组(expert team for climate change detection monitoring and indices,ETCCDMI)提供了包含27个指数的极端气候指标体系,分为16个温度指数和11个降水指数。Alexander等将这些指数归纳为5类:①百分位阈值指数;②某季节(或年、月)内的最大值或最小值的绝对指数;③大于或小于某固定阈值的门限指数;④持续时间指数;⑤其他指数。国内外一些学者基于ETCCDMI定义的极端气候指数,研究极端气候事件的变化特征和规律。Jones等采用极端气候指数模拟分析了爱尔兰及全球极端气候事件的变化特征;Alexander等基于极端气候指数研究了近50年来全球极端温度、降水等的变化趋势;Lima等选用极端气候指数分析了葡萄牙地区近70年的极端降水和温度的变化;翟盘茂等采用极端气候指数研究了中国北方近50年的温度和极端降水事件的变化趋势;Wang等基于极端气候指数对中国新疆地区近50年的极端降水和温度事件的时空演变特征进行了研究。

(2)洪水极值事件的定义及指标研究

洪水和枯水是水文事件中极值水文学的范畴,其中洪水是河湖在较短时间内发生流量急剧增加、水位明显上升的水流现象。参照极端气候事件的定义,洪水极值事件是指对于特定的流域,在一定的时间尺度内,发生概率很小的洪水事件,通常发生的概率只占洪水事件的10%或者更少。洪水极值事件实质上是洪水事件的极值化,是对洪水事件的进一步深化研究。Dartmouth Flood Observatory(DFO)数据库中按照严重等级将洪水极值事件分为3个等级:一级洪水是大洪水,对建筑物、农业、人员造成重大伤害或者距离上次发生类似洪水报道已经10～20年;二级洪水是特大洪水,重现期在20～100年或者在一个局部地区重复发生间隔在10～20年并且影响大于5000km^{2}的区域;三级洪水是极端洪水,重现期大于100年的洪水。Villarini等将年最大日径流量序列和超门限峰值序列作为洪水极值事件样本序列开展研究。2008年水利部水文局在《流域性洪水定义及量化指标研究》中提出以水文要素重现期划分洪水量级,重现期超过50年为特大洪水,重现期20～50年为大洪水,重现期5～20年为中等洪水,重现期在5年以下为小洪水。吴志勇等定义重现期大于10年的洪水为极端洪水事件。Xia等采用年最大值法和超门限峰值法选取洪水样本序列作为洪水极值事件序列进行研究。

与研究洪水事件类似,用来描述洪水极值事件的指标也是洪水事件的三要素,即洪水极值事件的洪峰、洪量和洪水历时。在国内外对洪水极值事件的研究中,一般采用年最大值法(AM)和超门限峰值法(POT)来选取洪水极值事件。年最大值法是我国设计洪水规范中采用的抽样方法,即选取年最大洪峰(或者洪量、历时)组成洪水极值序列。然而,AM序列利用的洪水信息有限，可能会舍掉许多有价值的信息或者混入一些无价值的信息，而且只具有相对意义。因此，为了更充分地利用洪水信息，在某种程度上解决历史水文资料的短缺不足，提出了POT抽样方法。在POT方法中，并不是每年提取一个最大值，而是设定一个阈值，所有超过阈值的样本都会被考虑其中。POT方法的主要优点在于不局限于一年一个最大值，只要超过阈值的洪水样本都会被考虑到。但是，在POT方法中，由于信息的增加带来额外的复杂性在于阈值的选取。前人的研究中提出了多种阈值选取方法，比如百分位阈值法，平均每年 N 个样本阈值法等。并且，为了保证洪水事件的独立性，在POT方法选样时还需要进行洪水事件的独立性检验。

1.3 洪水频率分析研究进展

19世纪80年代，美国的Herschel和Rafter首先应用历时曲线进行水文频率分析；1896年，Horton采用正态分布将频率分析方法用于径流研究中。1914年，Fuller首次在频率格纸上点绘洪水经验频率曲线。1921年，Hazen将对数正态分布应用于水文频率分析；1924年，Foster提出了采用皮尔逊Ⅲ型分布来进行洪水频率分析，并制成了离均系数 Φ 值表，得到了广泛应用。1928年，Fisher和Tippett通过极大值渐进分布的理论研究，提出了三种极值分布，即Gumbel分布，Frechet分布和Weibulll分布。1955年，Jekinson根据极值分布理论将三种极值分布发展为统一的广义极值分布。美国20世纪30年代以前普遍采用统计途径以频率标准估计设计洪水，然而经过30年代特大洪水之后，发现了统计频率计算途径的局限性以及使用中存在的问题，促进了对水文气象成因途径可能最大暴雨和可能最大洪水的研究。美国1968年颁布了设计洪水指南，英国水文研究所1975年出版了《洪水研究报告》。1989年Cunnane系统地总结了应用于洪水频率分析的概率分布类型、参数估计方法以及其在各国应用的情况。1992年，美国在《水文手册》中总结了20世纪60年代到90年代水文统计的研究进展。1999年，英国水文研究所编写了《洪水估算手册》，该手册推荐的方法在欧洲和英联邦国家得到了广泛应用。

我国从20世纪50年代开始开展对洪水频率分析的研究，在吸取各国经验和参考国外规范的基础上，于1980年颁布了我国《水利水电工程设计洪水计算规范》，1993年、2006年又先后对规范进行了修改和补充。近年来国内外对洪水抽样方法、频率曲线分布、经验频率公式、参数估计方法等进行了广泛和深入的研究，洪水频率分析由单变量频率分析发展到多变量频率分析，由站点频率分析发展到区域频率分析，由一致性的频率分析发展到非一致性频率分析。

(1)单变量和多变量洪水频率分析

单变量洪水频率分析一般是对洪水要素洪峰或洪量单个变量进行频率分析。长期以来，洪水频率分析被归结为极值统计，其关键在于频率曲线的推求，主要包括了三方面核心内容：洪水样本的选取，频率分布线型的选择和参数估计。首先，对于洪水样本的选取，主要有年最大值选样方法（AM）和超门限峰值法（POT）。为了克服AM选样的不足，最大限度地利用水文资料所包含的信息，20世纪60年代以来，基于POT选样的超门限模型被提出并得到发展。Pickands建立了超门限值模型，并提出超过某一门限值的序列服从广义帕累托分布（Generalized Pareto Distribution，GPD）。Rosbjerg等分析和比较了AM和POT选样法的优缺点，并探讨了适合POT序列的概率分布和参数估计方法等。Mkhandi等基于理论频率和经验频率的Q-Q图，比较了基于AM和POT模型的洪水频率分析方法，发现当重现期大于10年时，AM和POT模型对洪水频率的估计结果相似，均能较好地描述洪水事件。Vormoor等采用GPD分布拟合挪威地区的POT洪水序列，进而研究气候变化对洪水频率的影响。POT模型与我国的超定量理论本质是一致的，我国在单变量洪水频率分析方面也有相关研究。杜鸿等基于AM和POT选样方法对淮河流域极端径流进行了统计特征分析。张丽娟等采用考虑历史洪水的超定量洪水频率分析方法对武江流域进行洪水频率分析。第二，对于频率分布线型的选择，许多国家制定和颁布了相应的规范和导则，也有一些国家没有制定统一标准或规范，而是基于实际应用或通过统计检验比较，根据实际情况选择最适合的分布线型。中国、泰国等亚洲国家一般选用P-Ⅲ分布，日本一般采用对数正态分布，美国、澳大利亚、加拿大以及南美洲一些国家一般采用对数P-Ⅲ分布，英国、法国、爱尔兰以及一些非洲国家多采用广义极值分布等。第三，对于分布函数的参数估计，20世纪50—60年代以前，常用的经典参数估计方法有矩法、最小二乘法和极大似然估计法等。在我国的水文统计中常用的是适线法。此外，1984年马秀峰提出了权函数法来进行分布参数估计，之后刘治中对权函数法作了改进，提出数值积分权函数法，之后刘光文提出了双权函数法。随着参数估计方法的发展，概率权重矩估计和线性矩法等更为稳健的方法得到了广泛应用。同时，也有对经典参数估计方法改进方面的研究，桑燕芳等采用模拟退火遗传算法进行参数优化，改进了极大似然法，大大提高了概率分布的参数估计精度。基于最大熵原理的参数估计近些年来也逐渐兴起。此外，非参数估计方法也为分布模型的参数估计提供了一条新途径。

由于单变量洪水频率分析不能满足完整、全面地描述洪水事件的要求，因此提出了多变量洪水频率分析方法。目前，多变量洪水频率分析方法主要有如下三种：①直接构建多变量洪水频率分布。Correia推导出了洪峰和洪量边缘分布服从正态分布的二维联合概率分布。Krstanovic等基于最大熵原理推求出多变量正态分布和指数分布，并对洪峰和洪量进行了两变量联合概率分析。Yue等提出了洪水频率分析的Gumbel混合模型、两变量正态分布模型、Gumbel logistic模型、两变量伽马分布模型。Sandoval提出了两变量极值分布的Logistic模型。Sandoval等研究了洪水频率分析的三变量广义极值分布。②非参数理论方法。该方法不需要通过选择概率分布线型来推求水文变量的统计规律，而是通过多维非参数核密度估计来进行多变量水文频率计算或水文变量的随机模拟。③Copula 函数。相比较传统多变量联合分布存在的边缘分布约束、数据转换信息失真、数值求解困难等问题，Copula 函数为多变量联合分布频率分析开辟了新的途径。从 1959 年 Sklar 提出了 Copula 理论以来，Copula 函数被用于许多领域的多变量联合分布频率分析，也应用到洪水、暴雨等极端水文事件的联合频率分析，成为水文计算领域的一个研究热点。Favre 等将 Copula 函数用于分析地区洪水遭遇概率。Zhang 等基于二维和三维 Copula 函数理论与方法，对洪水进行了两变量洪峰、洪量和三变量洪峰、洪量、洪水历时的频率分析。Ganguli 等采用 Copula 函数构建了 AM 洪峰、洪量和历时的三变量联合概率分布，并在此基础上进行了洪水风险分析。国内学者对 Copula 函数在洪水频率分析的应用方面也进行了深入研究。熊立华等介绍了 Copula 函数的定义、性质和构建方法，并采用 Copula 函数分析了同一河流上下游年最大洪水的遭遇问题。肖义等采用 Gumbel-Hougaard Copula 函数描述洪峰和洪量的相关性结构。方彬等采用 Von Miss 分布拟合年最大洪水的发生时间，采用皮尔逊Ⅲ型分布拟合年最大洪水量级，进而采用 Copula 函数描述两者之间的相关性结构。侯芸芸等基于 Copula 函数进行了洪水三变量频率分析和研究。欧阳资生等采用 Copula 函数进行洪水极值频率分析，进而研究洪灾风险。

(2)站点和区域洪水频率分析

站点洪水频率分析即采用某一站点长时间序列的洪水资料进行频率分析，其一般需要足够长的洪水序列资料(至少 20 年)。由于历史和经济等原因，一些国家和地区，水文资料系列偏短、不足甚至无资料现象普遍存在，而区域洪水频率分析方法是解决这一问题的有效途径。区域洪水频率分析采用以“空间代替时间”的区域化思想，有效利用水文相似区内多站点资料进行频率分析，解决了单站点资料短缺或无资料的问题，同时也可以作为资料充足地区站点洪水频率计算的参考。1960 年，Dalrymple 提出了一个经典的区域分析方法——指标洪水法。1981 年，美国水资源协会提出了区域频率分析方法和确定对数偏态系数的方法。1990 年，Hosking 探讨了如何利用线性矩法进行区域频率分析。1997 年，Hosking 和 Wallis 系统介绍了基于线性矩法的水文事件区域频率分析方法。1999 年，英国水文研究所在《洪水估算手册》中详细阐述了洪水区域频率分析方法。20 世纪 90 年代以来，国外广泛采用了区域洪水频率分析的方法，并且对洪水区域频率分析方法中水文相似区的划分，区域回归分析等做了深入研究。Pandey 等对区域洪水频率分析中回归分析方法进行了对比分析。Skaugen 等提出了基于尺度特性的区域洪水频率估计方法，估计无资料地区洪水风险时，考虑了水文相似区径流的尺度行为。Tadesse 等比较了单站点洪水频率分析和区域洪水频率分析，得出区域化方法是提高分位数估计精度的有效途径。Lin 等提出了采用自组织映射方法(SOM)来划分水文相似区进行区域频率分析，得出了 SOM 方法比水文相似区划分常用

的 K 均值聚类法和 Ward's 层次聚类法更准确。Haddad 采用贝叶斯广义最小二乘法进行区域洪水频率分析，比较了参数和分位数回归方法。然而，在我国的洪水频率计算研究中，一般仅侧重于单站点洪水频率分析，而对于如何利用地区的水文信息则研究得较少。20 世纪 80、90 年代以来，我国才逐渐开始研究洪水区域频率分析方法。1988 年，秦毅对区域洪水频率分析模型的稳健性检验进行了研究。1990 年，郭生练应用 Monte Carlo 统计试验，分别研究了一致性区域和非一致性区域的洪水频率模型，并着重对区域综合分析和单站分析的结果进行比较。张静怡等采用线性矩区域综合方法进行区域洪水频率分析，比较了通用极值分布和 P-Ⅲ型分布的效果。熊立华等综述了线性矩在区域洪水频率分析中的应用以及国外区域频率分析的研究进展。周芬等、柴晓玲等应用区域回归法估算无资料地区的设计洪水。林小丽、杨涛等基于线性矩法分别对淮河流域和珠江三角洲进行了区域洪水频率分析。但是，区域洪水频率方法仍然存在一些问题，比如水文相似区的分区指标选取、划分及水文相似区数目的确定，水文分区均匀性检验等。因此，在有较长资料系列的情况下，区域洪水频率分析方法并不能代替单站点的洪水频率分析方法，而只能作为一种参考和补充。

(3)非一致性洪水频率分析

水文序列是一定时期内气候因素、下垫面因素、人类活动等影响因素共同作用的产物。传统的洪水频率分析的基本前提是洪水要素序列满足一致性条件，然而在气候变化和人类活动的影响下，水文序列出现了非一致性，不再满足序列独立同分布的假定，表现为序列存在趋势、跳跃、周期等或者拟合序列的频率曲线的均值、方差发生变化甚至分布类型发生变化等。国内外学者对非一致性洪水频率分析进行了许多研究和探索，目前主要有两种研究方法：一是基于参数修正途径的洪水频率分析；二是基于还原/还现途径的洪水频率分析。

目前，国外的研究大多集中在基于参数修正途径的洪水频率分析，包括采用混合分布、时变矩(参数时变)统计模型、条件概率分布等。混合分布模型假设洪水极值样本序列不是服从同一分布，而是由若干子分布混合而成的。Alia 等采用混合分布模型对 Gila 流域的洪水样本进行了研究。John 和 Philip 研究了混合分布模型应用于洪水频率分析中的分位数估计的点误差和标准误差。但是混合分布参数较多，参数估计是一个重要问题。针对混合分布的参数估计，国内外学者提出了多种方法，如非线性优化算法、极大似然算法、极大似然的 EM 算法、最大熵准则法等。时变矩(参数时变)统计模型即构建概率分布的参数是时间的函数的统计模型，随着时间变化，可以采用线性或非线性函数来描述这种变化。Strupczewski 等等考虑统计参数均值和方差的趋势性，采用极大似然法和加权最小二乘法进行参数估计，按照 AIC 准则确定最优分布，应用到 Polish 河的洪水频率分析中。Gabriele 等采用广义加法模型研究了 Little Sugar Creek 流域的洪峰流量系列的均值和方差随时间的变化规律。条件概率分布的方法是将年内极值样本划分成不重叠的时段，假设同一时段的样本是同分布的，不同时段的样本是不同分布的，而且不同时段的样本相互独立，据此推导出某一时段极值样本序列的概率密度函数。此外，还有其他一些方法用于非一致性的洪水频率分析。比如 Renard 等采用贝叶斯统计模型研究了非一致性条件下极值的区域频率分析方法。Leclerc 等提出了一种无资料地区非平稳区域洪水频率分析模型。

在国内对非一致性洪水频率分析的研究中，基于还原/还现途径是目前较为常用的方法。还原/还现途径的基本假定是认为变异点之前的状态是天然的或是近似于天然状态，而变异点之后的状态受到气候/人类活动的显著影响；“还原”就是将变异点之后的系列修正到变异点之前的状态，而“还现”则是将变异点之前天然状态下的系列修正到变异点之后的状态。基于还原/还现途径的研究方法主要包括：降雨径流关系分析法、时间序列的分解与合成方法和水文模型方法等。韩瑞光等采用降雨径流关系分析法对海河流域代表站点的年径流序列进行了一致性修正。谢平等提出了基于时间序列的分解和合成进行非一致性年径流序列的水文频率计算原理，并将其应用到变化环境下的地表水资源评价中。王国庆等采用 SIMHYD 水文模型模拟了 1970 年以后黄河中游三川河流域的天然径流过程，定量分析和评估了气候变化和人类活动对流域径流的影响。

总之，针对非一致性水文频率计算问题，国外多采用参数修正途径，如考虑水文频率分布的参数随时间的线性变化和非线性变化的过程；国内多采用还原/还现途径，如基于时间序列分析的非一致性年径流频率计算方法，由于推导考虑非线性变化趋势的参数解析公式还比较困难，目前只考虑了线性趋势和跳跃等简单变化形式。但是水文序列的本质是非线性的，因此基于线性处理的非一致性频率计算方法仍只是一种近似。此外，基于统计途径的非一致性水文频率计算方法，不便于揭示造成水文序列非一致性的成因与机理。因此，考虑非线性变化形式的统计途径以及基于水文物理过程的成因途径将是今后非一致性水文频率计算发展和研究的方向。

1.4 研究流域概况及数据资料

1.4.1 淮河流域概况

淮河流域地处我国东部，位于东经 111°55′～121°25′，北纬 30°55′～36°36′，流域东临黄海，西起桐柏山及伏牛山，南以大别山、江淮丘陵、通扬运河和如泰运河南堤与长江流域分界，北以黄河南堤、沂蒙山与黄河流域毗邻。流域面积为 27 万 km^2，其中山丘区面积约占 1/3，平原面积约占 2/3(图 1.1)。该流域处于我国南北气候过渡带，以北为暖温带地区，以南为亚热带地区。全流域气候温和，年平均气温 11～16℃，年平均水面蒸发量 900～1500mm，多年平均降水量约 888mm，其分布由南向北递减，山区和沿海多于平原和内陆。降水量年际变化较大，年内分配不均匀，其中汛期降水量占全年降水总量的 50%～80%。

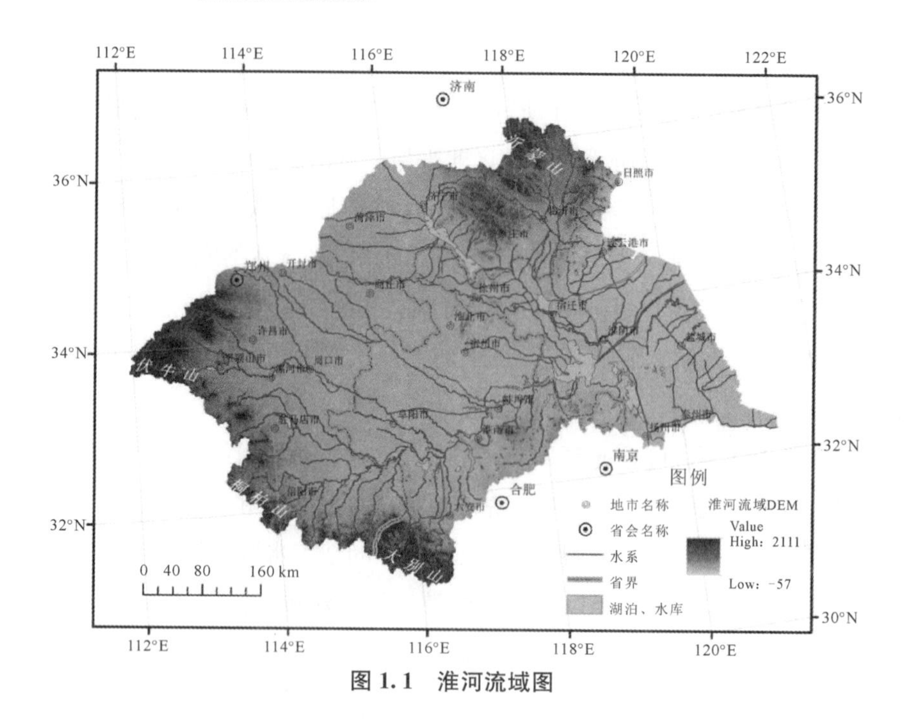

图 1.1 淮河流域图

淮河流域由淮河和沂沭泗河两大水系组成，流域面积分别为 19 万 km^2 和 8 万 km^2。淮河干流发源于桐柏山区，流经河南、湖北、安徽、江苏四省，在三江营流入长江，全长约 1000km，洪河口以上为上游，洪河口以下到洪泽湖出口中渡为中游，中渡以下为下游入江水道。沂沭泗河水系发源于沂蒙山，由沂河、沭河、泗河组成。淮河流域湖泊众多，水面面积约 7000km^2，较大的湖泊有洪泽湖、高邮湖等。淮河流域水库闸坝众多，共有大中小型水库 5700 多座，总库容近 270 亿 m^3，各类水闸 5000 多座，其中大型水闸 600 座。

淮河水系的洪水主要来自淮河干流上游、淮南山区和伏牛山区。淮河干流上游为山丘区，河道比降大，洪水汇集快；进入中游，由于干流河道比降变缓且沿河有较多湖泊、洼地的调蓄作用，使得洪水过程变缓，中游左岸大多数支流为平原河道，洪水下泄较慢，中游右岸均为山丘区河流，河道比降大，汇集速度快。因此，上游和右岸支流对淮河干流中游的洪峰流量影响较大，而由于左岸汇流面积大，故对淮河干流中游的洪量影响较大。由于上游泄流以及区间洪水的影响，淮河下游常出现持续高水位状态，里下河地区经常出现洪涝灾害。淮河流域大面积洪水主要是由于梅雨期较长以及大范围的连续暴雨产生的，如发生在 1931 年、1954 年、1991 年的洪水，其特点是干支流洪水遭遇，干流洪水过程历时长，沿线长期处于高水位状态，其中淮北平原、里下河区出现大片洪涝。沂沭泗水系的洪水主要由沂沭河、南四湖(包括泗河)和运河水系三部分组成。沂沭河上中游均为山丘区，河道比降大，洪水汇集快，洪峰尖瘦；南四湖承接湖西和湖东多条河流来水，但由于其出口泄量有限，大洪水时常造成湖区周围洪涝并发；运河水系为平原人工河道，比降较缓，但沿途承接沭河等部分来水，因此洪水峰高量大，过程较长。与淮河水系洪水相比较，沂沭泗水系洪水的洪量较小，历时较短,但来势迅猛。

1.4.2 数据资料

本书的研究区域为淮河流域蚌埠闸以上区域,采用的气象数据是由中国气象局整编的淮河流域蚌埠闸以上区域15个气象站点逐日降水(mm)、平均气温(℃)、最低气温、最高气温、相对湿度、日照时数等数据,采用资料的年限为1956—2010年。所采用的气象站点的基本信息如图1.2和表1.1所示。本书研究采用的流量数据是由淮河水利委员会提供的淮河流域蚌埠闸以上20个水文站点的1956—2010年的日径流量资料,流量站点的信息如图1.3和表1.2所示。

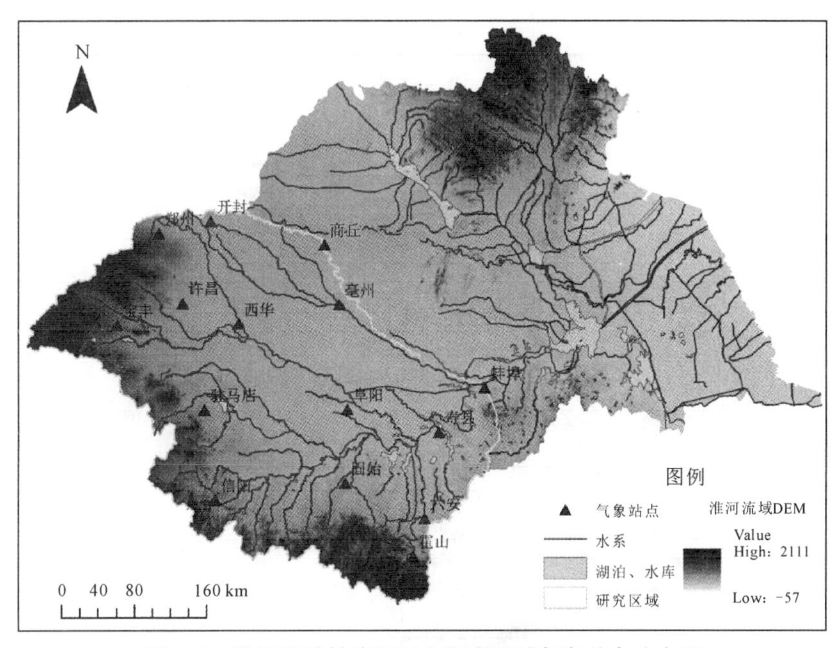

图1.2 淮河流域蚌埠闸以上研究区域气象站点分布图

表1.1 淮河流域气象站点基本信息表

序号	区站号	站点名称	省份	经度	纬度	海拔(m)
1	57083	郑州	河南	113°39′	34°43′	110.4
2	57089	许昌	河南	113°51′	34°01′	66.8
3	57091	开封	河南	114°23′	34°46′	72.5
4	57181	宝丰	河南	113°03′	33°53′	136.4
5	57193	西华	河南	114°31′	33°47′	52.6
6	57290	驻马店	河南	114°01′	33°00′	82.7
7	57297	信阳	河南	114°03′	32°08′	114.5

续表

序号	区站号	站点名称	省份	经度	纬度	海拔(m)
8	58005	尚丘	河南	115°40′	34°27′	50.1
9	58102	亳州	安徽	115°46′	33°52′	37.7
10	58203	阜阳	安徽	115°49′	32°55′	30.6
11	58208	固始	河南	115°40′	32°10′	57.1
12	58215	寿县	安徽	116°47′	32°33′	22.7
13	58221	蚌埠	安徽	117°23′	32°57′	18.7
14	58311	六安	安徽	116°30′	31°45′	60.5
15	58314	霍山	安徽	116°19′	31°24′	68.1

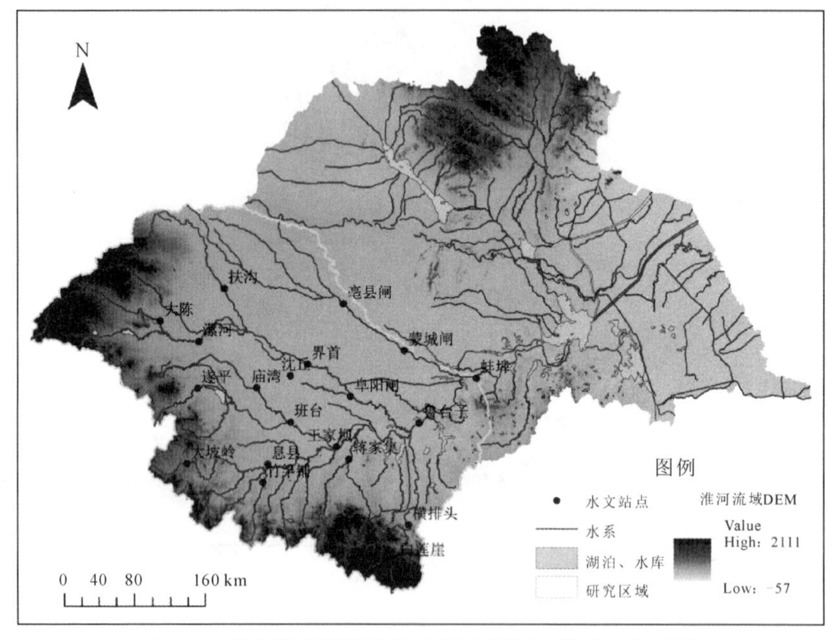

图 1.3 淮河流域蚌埠闸以上研究区域流量站点分布图

表 1.2 淮河流域流量站点基本信息表

序号	区站号	站点名称	城市	经度	纬度	海拔(m)	控制流域面积(km^2)
1	50100100	大坡岭	信阳市	113°45′	32°25′	107	1640
2	50202200	竹竿铺	信阳市	114°39′	32°10′	50	1639
3	50100500	息县	信阳市	114°44′	32°20′	44	10190
4	50302200	遂平	驻马店市	113°58′	33°08′	68	1760
5	50301100	庙湾	驻马店市	114°41′	33°05′	45	2660
6	50301400	班台	驻马店市	115°04′	32°43′	36	11280

续表

序号	区站号	站点名称	城市	经度	纬度	海拔(m)	控制流域面积(km^2)
7	50101200	王家坝	阜阳市	115°36′	32°26′	30	30630
8	50500900	蒋家集	信阳市	115°44′	32°18′	31	5930
9	50701200	白莲崖	六安市	116°10′	31°16′	248	747
10	50700100	横排头	六安市	116°22′	31°36′	57	4370
11	50605280	大陈	平顶山市	113°34′	33°49′	80	5550
12	50604000	漯河	漯河市	114°02′	33°35′	63	12150
13	50607050	扶沟	周口市	114°24′	34°04′	59	5710
14	50608780	沈丘	周口市	115°07′	33°10′	41	3094
15	50601600	界首	阜阳市	115°21′	33°16′	42	29290
16	50601950	阜阳闸	阜阳市	115°50′	32°54′	30	35246
17	50103100	鲁台子	淮南市	116°38′	32°34′	22	88630
18	50801200	亳县闸	亳州市	115°52′	33°48′	39	10575
19	50104200	蚌埠	蚌埠市	117°23′	32°56′	25	121330
20	50801900	蒙城闸	亳州市	116°33′	33°17′	30	15475

第二章 流域洪水极值事件的时空变化特征

在气候变化背景下，洪水极值事件在时间和空间尺度上是否发生了变化以及发生了什么变化是研究洪水极值事件的基础和首要问题，同时洪水极值事件的发生与降水特别是极端降水事件的时空分布的变异有着密切的关系。因此，本章采用AM和POT选样方法选取出淮河流域洪水极值事件，在分析该流域年尺度、月尺度降水和极端降水事件的时空变化的基础上，进一步分析淮河流域洪水极值事件的时空变化特征，揭示过去几十年该流域洪水极值事件的时空变化规律。同时，基于中国近代500年旱涝分布图集及其续补资料，分析淮河流域在过去500多年来的洪涝情况。

2.1 流域洪水极值事件的选取

要研究淮河流域洪水极值事件的时空变化规律和统计特征，首先要选取淮河流域洪水极值事件样本序列。基于淮河流域20个水文站点1956—2010年的逐日径流量资料，分别采用年最大值方法(AM)和超门限峰值法(POT)选取淮河流域洪水极值事件样本序列。

2.1.1 年最大值法选样

对于淮河流域研究区域的20个水文站点，挑出年最大洪峰流量组成该站点的AM洪峰序列，年最大洪峰对应的场次洪水的洪量和洪水历时分别组成该站点的AM洪量序列和AM历时序列。对于场次洪水的划分，洪峰起涨点为年最大洪峰前的波谷位置，比较明显和容易确定，而退水过程的确定需要借助退水曲线。对于某一个站点，分别选取丰、平、枯水典型年的比较完整的退水过程，按照退水曲线公式，分别计算出退水指数k，构造丰、平、枯水年的典型退水曲线。对于不同年份，首先判定属于丰水年、平水年还是枯水年，然后按照不同的典型退水曲线进行退水，完成年最大洪水事件的选取。退水曲线公式为：

$$Q_t = Q_0 e^{-k(t-t_0)} \tag{2.1-1}$$

式中：Q_0为退水起始时刻t_0的流量；Q_t为时刻t的退水流量；k为退水指数。

但对于某些站点，可能一年中有不止一场大洪水，同时一些站点可能枯水年的年最大洪水没有丰水年的次大值或者第三大值的洪水大，年最大值选样法可能舍掉许多有价值的信息或者混入一些无价值的信息。因此，本书的研究不仅考虑了AM选样方法，同时还考虑了超门限峰值选样法(POT)来选取淮河流域洪水极值事件序列样本。

2.1.2 超门限峰值法选样

超门限峰值法即选取超过某一门限值或阈值的值，组成极值序列，门限值的选取非常重要。但是目前对于门限值的选取还缺乏公认的客观方法，因此本书的研究采用了常用的百分位阈值法、平均每年1个超定量值的方法和去趋势波动分析法确定门限值，进而选取出淮河流域洪水极值事件的POT序列。在形成POT序列前，对洪峰独立性进行检验。考察不同流域的汇流时间和参考相关检验标准，分离连续洪水事件的时间间隔：集水面积≤0.3万km^2，取连续5天；0.3万km^2<集水面积≤4.5万km^2，取连续10天；4.5万km^2<集水面积≤10万km^2，取连续15天；集水面积>10万km^2，取连续25天。

(1)百分位阈值法

以日径流流量实测资料99%分位点为阈值，选取实测资料中超过阈值的洪峰数据作为POT1洪峰序列，同理POT1洪峰对应的场次洪水的洪量和洪水历时分别组成该站点的POT1洪量序列和POT1历时序列。场次洪水的选取方法如上文所述。

(2)平均每年1个超定量洪峰法

为了便于和AM序列相比较，选取平均每年1个超定量洪峰组成POT2洪峰序列。首先，分别选出淮河流域20个站点的1956—2010年的所有场次洪水，然后按照洪峰流量从大到小排序，选取前55个洪峰流量组成该站点的POT2洪峰序列，洪峰对应的场次洪水的洪量和洪水历时分别组成该站点的POT2洪量序列和POT2历时序列。

(3)去趋势波动分析法(DFA)

从系统论的观点看，极端事件或者极值事件是系统受到外界扰动而导致的异常状态。基于系统的长程相关性不受极端事件的影响或影响很小这一思想，杨萍等提出了利用计算序列的长程相关指数(DFA指数)，进而确定极端事件的阈值方法，称为去趋势波动分析法。已知系统演化的某一组时间序列为$\{X_i, i=1,2,\cdots,n\}$，确定极端事件阈值的具体过程如图2.1所示。

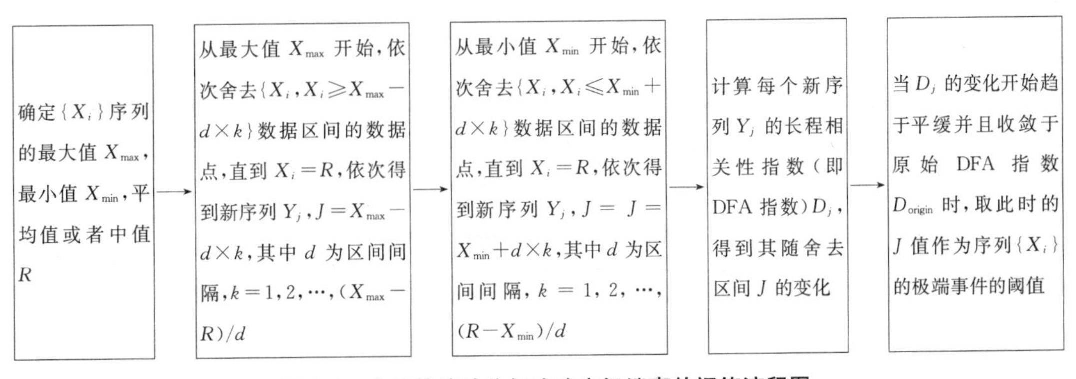

图2.1 去趋势波动分析法确定极端事件阈值流程图

采用 DFA 方法分别对淮河流域 20 个站点的日径流量序列进行分析，选取极端日径流量的阈值作为洪峰流量的门限值。选取超过此阈值的洪峰流量值组成 POT3 洪峰流量序列，其对应的场次洪水的洪量和洪水历时分别组成该站点的 POT3 洪量序列和 POT3 历时序列。下面以蚌埠站为例进行 DFA 选样法的具体分析。基于蚌埠站 1956—2010 年逐日流量资料观测数据采用去趋势波动分析方法来确定蚌埠站极端径流流量的阈值。从图 2.2 中分析可知，当 $J \geqslant 7130\text{m}^3/\text{s}$ 时，新序列 Y_j 的 DFA 指数 D_j 均收敛于原始值 DFA 指数 D_{origin}；当 $J < 7130\text{m}^3/\text{s}$ 时，新序列 Y_j 的 DFA 指数 D_j 呈现波动且偏离 D_{origin}，因此确定蚌埠站 1956—2010 年的极端日径流量的阈值为 $7130\text{m}^3/\text{s}$。将 $7130\text{m}^3/\text{s}$ 作为洪峰极值的阈值，进一步选取出蚌埠站 POT3 洪峰极值序列和其对应的场次洪水的洪量和历时分别组成该站点的 POT3 洪量序列和 POT3 历时序列。

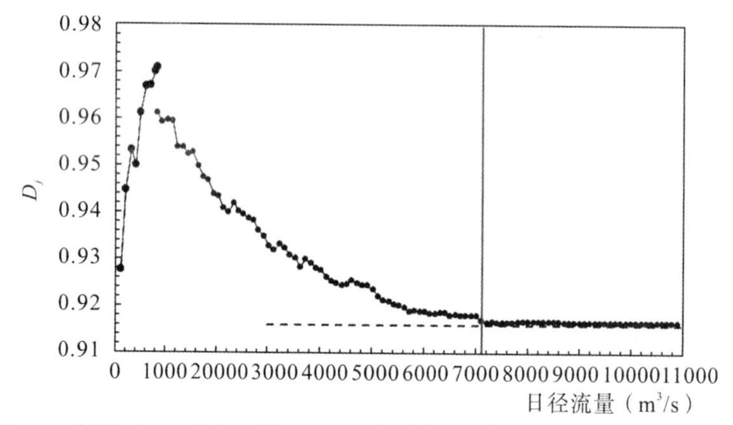

图 2.2　蚌埠站日径流量资料舍去不同区间数据后序列 Y_j 的 DFA 指数变化

综合比较超门限峰值法中的三种确定阈值的方法，百分位阈值法和 DFA 方法均是先确定洪峰阈值，再进行场次洪水选样，平均每年选取 1 场洪水极值事件的方法是给定平均每年场次洪水数量的阈值，再进行选样。去趋势波动分析法基于随机过程理论和混沌动力学，检测时间序列的物理特征，采用系统的长程相关性不受极端事件的影响或影响很小的基本思想来选取极端日径流量的阈值。百分位阈值法与平均每年选取 1 场洪水极值事件的方法相对于去趋势波动分析方法较为简单一些，但是去趋势波动方法考虑了时间序列的物理特征，尤其是在分析非平稳时间序列时，可以避免对相关性的错误判断。但是，相比较百分位阈值法和平均每年 1 场洪水的 POT 选样，DFA 方法确定的洪峰阈值比较高，导致洪水样本长度较短，大多数站点的 POT3 样本数量都小于 20 个数据，不利于对洪水极值事件做进一步的频率分析。因此，本书在接下来的研究中，对于洪水极值事件的 POT 样本，仅考虑 POT1 和 POT2 序列。

2.2 研究方法

2.2.1 Mann-Kendall 趋势检验法

Mann-Kendall(M-K)趋势检验法是世界气象组织(WMO)推荐用于检验水文气象序列是否存在趋势及其显著性的一种方法。它是一种非参数检验方法,与参数的统计检验法相比,M-K 方法不要求序列服从某一特定分布,而且不受异常值干扰,广泛用于水文气象序列的趋势及其显著性检验。在进行 M-K 检验前应剔除序列的自相关性,以免产生误差,因此本书的研究采用 Yue 和 Wang 提出的方法剔除序列的自相关性后,再对新序列 $\{x_i, i=1, 2, \cdots, n\}$ 进行 M-K 趋势检验。

非参数 Mann-Kendall 趋势检验法中,统计量 S 定义为:

$$S=\sum_{i=1}^{n-1}\sum_{j=i+1}^{n}\operatorname{sgn}(x_j-x_i) \tag{2.2-1}$$

式中:$\operatorname{sgn}(x_j-x_i)=\begin{cases}1 & 当\ x_j-x_i>0\\ 0 & 当\ x_j-x_i=0\\ -1 & 当\ x_j-x_i<0\end{cases}$

当 $n\geqslant 10$ 时,统计量 S 近似服从正态分布,其均值为 0,方差 $\mathrm{Var}(S)=n(n-1)(2n+5)/18$,其正态分布的检验统计量 Z_S 为:

$$Z_S=\begin{cases}\dfrac{S-1}{\sqrt{\mathrm{Var}(S)}} & 当\ S>0\\ 0 & 当\ S=0\\ \dfrac{S+1}{\sqrt{\mathrm{Var}(S)}} & 当\ S<0\end{cases} \tag{2.2-2}$$

当统计量 $Z_S>0$ 时,表明时间序列存在增加趋势,$Z_S<0$ 时表明时间序列存在减少趋势,$|Z|$ 越大,则趋势越明显。在双边趋势检验中,若 $|Z_S|>Z_{\alpha/2}$,表明在置信水平 α 下,增加或减小趋势显著,其中 $Z_{\alpha/2}$ 为置信水平 α 下从正态分布表中查得的临界值。本书的研究选取的显著性水平 $\alpha=0.05$, $Z_{\alpha/2}=1.96$。

2.2.2 滑动 t 检验法

滑动 t 检验法(moving t-test technique)是通过判断序列的滑动点前后两样本序列的平均值的差异是否显著来检验是否存在突变点的。

设滑动点 t 前后,两序列总体的分布函数为 $F_1(x)$ 和 $F_2(x)$,从总体中分别抽取容量为 n_1, n_2 的两个样本,检验原假设:$F_1(x)=F_2(x)$。定义统计量为:

$$T=\frac{\bar{x}_1-\bar{x}_2}{S_w\left(\frac{1}{n_1}+\frac{1}{n_2}\right)^{\frac{1}{2}}} \tag{2.2-3}$$

式中：

$$\bar{x}_1=\frac{1}{n_1}\sum_{t=1}^{n_1}x_t,\bar{x}_2=\frac{1}{n_2}\sum_{t=n_1+1}^{n_1+n_2}x_t$$

$$S_w^2=\sqrt{\frac{(n_1-1)S_1^2+(n_2-1)S_2^2}{n_1+n_2-2}}$$

$$S_1^2=\frac{1}{n_1-1}\sum_{t=1}^{n_1}(x_t-\bar{x}_1)^2 \tag{2.2-4}$$

$$S_2^2=\frac{1}{n_2-1}\sum_{t=n_1+1}^{n_1+n_2}(x_t-\bar{x}_2)^2$$

T 服从自由度为 (n_1+n_2-2) 的 t 分布，选择显著性水平 α，查 t 分布表得到临界值 $t_{\alpha/2}$。当 $|T|>t_{\alpha/2}$ 时，拒绝原假设，说明存在显著性差异，反之接受原假设。采用以上方法对序列逐点进行检验，对于满足 $|T|>t_{\alpha/2}$ 所有的可能的点 t，选择使 T 统计量达到极大值的那一点作为所求的最可能的突变点。

2.2.3 小波变换分析方法

小波变换分析方法是一种窗口大小固定但时宽和频宽可变的分析方法，它能识别出时间序列中所包含的不同时间尺度的变化趋势、周期特征等，广泛地应用于水文、气象序列的周期成分的识别及多时间尺度的分析等。小波函数是具有震荡性、能够迅速衰减到零的一类函数，即 $\psi(t)\in L^2(\mathbf{R})$ 且满足：

$$\int_{-\infty}^{+\infty}\psi(t)\mathrm{d}t=0 \tag{2.2-5}$$

其中 $\psi(t)$ 通过伸缩和平移构成一簇函数系：

$$\psi_{a,b}(t)=|a|^{-1/2}\psi\left(\frac{t-b}{a}\right),\text{其中 }a,b\in\mathbf{R},a\neq 0 \tag{2.2-6}$$

式中：$\psi_{a,b}(t)$ 为子小波；a 为频率因子或尺度因子；b 为时间因子或平移因子。

对于能量有限信号 $f(t)\in L^2(\mathbf{R})$，其连续小波变换为：

$$W_f(a,b)=\frac{1}{\sqrt{|a|}}\int_{-\infty}^{\infty}f(t)\bar{\psi}\left(\frac{t-b}{a}\right)\mathrm{d}t \tag{2.2-7}$$

式中：$W_f(a,b)$ 为 $f(t)$ 在相平面 (a,b) 处的小波变换系数，$\bar{\psi}(\frac{t-b}{a})$ 为 $\psi(\frac{t-b}{a})$ 的复共轭函数。以 b 为横坐标，a 为纵坐标的关于 $W_f(a,b)$ 的二维等值线图，称为小波变换系数图，它可以反映不同时间尺度下系统的变化特征。

小波变换分析的关键是小波函数的选择，不同的小波函数对水文序列分析侧重点不同。本章的研究采用的是水文序列小波分析中常用的 Morlet 小波，它是高斯包络下的单频率复正弦函数：

$$\psi t = e^{ict} e^{-t^2/2} \tag{2.2-8}$$

式中：c 为常数；i 表示虚部。

通过小波系数的平方积分可得到小波方差：

$$\mathrm{Var}(a) = \int_{-\infty}^{+\infty} |W_f(a,b)|^2 \mathrm{d}b \tag{2.2-9}$$

以时间尺度为横坐标，小波方差为纵坐标，可作出小波方差图，进而可以确定水文序列中存在的主要时间尺度，即主周期。

2.3 降水和极端降水的时空变化特征

洪水极值事件的发生与降水(尤其是极端降水)事件的时空变化特征有着紧密的联系，因此首先对淮河流域的降水和极端降水事件的时空变化特征进行研究分析。数据资料采用的是中国气象局整编的淮河流域蚌埠闸以上 15 个气象站点 1956—2010 年的逐日降水资料，对于其中部分站点的资料缺失，采用相邻站点的资料线性插值替代。

2.3.1 淮河流域降水的时空变化特征

根据 1956—2010 年淮河流域蚌埠闸以上 15 个气象站点的逐日降水资料，计算出淮河流域各气象站点多年平均降水量及年降水量变化趋势，如图 2.3 所示。

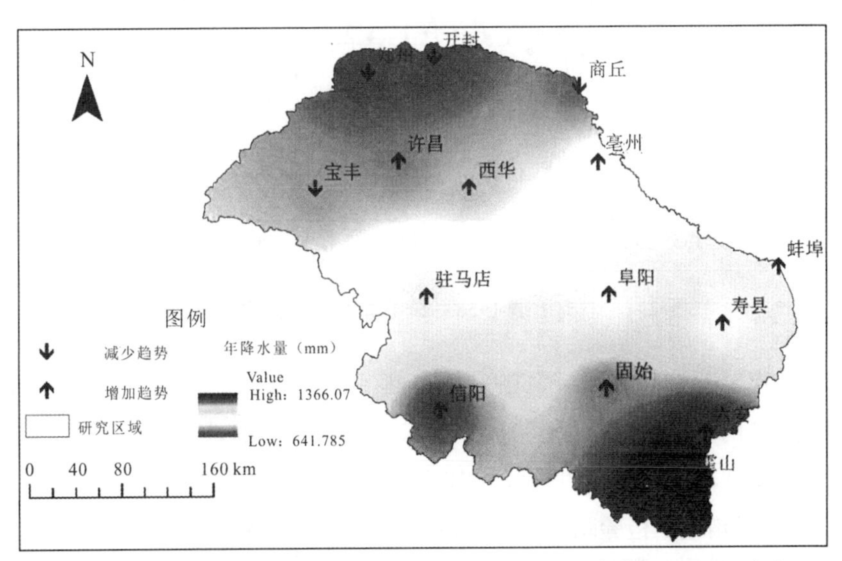

图 2.3 淮河流域年降水量的空间变化分布图及趋势分析(图中↑表示上升趋势，↓表示下降趋势)

淮河流域多年平均降水量的空间分布既受天气系统的制约，又受地理环境的影响，具有明显的地区性差异。从图 2.3 中可以分析出，年降水量的空间分布总体趋势是东南多，西北少，由流域西北部向东南部降水量逐渐增大。淮河流域 1956—2010 年多年平均降水量约为 887mm，山区降水量多于平原降水量，流域内有两个降水量的高值区：一是桐柏山区，年平均降水量大于 1000mm；二是大别山区，年平均降水量超过 1300mm。流域北部的降水最少，低于 700mm。从各站点年降水量变化的趋势来看，15 个站点中 11 个站点的年降水量显现出增加趋势，其余站点显现出减少趋势，但是增加和减少的趋势均不显著。同时，降水量减少的地区均位于淮河流域北部，而淮河流域降水丰沛的地区的降水量表现出增加趋势，表明淮河流域未来可能面临着降水量多的地区降水量逐渐增加，变得更多，而降水量少的地区降水量继续减少，造成降水在空间分布上更加不均匀，在一定程度上可能增加旱涝灾害的风险。计算各站点年降水量的变差系数，可进一步分析淮河流域各个站点年降水量在时间分布上的规律。变差系数越大，表明离散程度越大，年降水量的年际变化越大；变差系数越小，表明离散程度越小，年降水量的年际变化越小。通过计算得出，淮河流域 15 个气象站点的年降水量的变差系数在 0.20～0.31，位于大别山降水高值区的霍山站年降水量的变差系数最小为 0.20，位于流域中部的驻马店站和阜阳站的年降水量的变差系数最大为 0.31。

采用泰森多边形法插值得到淮河流域面平均降水量数据，图 2.4 为淮河流域面平均年降水量 1956—2010 年的变化曲线图。采用 M-K 趋势检验方法对其进行趋势分析，结果表明，近 55 年来淮河流域年降水量以 7.89mm/10a 的速度呈现不显著的增加趋势。

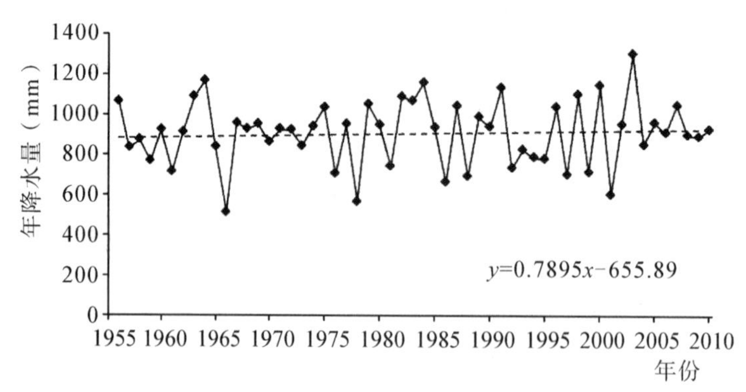

图 2.4　淮河流域 1956—2010 年年降水量变化趋势

采用滑动 t 检验对淮河流域 1956—2010 年面平均年降水量进行突变分析，魏凤英等分析中国的气温突变时得出平均时段取 10a 的突变指数是可靠的，因此取滑动步长 $m=10$，取显著性水平 $\alpha=0.01$，按 t 分布自由度 $v=10+10-2=18$，查表得 $t_{0.01/2}=2.878$（若无特别说明，本书研究中的滑动 t 检验均采用此滑动步长和显著性水平），从淮河流域 1956—2010 年面平均年降水量滑动 t 检验图（图 2.5）中可以看出，在 0.01 的显著性水平下淮河流域面平均年降水量序列未检测出突变。

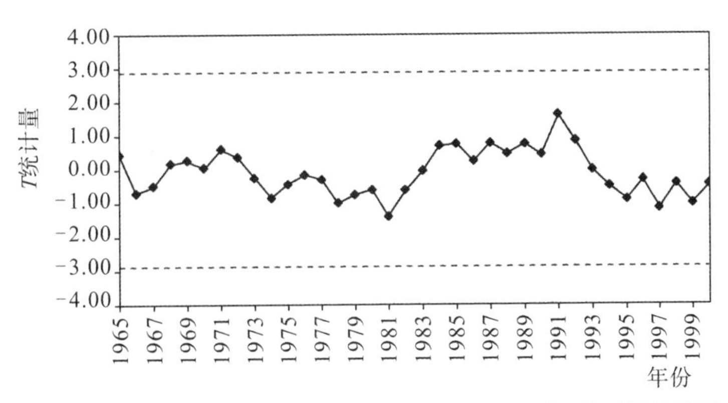

图 2.5 淮河流域 1956—2010 年面平均年降水量滑动 t 检验统计量图

采用 Morlet 小波变换对淮河流域的 1956—2010 年面平均年降水量序列进行周期分析，并绘制其小波变换的实部时频分布图、模平方时频分布图、小波方差图以及不同尺度下实部变换过程图，如图 2.6 所示。小波系数相应的负值和正值分别对应降水偏少（干）和降水偏多（湿）的状况，正负值转折点对应突变点。小波系数绝对值越大，表示小波变换系数振动幅度越大，该时间尺度的变化越显著，对应的旱涝情况也就越严重。

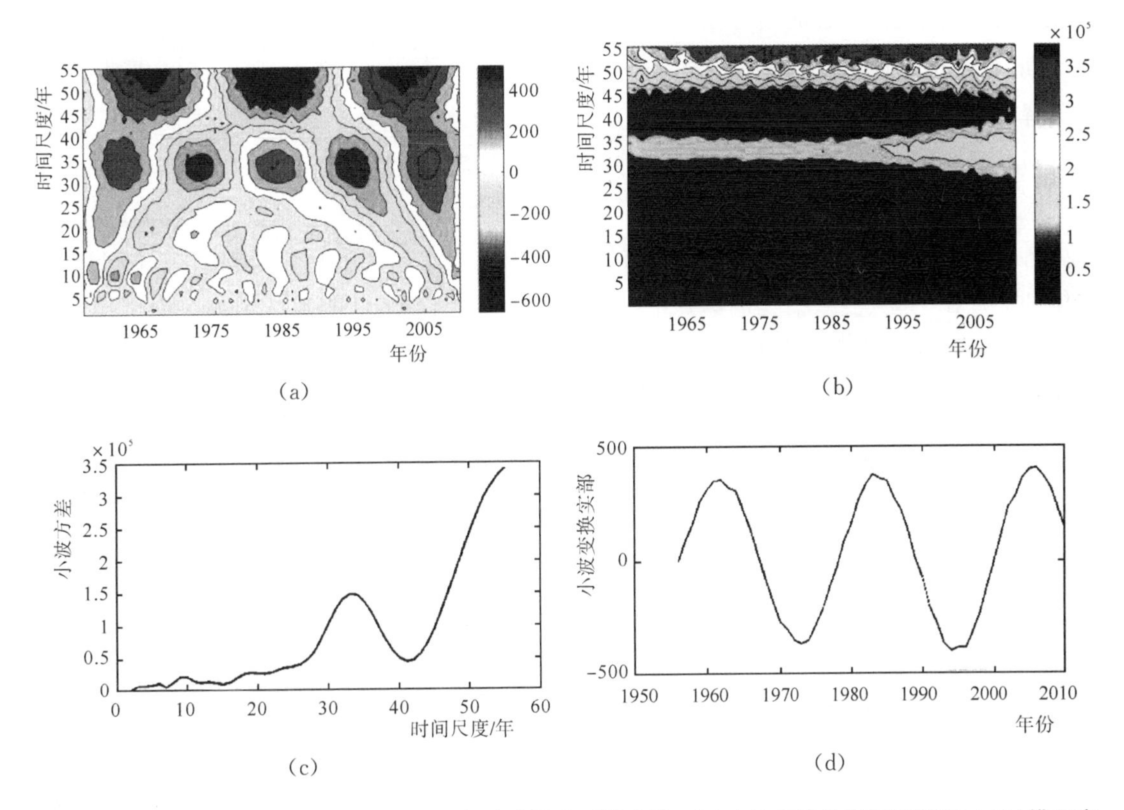

图 2.6 淮河流域的 1956—2010 年面平均年降水量序列的小波：(a)小波变换的实部等值线图、(b)模平方时频分布图、(c)小波方差图、(d)实部变换过程图

从图 2.6(a)中可知，1956—2010 年，淮河流域年面平均降水量具有 30～40 年尺度、50～55 年尺度的变化周期，周期震荡比较显著。但是，由于资料序列长度限制，50～55 年的周期震荡不被作为存在的周期进行分析(若无特别说明，本书研究的周期分析中 50～55 年时间尺度的周期均不被作为存在的周期进行分析)。图 2.6(a)为年面平均降水量序列的小波变换实部等值线图，显示了年面平均降水量在不同时间尺度下的周期变化情况。降水偏多时期，出现在 1965 年以前、20 世纪 80 年代和进入 21 世纪后；降水偏少时期，出现在 20 世纪 70 年代前期和 90 年代。图中正负位相交替出现，反映了年面平均降水量偏多和偏少的交替变化。根据小波变换模平方等值线图[图 2.6(b)]分析，年面平均降水量存在 2 个代表其波动能量变化特性的中心，它们分别是尺度范围为 30～35 年，尺度中心为 33 年，波动能量的主要影响时间域在 20 世纪 90 年代以后；尺度范围在 50～55 年，波动能量影响整个时间域，但是由于资料长度限制，此时间尺度不被作为准周期。分析小波方差图可知，年面平均降水量变化的主要周期为 33 年，说明 33 年时间尺度的准周期在近 55 年年面平均降水量序列中起主要作用。进一步分析其实部在 33 年时间尺度下的变化过程，判断年降水量的丰枯变化，从图 2.6(d)中可以看出，淮河流域年降水量主要经历了 5 次丰枯交替。年降水量偏丰时期主要有 1956—1967 年、1979—1989 年、2000—2010 年，年降水量偏枯时期主要有 1968—1978 年、1990—1999 年。袁喆等认为淮河流域年降水量在年际变化上存在 27 年的主周期，与本章的研究结果略有差异，分析其原因与资料序列时间范围、研究区域范围、站点的选择、站点密度等不同有关。

对淮河流域 1956—2010 年各月平均降水量、各月降水量变差系数及其占全年降水总量的比重进行分析，结果如表 2.1 所示。淮河流域各月平均降水的变差系数普遍较大，表明流域内各月降水年际变化很大。其中，12 月的变差幅度最大，超过了 90%，即使流域降水相对稳定的 7 月、8 月，其变差幅度也达到了 37%、45%。淮河流域的降水在年内分配也很不均匀，降水主要集中在汛期 6—9 月，占全年降水总量的 60%左右，其中 7 月的降水量最大，占全年总降水量的 21.68%，而 12 月份的降水量最小，仅占全年降水量的 2.07%。

表 2.1　淮河流域各月平均降水量、各月降水量变差系数及其占全年降水总量的比重

统计项目	1 月	2 月	3 月	4 月	5 月	6 月	7 月	8 月	9 月	10 月	11 月	12 月
降水量(mm)	22.53	29.20	51.39	65.38	83.81	118.27	192.33	131.77	82.65	53.52	38.02	18.35
变差系数 C_v	0.74	0.65	0.56	0.58	0.51	0.56	0.37	0.45	0.61	0.79	0.81	0.91
占全年降水比重(%)	2.54	3.29	5.79	7.37	9.45	13.33	21.68	14.85	9.32	6.03	4.28	2.07

从降水量的季节变化来看(图 2.7),淮河流域春、夏、秋、冬降水量的变差系数 C_v 值分别为 0.37、0.28、0.42,0.47,秋冬季节的降水量 C_v 值较大,春夏季节的降水量 C_v 值较小。淮河流域年降水在季节分配上,春、夏、秋、冬降水量分别占全年总降水量的 22.61%、49.86%、19.63%、7.9%,夏季降水所占比例最大,冬季降水所占比例最小,春秋季节次之。1956—2010 年,淮河流域春季和秋季降水表现为减少趋势,减小幅度分别为 6.34mm/10a、4.21mm/10a;而夏季和冬季相反,降水表现为增加趋势,增加幅度分别为 15.18mm/10a、3.34mm/10a,但是增加和减少趋势均不显著。

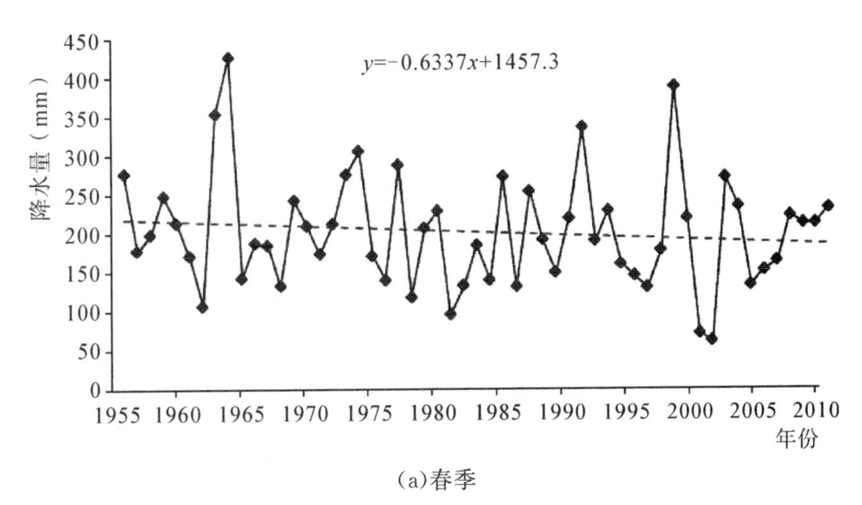

(a)春季

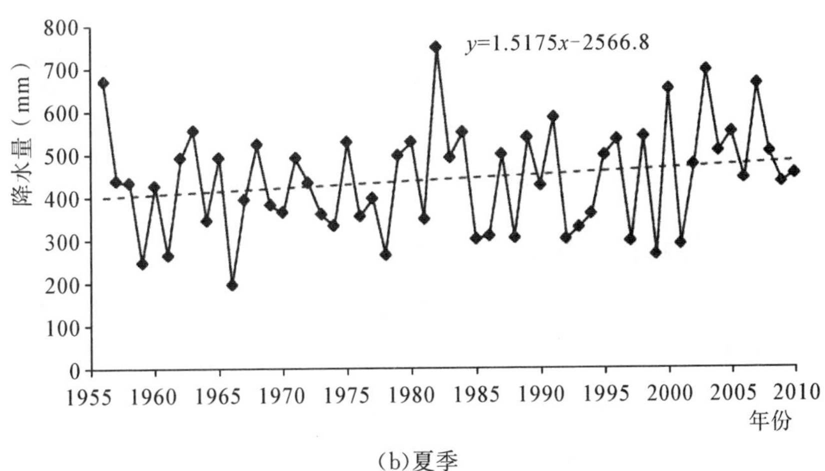

(b)夏季

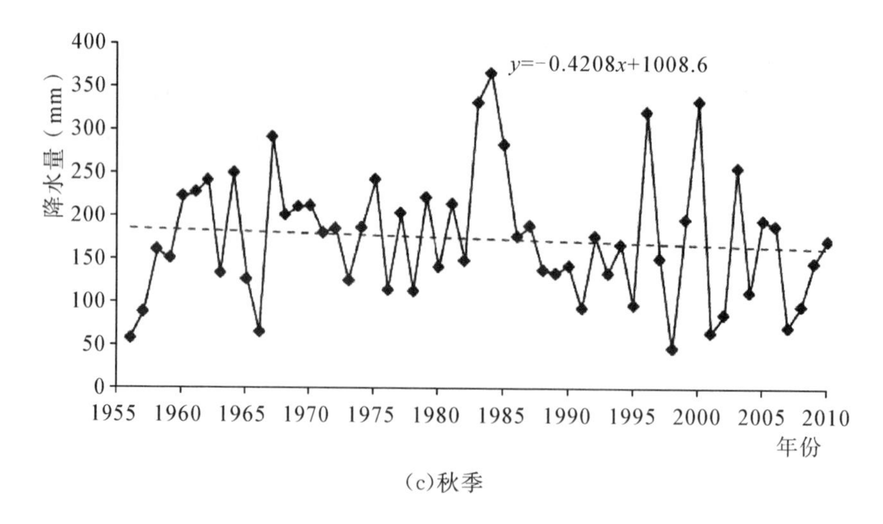

(c)秋季

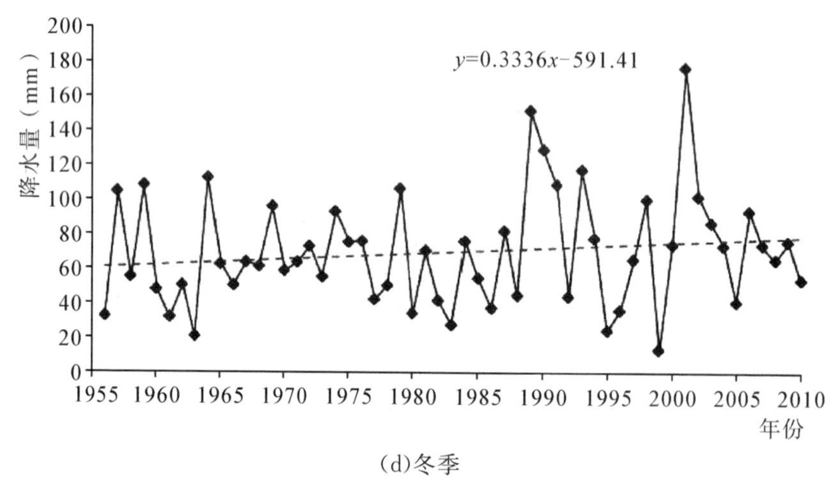

(d)冬季

图 2.7　淮河流域各个季节降水量的变化趋势

2.3.2　淮河流域极端降水的时空变化特征

基于淮河流域1956—2010年15个气象站点的逐日降水资料，分别采用AM和POT方法选取各个站点的极端降水事件。逐年选取站点的年最大日降水量作为该站点的极端降水AM序列。将1956—2010年大于或等于0.1mm的日降水序列的第95个百分位值作为极端降水阈值，当某站日降水量超过了该站极端降水事件的阈值时，就称该日出现了极端降水事件。

首先对淮河流域年最大日降水量的时空变化特征进行分析。AM序列的多年平均值的空间分布、年最大日降水量的变化趋势及变差系数如图2.8所示。从图中可见，年最大日降水极值大多分布在淮河流域上游的桐柏山、大别山区；15个气象站点中，开封、宝丰、阜阳3个站点的年最大日降水呈现出不显著的减少趋势，另外12个站点的年最大日降水呈现出增加趋势，其中西华站通过了显著性水平0.05的显著性检验；淮河流域各个气象站点的年最大日降水的变差系数介于 0.35～0.59，流域西部的宝丰、驻马店地区的变差系数较大，说明该地区年最大日降水的年际变化比较大，蚌埠地区的变差系数最小，在 0.35 左右，表明该地区年最大日降水的年际变化比较小。

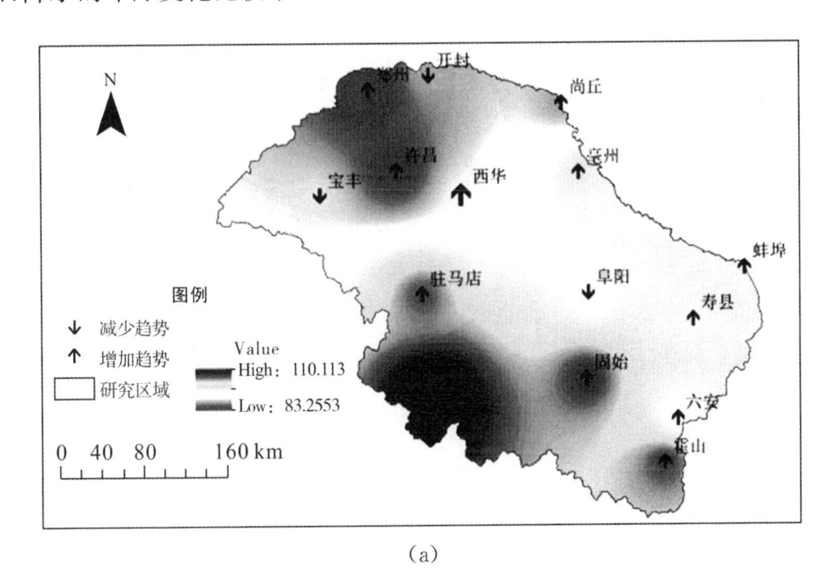

(a)

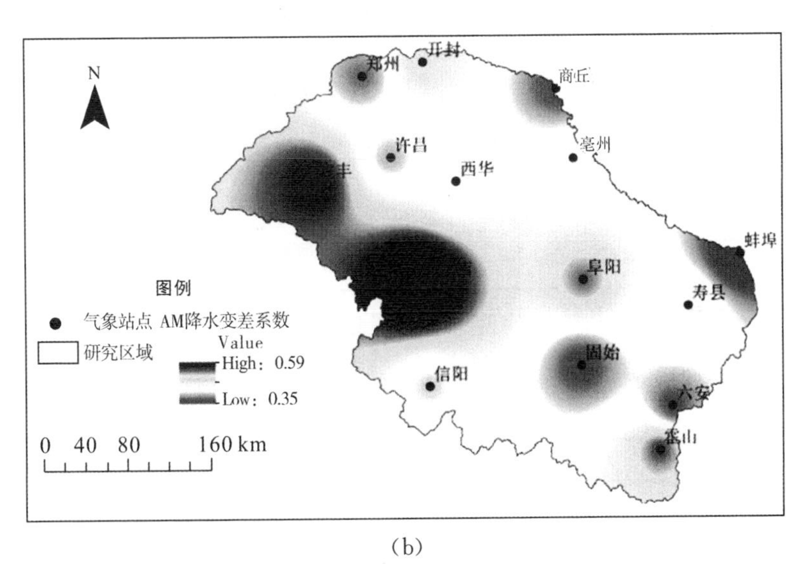

(b)

图 2.8 淮河流域年最大日降水序列(a)多年平均值的空间分布、年最大日降水量的变化趋势(图中↑表示上升趋势，↓表示下降趋势，大符号表明通过显著性水平 0.05 的显著性检验)及(b)变差系数图

采用泰森多边形法插值出淮河流域空间平均的逐年日最大降水量，进一步对其进行趋势、突变和周期变化分析。结果表明，1956—2010 年淮河流域面平均年最大日降水量呈现出以 1.62mm/10a 的速度增加的趋势，但是增加的趋势不显著(图 2.9)。在 0.01 的显著性水平下淮河流域面平均年最大日降水量序列未检测出突变(图 2.10)。从小波分析图

(图 2.11)中可分析出,1956—2010 年,淮河流域年面平均最大日降水量具有 15～20 年尺度、30～35 年尺度的变化周期,周期震荡较显著。降水较多时期,出现在 1965 年以前、80 年代和进入 21 世纪后;降水较少时期,出现在 70 年代前期和 90 年代,这与年平均降水量的时间尺度特征相符合。时间尺度范围 30～35 年的波动能量影响 90 年代以后。面平均最大日降水量变化的主要周期为 19 年和 33 年,其中 33 年为第一主周期,说明 33 年时间尺度的准周期在近 55 年年最大日降水量序列中起最主要作用。进一步分析其实部在 19 年(红色曲线)和 33 年(黑色曲线)时间尺度下的变化过程,判断年最大日降水量的丰枯变化。在 33a 的时间尺度下,淮河流域年最大日降水量主要经历了 5 次丰枯交替。年最大日降水量偏丰时期主要有 1956—1967 年、1979—1989 年、2000—2010 年,年降水量偏枯时期主要有 1968—1978 年、1989—1999 年,这与淮河流域年降水量的周期分析结果一致。在 19 年的时间尺度下,淮河流域年最大日降水量主要经历了 9 次丰枯交替。年最大日降水量偏丰时期主要有 1956—1961 年、1968—1973 年、1981—1986 年、1993—1998 年、2005—2010 年,年降水量偏枯时期主要有 1962—1967 年、1974—1980 年、1987—1992 年、1999—2004 年。

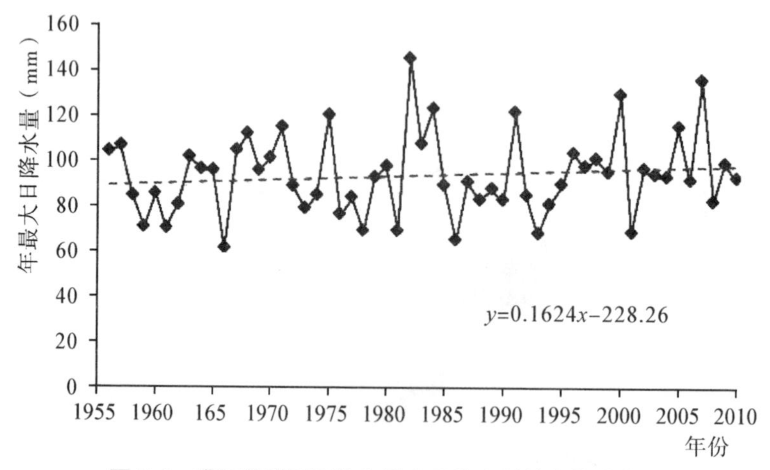

图 2.9　淮河流域面平均年最大日降水量的变化趋势图

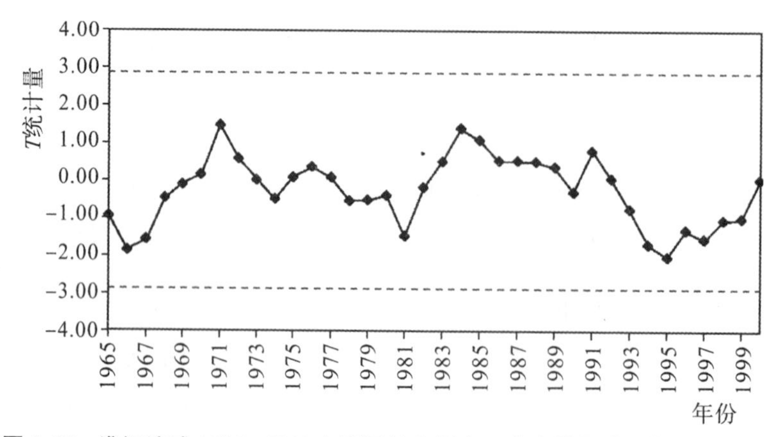

图 2.10　淮河流域 1956—2010 年面平均年最大日降水量滑动 t 检验统计量图

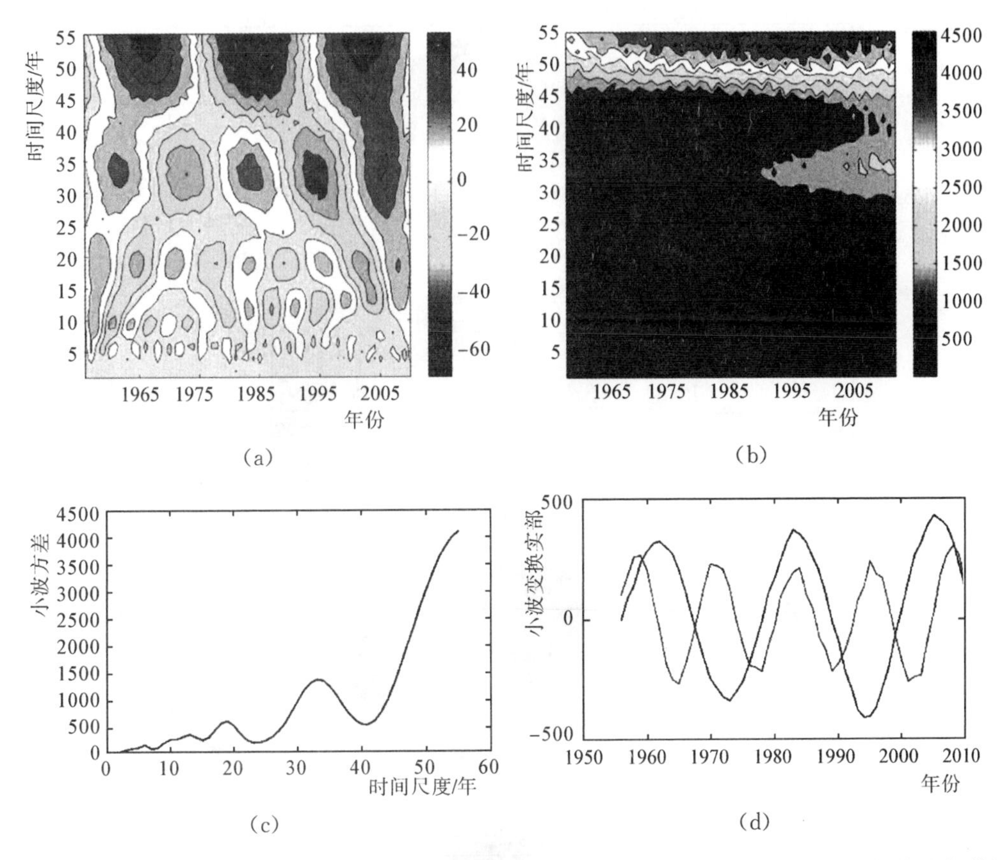

图 2.11 淮河流域的1956—2010年面平均年最大日降水量序列的小波分析:(a)小波变换的实部等值线图、(b)模平方时频分布图、(c)小波方差图、(d)实部变换过程图

选取5个极端降水事件指标:年极端降水量、年极端降水日数、极端降水强度、极端降水量比重和极端降水日数比重进行各站点多年平均值空间分布分析和时间变化趋势分析,如图2.12所示。

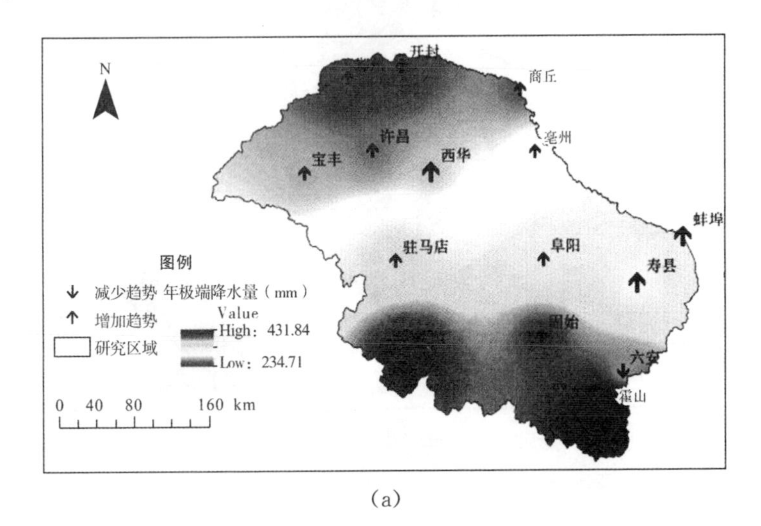

(a)

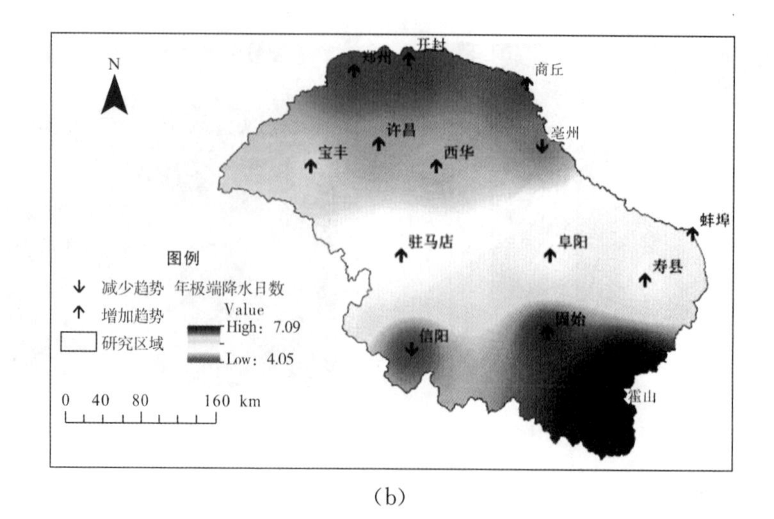
N
开封
郑州
商丘
许昌
亳州
宝丰
西华
蚌埠
驻马店
阜阳
寿县
图例
减少趋势
增加趋势
研究区域
年极端降水日数
Value
High：7.09
Low：4.05
固始
信阳
霍山
0 40 80 160 km

(b)

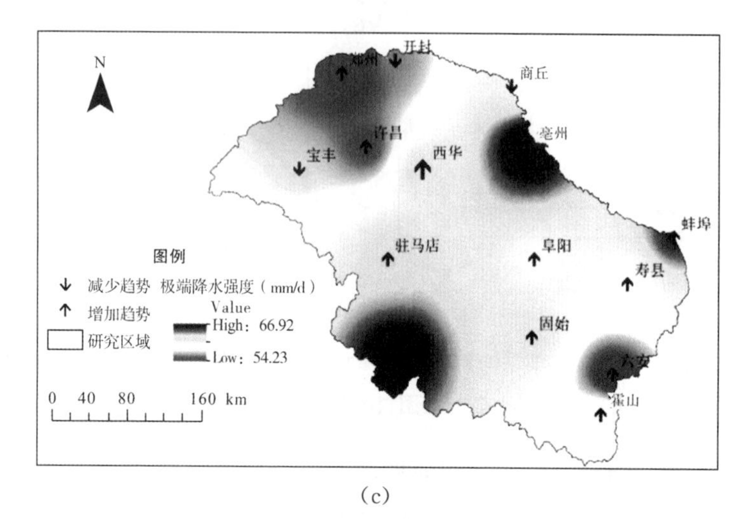
N
开封
郑州
商丘
许昌
亳州
宝丰
西华
蚌埠
驻马店
阜阳
寿县
图例
减少趋势
增加趋势
研究区域
极端降水强度（mm/d）
Value
High：66.92
Low：54.23
固始
六安
霍山
0 40 80 160 km

(c)

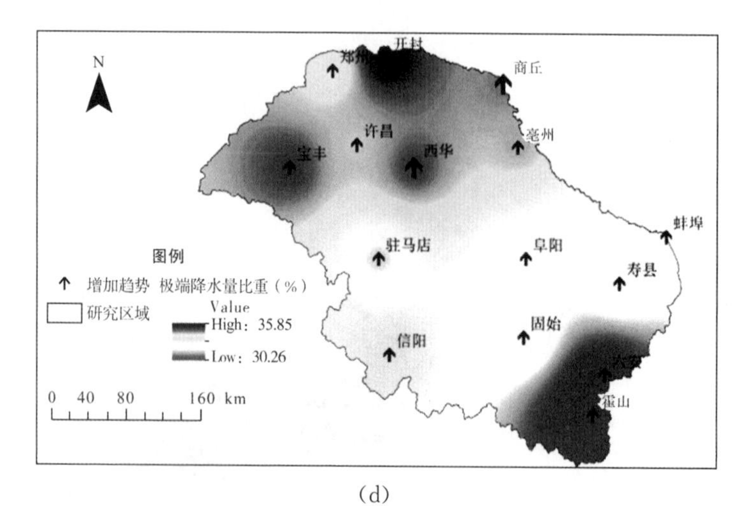
N
开封
商丘
许昌
亳州
宝丰
西华
蚌埠
驻马店
阜阳
寿县
图例
增加趋势
研究区域
极端降水量比重（%）
Value
High：35.85
Low：30.26
固始
信阳
霍山
0 40 80 160 km

(d)

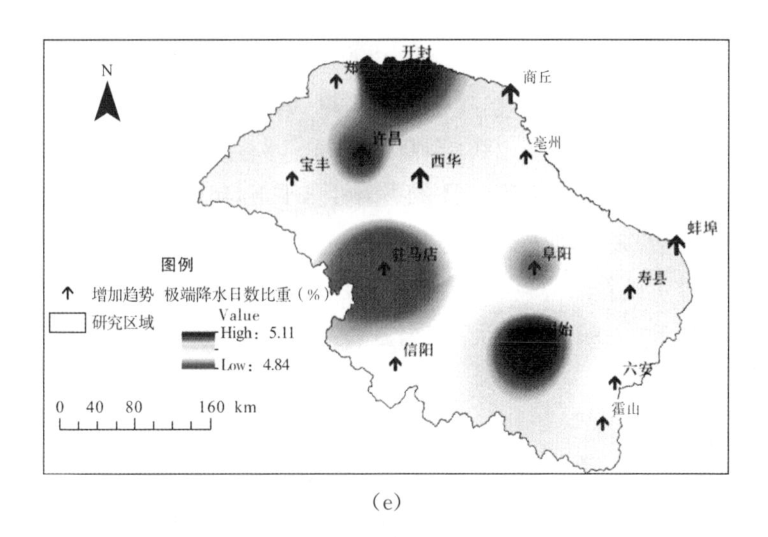

(e)

图 2.12 淮河流域(a)年极端降水量、(b)年极端降水日数、(c)极端降水强度、(d)极端降水量比重、(e)极端降水日数比重的多年平均值空间分布及时间趋势变化图(图中↑表示上升趋势，↓表示下降趋势，大符号表明通过显著性水平 0.05 的显著性检验)

从图 2.12 可知，淮河流域年极端降水量的空间分布与淮河流域年降水量的空间分布一致，均为西北少，东南多，从西北向东南逐渐增加。近 55 年来，淮河流域的年极端降水量除了六安表现出不显著的下降趋势外，总体呈现增加趋势，并且西华、蚌埠、寿县表现出显著增加趋势。极端降水日数的空间分布与淮河流域年降水量、年极端降水量的空间分布一致，1956—2010 年极端降水日数除亳州和六安呈现减少趋势外，其余站点均呈现出增加趋势，但是增加和减少的趋势均不明显。极端降水强度在空间上有 3 个高值区，信阳、亳州和蚌埠超过 65mm/d，同时也有 3 个低值区，郑州、许昌和六安在 54mm/d 左右，但是即使是低值，也达到了中国气象局规定的暴雨标准。在时间变化上，除宝丰、开封和商丘的极端降水强度呈现不显著的下降趋势外，其余站点的极端降水强度均有增加趋势，且西华、亳州的增加趋势显著。综合来看，淮河流域年极端降水量、年极端降水日数和极端降水强度这三个指标在总体上都表现出增加趋势。淮河流域极端降水量占年降水量的比重，分布在 30.26%～35.85%区间，其空间分布和淮河流域年降水量、年极端降水量、极端降水日数的空间分布相反，西北比重大，东南比重小，从南向北逐渐增加，这是由于流域东南部的年降水总量很大，虽然其极端降水量也较大，比较起来，所占比例还是较西北部小。在时间变化趋势上，淮河流域极端降水量占年降水量的比重均有增加趋势，而且西华和商丘增加趋势显著。对于淮河流域极端降水日数占年降水量总日数的比重，分布在 4.84%～5.11%区间，在空间分布上有 3 个高值区：开封、许昌和固始，同时也有 2 个低值区：驻马店和阜阳。在时间变化趋势上，淮河流域各个站点极端降水日数占年降水量总日数的比重均有增加趋势，并且开封、许昌、西华、尚丘、固始、蚌埠 6 个站点的增加趋势显著。

对淮河流域极端降水事件的以上 5 个指标的面平均值序列进行趋势、突变和周期分析，结果表明，淮河流域极端降水事件的 5 个指标在 1956—2010 年均显示出增加趋势，年极端降水量、年极端降水日数、极端降水强度、极端降水量比重、极端降水日数比重增加的速度分别为 10.75mm/10a、0.15d/10a、0.69mm/d/10a、1.00%/10a、0.32%/10a，其中极端降水日数的增加趋势通过了显著性检验(图 2.13)。在 0.01 的显著性水平下，年极端降水量、年极端降水日数、极端降水强度均未检测到突变，而极端降水量比重、极端降水日数比重序列均在 1966 年检测到了均值突变，并通过了显著性检验，均是向上突变(均值增加)，表明淮河流域的极端降水量比重、极端降水日数比重在 1966 年以后呈现出显著的均值增加(图 2.14)。

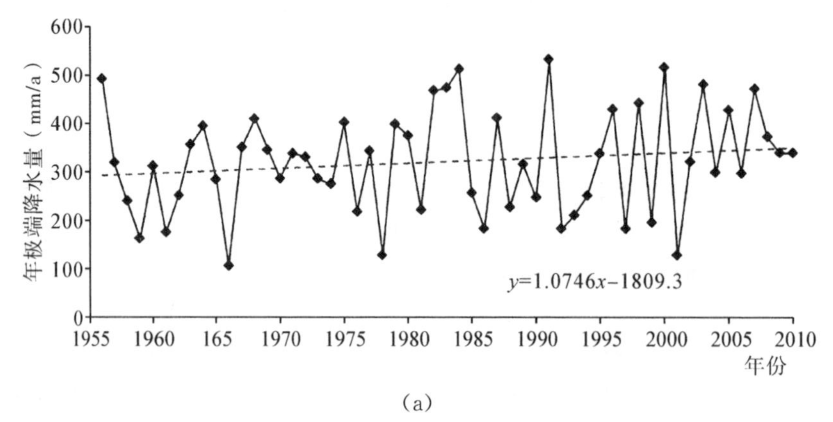

(a)

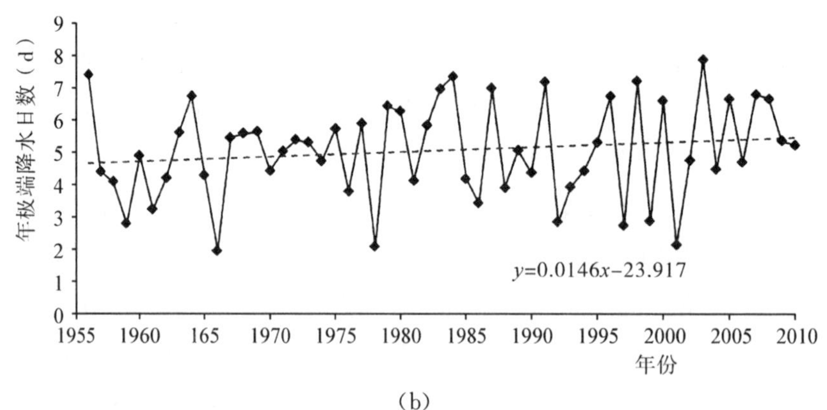

(b)

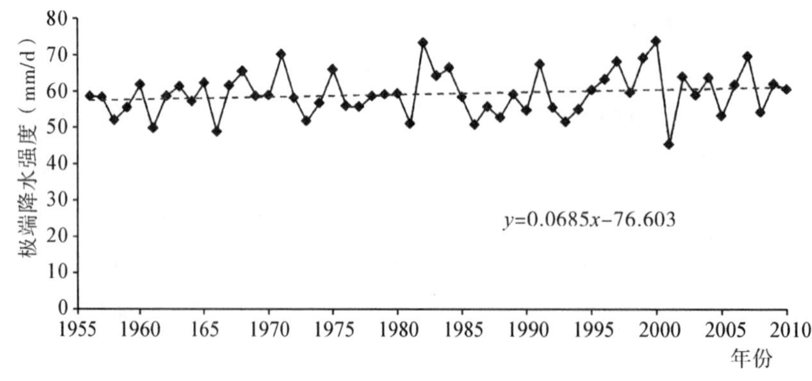

(c)

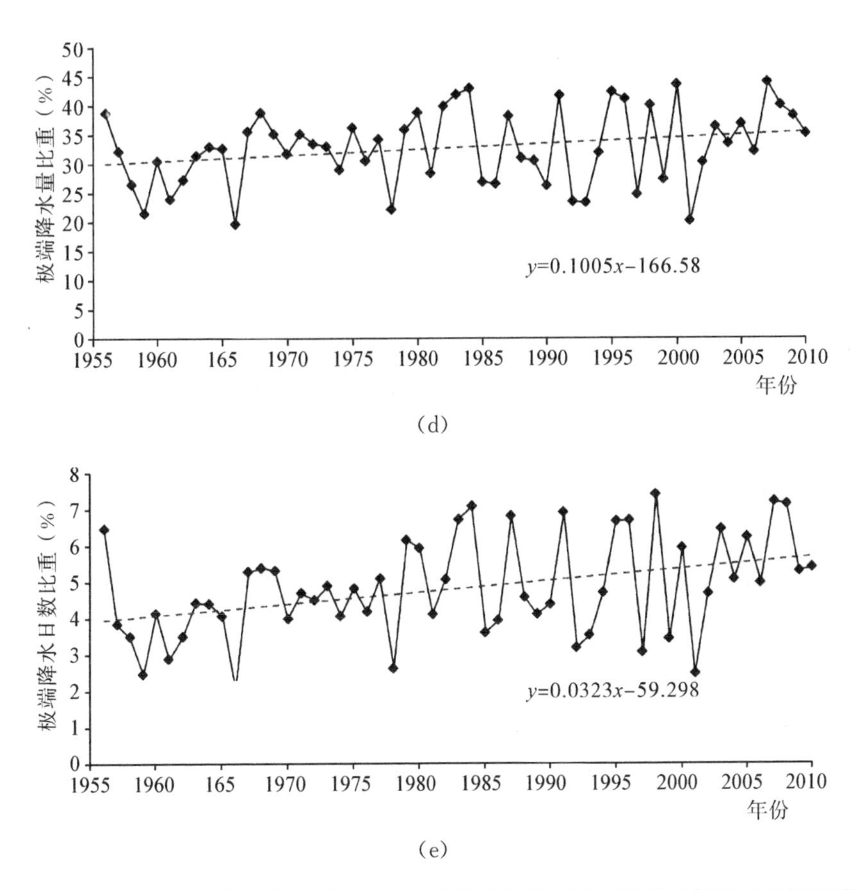

图 2.13　淮河流域面平均(a)年极端降水量、(b)年极端降水日数、(c)极端降水强度、(d)极端降水量比重、(e)极端降水日数比重的变化趋势图

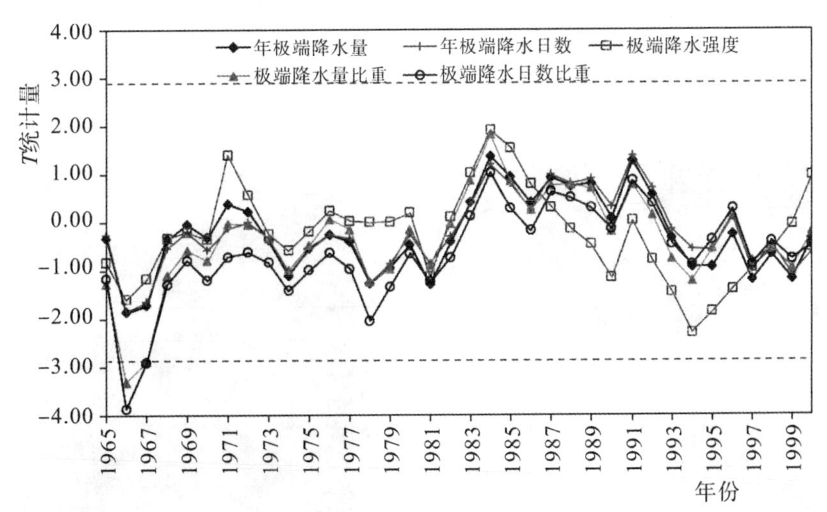

图 2.14　淮河流域面平均(a)年极端降水量、(b)年极端降水日数、(c)极端降水强度、(d)极端降水量比重、(e)极端降水日数比重滑动 t 检验统计量变化图

采用小波分析方法，进一步对淮河流域面平均极端降水的以上5个指标进行周期分析（图2.15）。结果表明：1956—2010年，淮河流域年极端降水量、年极端降水日数、极端降水量比重、极端降水日数比重在整个时间域上具有15～20年尺度、30～35年尺度的年代际变化周期，极端降水强度具有30～35年尺度的年代际变化周期。Morlet小波变换实部等值线图中，显示了极端降水指标在不同时间尺度下周期变化的情况。其中红色部分表示指标值较大时期，蓝色部分表示指标值较小时期。图中正负位相交替出现，反映了极端降水指标值偏大和偏小的交替变化。年极端降水量和年极端降水日数在小波变化域中存在尺度范围30～35年的能量聚集的中心，波动能量影响70年代以后；极端降水量比重和极端降水日数比重在小波变化域中存在2个能量聚集的中心：尺度范围15～20年，波动能量影响90年代中期以后；尺度范围30～35年，波动能量影响80年代以后。年极端降水量、年极端降水日数、极端降水量比重、极端降水日数比重均存在19年、34年时间尺度的准周期，其中34年为第一主周期，与年最大日降水量周期分析的结果较一致。极端降水强度存在33年时间尺度的准周期。进一步分析实部在19年（红色曲线）和34年或33年（黑色曲线）时间尺度下的变化过程。在34年的时间尺度下，淮河流域年极端降水量、年极端降水日数、极端降水量比重、极端降水日数比重主要经历了5次大小变化交替。这些指标值较大的时期为1956—1966年、1979—1988年、2001—2010年；这些指标值较小的时期主要有1967—1978年、1989—2000年。在19年的时间尺度下，淮河流域年这4个极端降水指标主要经历了9次大小变化交替。这些指标值较大的时期主要有1956—1961年、1968—1973年、1981—1986年、1993—1998年、2005—2010年；这些指标值较小的时期主要有1962—1967年、1974—1980年、1987—1992年、1999—2004年。而对于极端降水强度，在33年的时间尺度下，其主要经历了5次大小变化交替。指标值较大的时期为1956—1967年、1978—1988年、2000—2010年；指标值较小的时期主要有1968—1977年、1989—1999年。

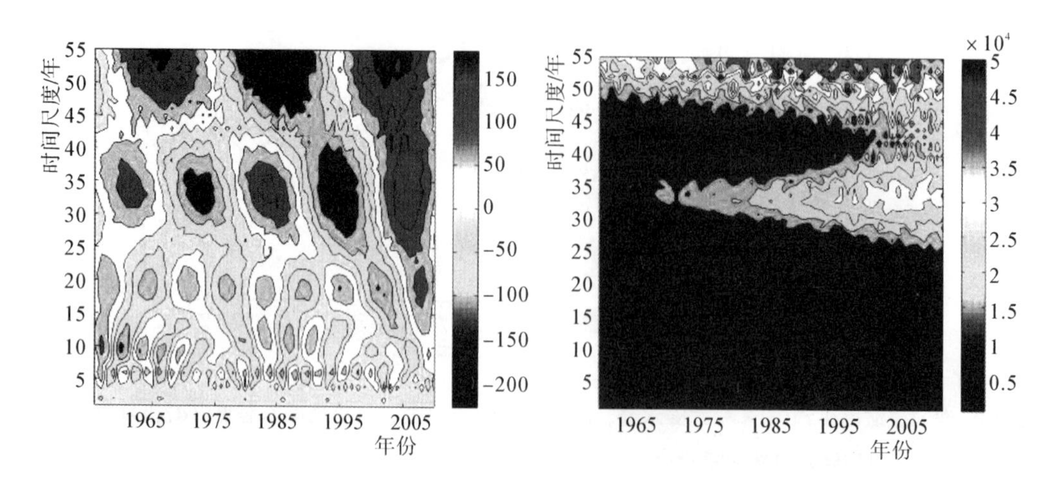

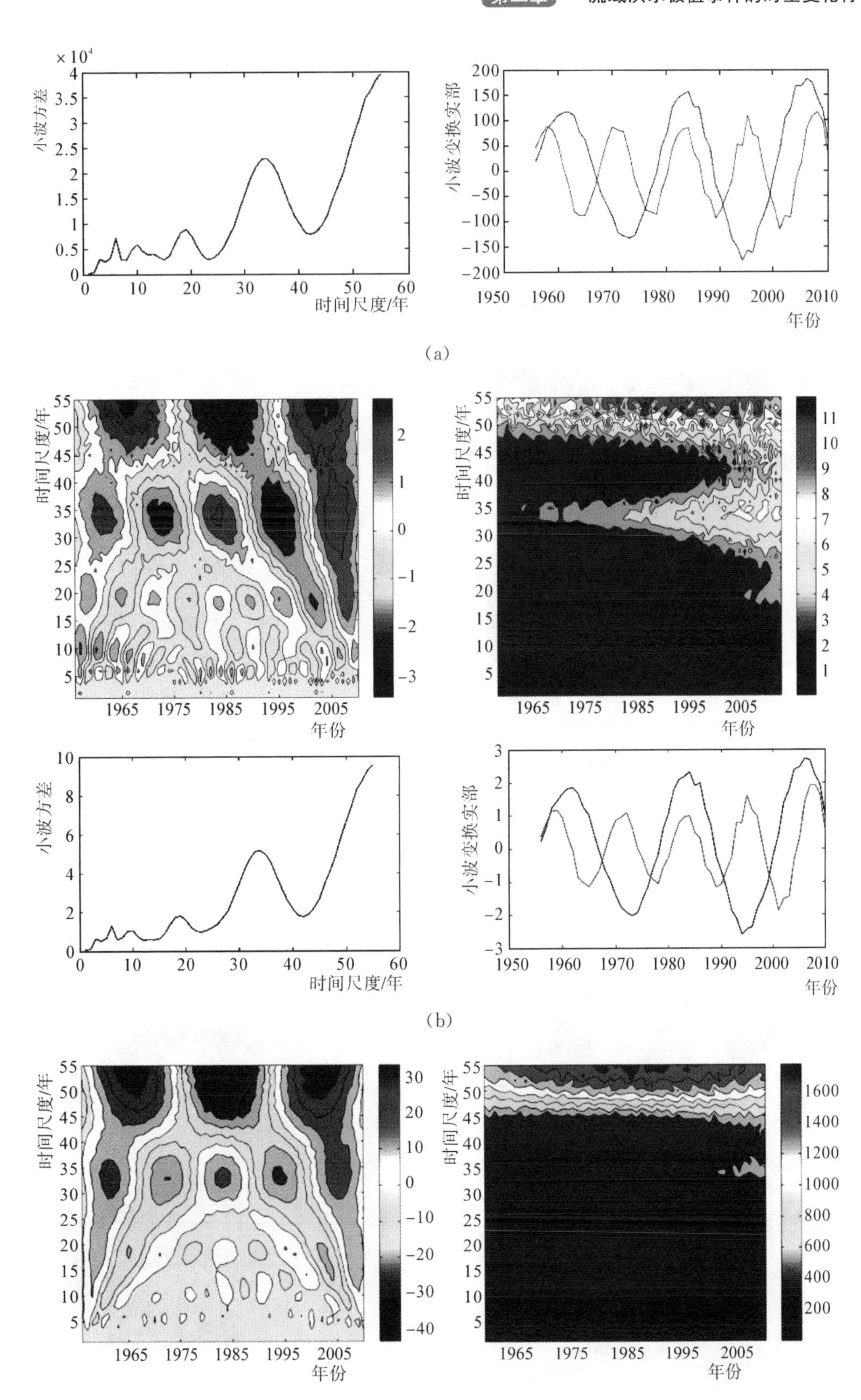

小波方差
时间尺度/年
小波变换实部
年份
(a)
时间尺度/年
年份
小波方差
时间尺度/年
小波变换实部
年份
(b)
时间尺度/年
年份

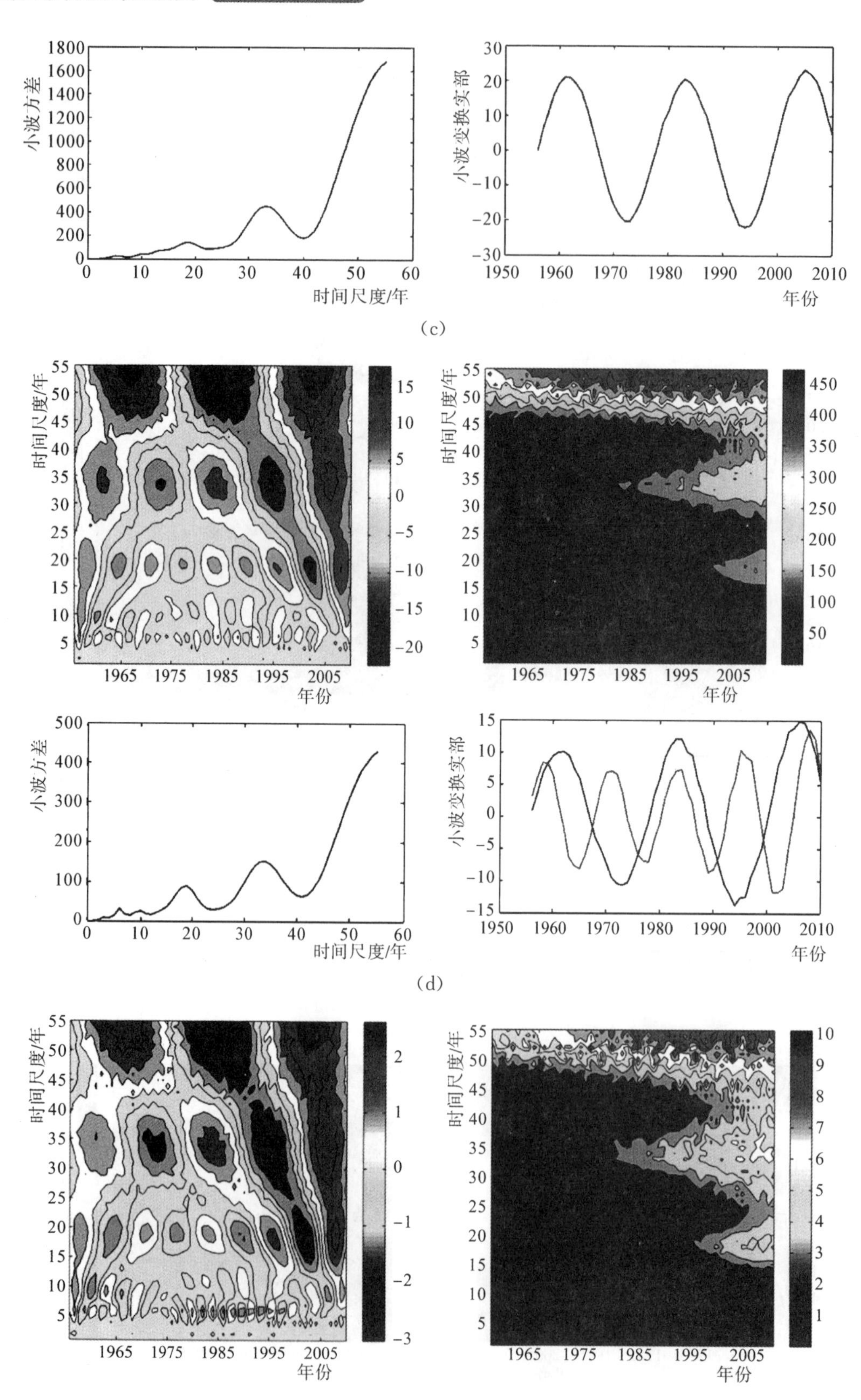
小波方差
时间尺度/年
小波变换实部
年份
(c)
时间尺度/年
年份
小波方差
时间尺度/年
小波变换实部
年份
(d)
时间尺度/年
年份

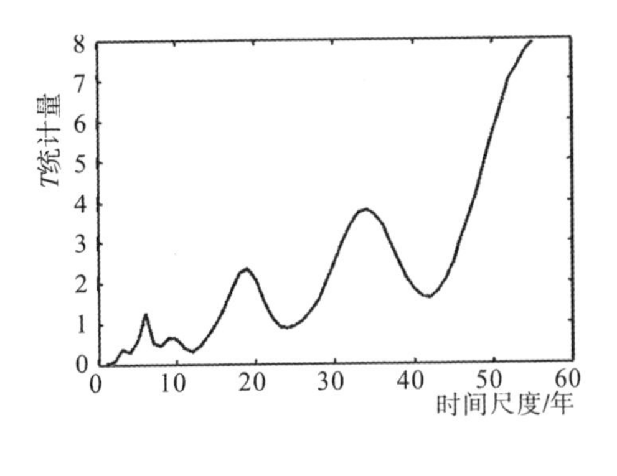

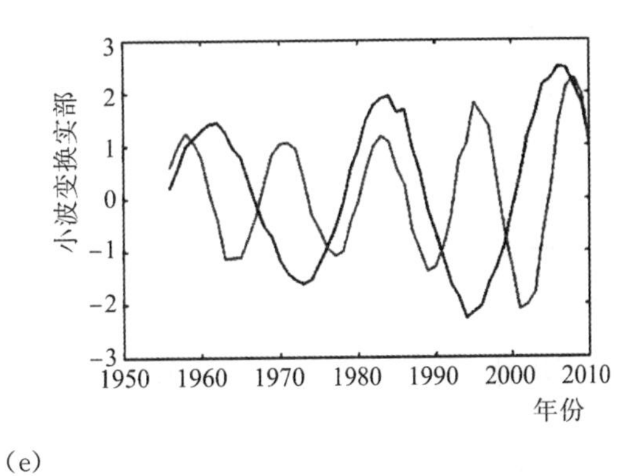

(e)

图 2.15　淮河流域面平均(a)年极端降水量、(b)年极端降水日数、(c)极端降水强度、(d)极端降水量比重、(e)极端降水日数比重的小波分析实部等值线图、模平方图、小波方差图和实部变换过程图

接下来对淮河流域 POT 极端降水序列的时空变化特征进行分析。从图 2.16 中可以看出，淮河流域极端降水事件的阈值分布在 33.3～41.2mm/d 范围内，平均值为 36.63mm/d。流域中部和南部地区的阈值都在平均值以上，尤其以亳州、驻马店、信阳、霍山地区最为显著，阈值超过了 39mm/d，最小的阈值出现在宝丰，为 33.3mm/d，但仍超过国家气象局规定的大雨标准(25mm/d)。

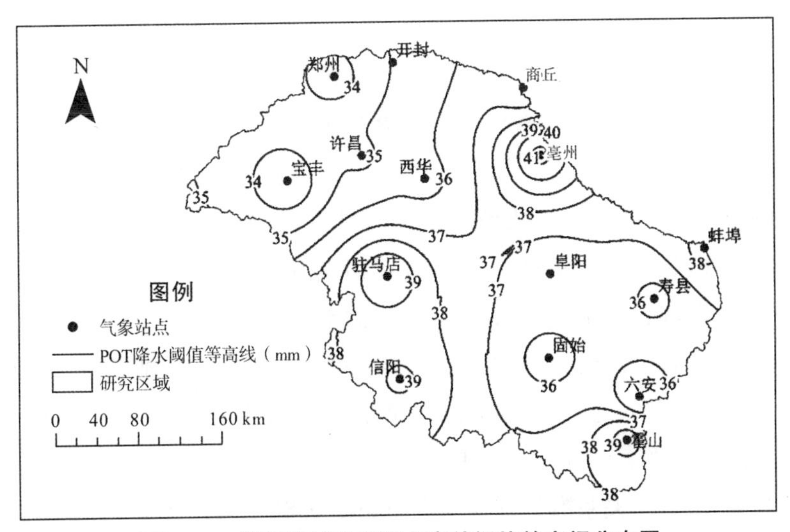

图 2.16　淮河流域极端降水事件阈值的空间分布图

进一步统计极端降水事件发生的站次频数的年内分布(表 2.2)，结果表明：淮河流域极端降水事件主要发生在 6—9 月，占全年的 75%以上，其中 7 月所占比例在各月中最大，达到了 27.5%；而 12 月、1 月、2 月发生极端降水事件的几率较小，不足 1%。

表 2.2　淮河流域极端降水事件年内发生频率

月份	1月	2月	3月	4月	5月	6月	7月	8月	9月	10月	11月	12月
频数	7	13	92	224	395	727	1131	864	431	162	64	3
频率(%)	0.17	0.32	2.24	5.45	9.60	17.68	27.50	21.01	10.48	3.94	1.56	0.07

2.4　洪水极值事件时空变化特征

根据淮河流域20个水文站点1956—2010年的AM和POT洪水极值事件的洪峰、洪量和洪水历时序列，分析淮河流域洪水极值事件的时空变化特征。淮河流域洪水极值事件的AM序列的洪峰、洪量和洪水历时的多年平均值及变化趋势如图2.17所示。从图中可知，淮河流域洪水极值事件AM序列的洪峰在淮河干流最大，从淮河干流上游往下走洪峰值逐渐增大。沙颍河、洪汝河、涡河以及南部山区诸支流等也呈现出洪峰从上游往下逐渐增大。1956—2010年，淮河流域20个典型水文站点中有10个站点的AM洪峰呈现出不显著的增加趋势，另外10个站点呈现出减少趋势，其中大陈、扶沟的AM洪峰在近55年显著减少。对于AM洪峰对应的AM洪量序列，以鲁台子和蚌埠站的AM洪量最大，超过了90亿m^3。淮河干流的洪量大于各个支流，从上游往下走洪量逐渐增加。淮河流域的20个典型水文站点中有5个站点的AM洪量呈现出增加趋势，其中横排头的AM洪量显著增加；另外15个站点呈现出减少趋势，其中大陈的AM洪量显著减少。对于AM洪水历时，与AM洪量类似的，在鲁台子和蚌埠站最大，达到了65天以上。洪水历时从上游往下走逐渐增加，淮河干流右岸诸支流的洪水历时比左岸诸支流的洪水历时短，分析原因在于右岸支流多为山区河流，比降大，洪峰尖瘦，洪水历时相对较短，而左岸诸支流多为平原河道，河床泄量小，洪水下泄缓慢，洪水历时相对较长。淮河流域的20个典型水文站点中有5个站点的AM洪水历时呈现出增加趋势，其中竹竿铺的AM洪水历时显著增加；另外15个站点呈现出减少趋势，其中大陈、沈丘、界首、阜阳闸、亳县闸、蒙城闸6个站点的AM洪水历时显著减少。进一步分析AM洪峰、洪量、历时和各个站点的控制流域面积的关系，发现三者与控制流域面积均显示出了良好的相关关系，相关系数分别为0.70、0.96、0.86。

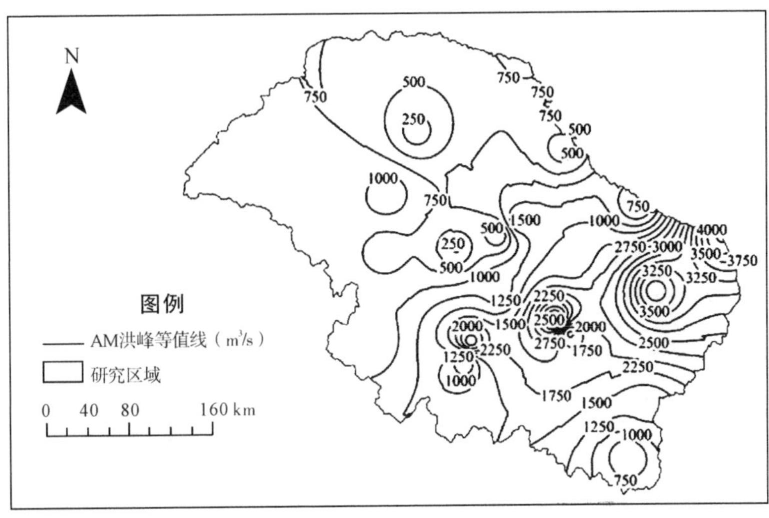

N
图例
AM洪峰等值线（m³/s）
研究区域
0 40 80 160 km
250
500
750
1000
1250
1500
1750
2000
2250
2500
2750
3000
3250
3500
3750
4000

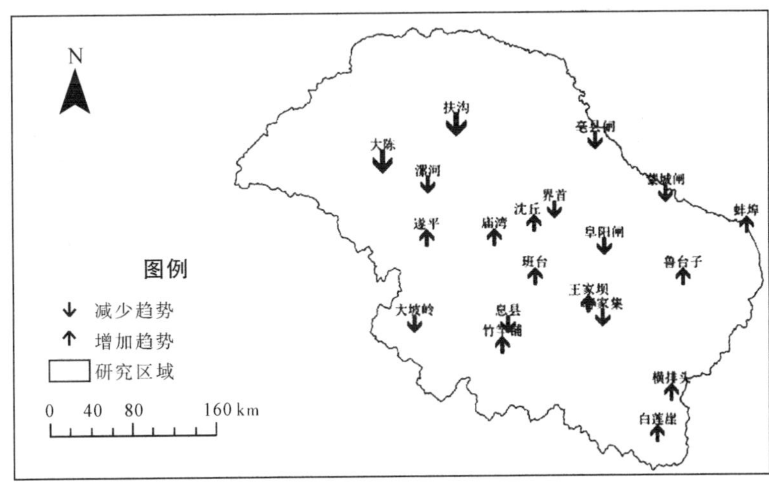

N
图例
减少趋势
增加趋势
研究区域
0 40 80 160 km
扶沟
大陈
漯河
界首
沈丘
庙湾
遂平
阜阳闸
班台
鲁台子
蚌埠
王家坝
大坡岭
息县
横排头
白莲崖

(a)

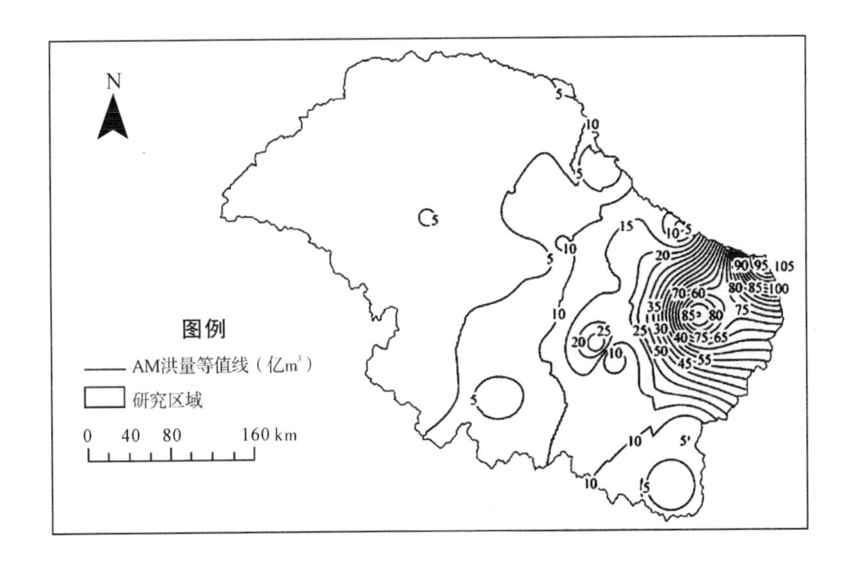

N
图例
AM洪量等值线（亿m³）
研究区域
0 40 80 160 km
5
10
15
20
25
30
35
40
45
50
55
60
65
70
75
80
85
90
95
100
105

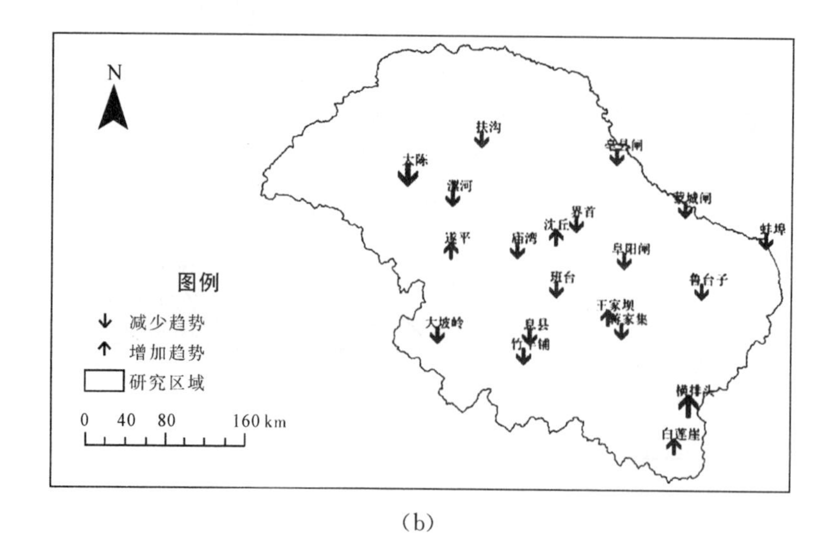

(b)

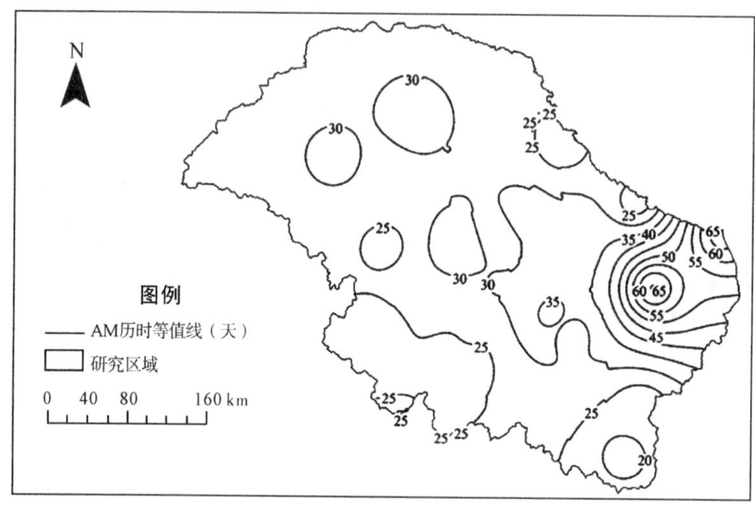

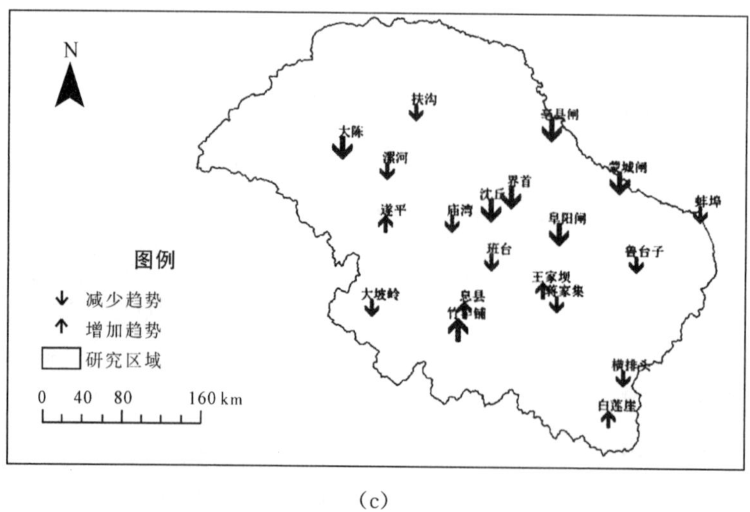

(c)

图 2.17　淮河流域洪水极值事件的 AM 序列的(a)洪峰、(b)洪量和(c)历时的多年平均值及变化趋势

淮河流域洪水极值事件的 POT1 和 POT2 序列的洪峰阈值空间分布图如图 2.18 所示。从图中可见，POT 序列的洪峰阈值均是在淮河干流最大，从上游往下走逐渐增大，各支流的洪峰阈值也是从上游往下走逐渐增加。POT1 在淮河干流和涡河的洪峰阈值明显比 POT2 的洪峰阈值大，但是在南部山区河流 POT2 的洪峰阈值比 POT1 大。POT1 和 POT2 序列的洪峰阈值与 AM 序列的多年平均洪峰相关性良好，相关系数分别为 0.91、0.98。POT1 和 POT2 序列的洪峰阈值也呈现出良好的相关性，相关系数达到 0.90。

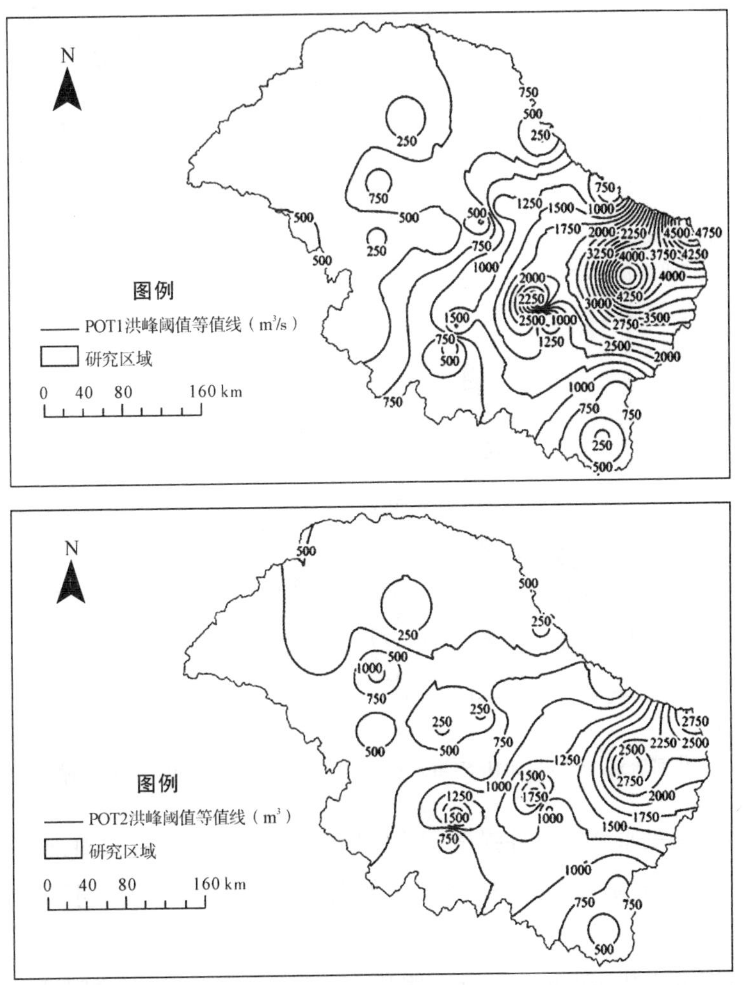

图 2.18 淮河流域洪水极值事件的 POT1 和 POT2 序列洪峰阈值空间分布图

统计淮河流域 20 个典型水文站的 1956—2010 年的年最大洪峰序列的最大值发生的时间，得出淮河流域最大洪峰多出现在 20 世纪六七十年代，且在 6 月、7 月、8 月汛期居多[图 2.19(a)]。采用我国水文计算规范规定的 P-Ⅲ分布拟合 AM 洪水系列，统计淮河流域 20 个水文站点不同重现期下(20～50 年一遇，50 年及以上一遇)洪水极值事件发生的频次[图 2.19(b)]。结果表明，50 年一遇及以上的特大洪水在 1960s 发生的站次数最多，之后呈现减少趋势，20～50 年一遇的大洪水在 1980s 发生的站次数最多，1990s 迅速减少，进入 21 世纪又有增加趋势。

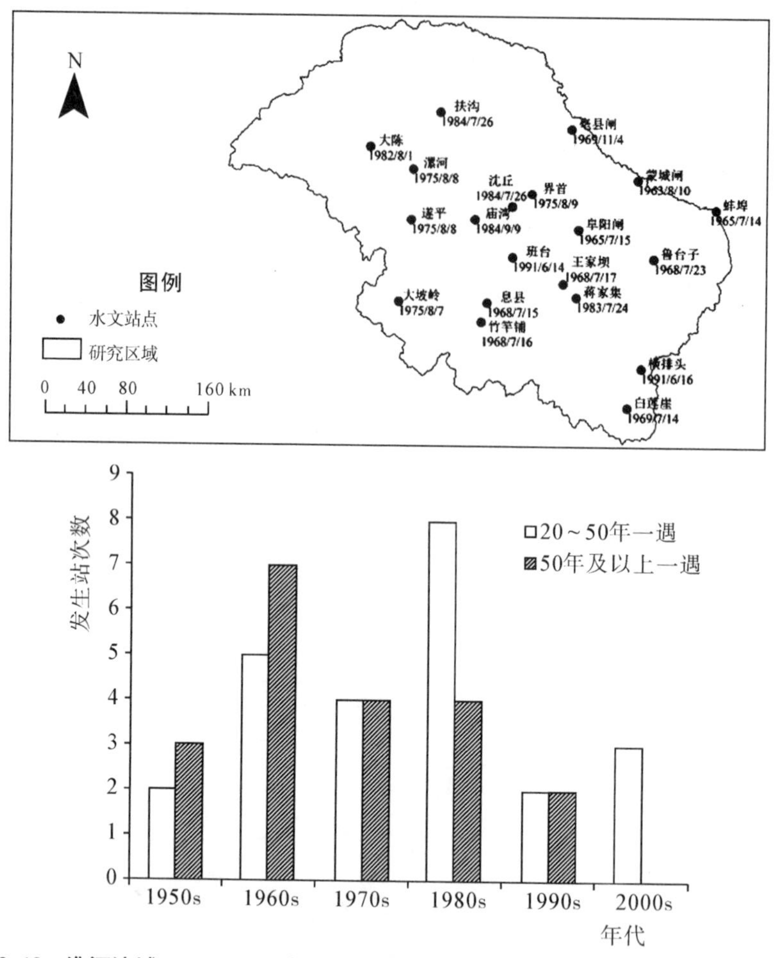

图 2.19　淮河流域 1956—2010 年洪水极值事件(a)发生时间和(b)发生站次数统计

由于抽样方法对洪水极值事件强度变化的影响较小，因此研究仅对淮河流域洪水极值事件的 AM 序列的强度、频率变化进行分析，以得出淮河流域洪水极值事件的强度和频率的变化规律。

根据中国气温的变化 1980s 以前并不明显，升温幅度不大，气温增暖开始于 20 世纪 80 年代，1990s 增温加速，因此以 1980 年为分界点将淮河流域洪水极值事件的 AM 序列划分为 1956—1980 年和 1981—2010 年两个时段，分别计算两个时段不同重现期下洪水极值事件强度的相对变化(图 2.20)。结果表明，对于重现期为 50 年的洪水极值事件，有 7 个站点的洪水强度呈增大趋势，13 个站点的洪水强度呈减小趋势。其中，横排头增幅最大，达到 34.96%，亳县闸减幅最大，达到 77.38%。淮河干流王家坝以上洪水强度呈现减小趋势，王家坝以下洪水强度呈现增加趋势；沙颍河洪水强度呈现减小趋势；涡河洪水强度呈现减小趋势，减小幅度在40%以上；洪河洪水强度呈现增加趋势，增加幅度在20%以上；汝河洪水强度呈现减小趋势。在重现期为10年和20年时，洪水极值事件的强度变化趋势与重现期为50年时基本一致，只是变化的幅度相对较小。

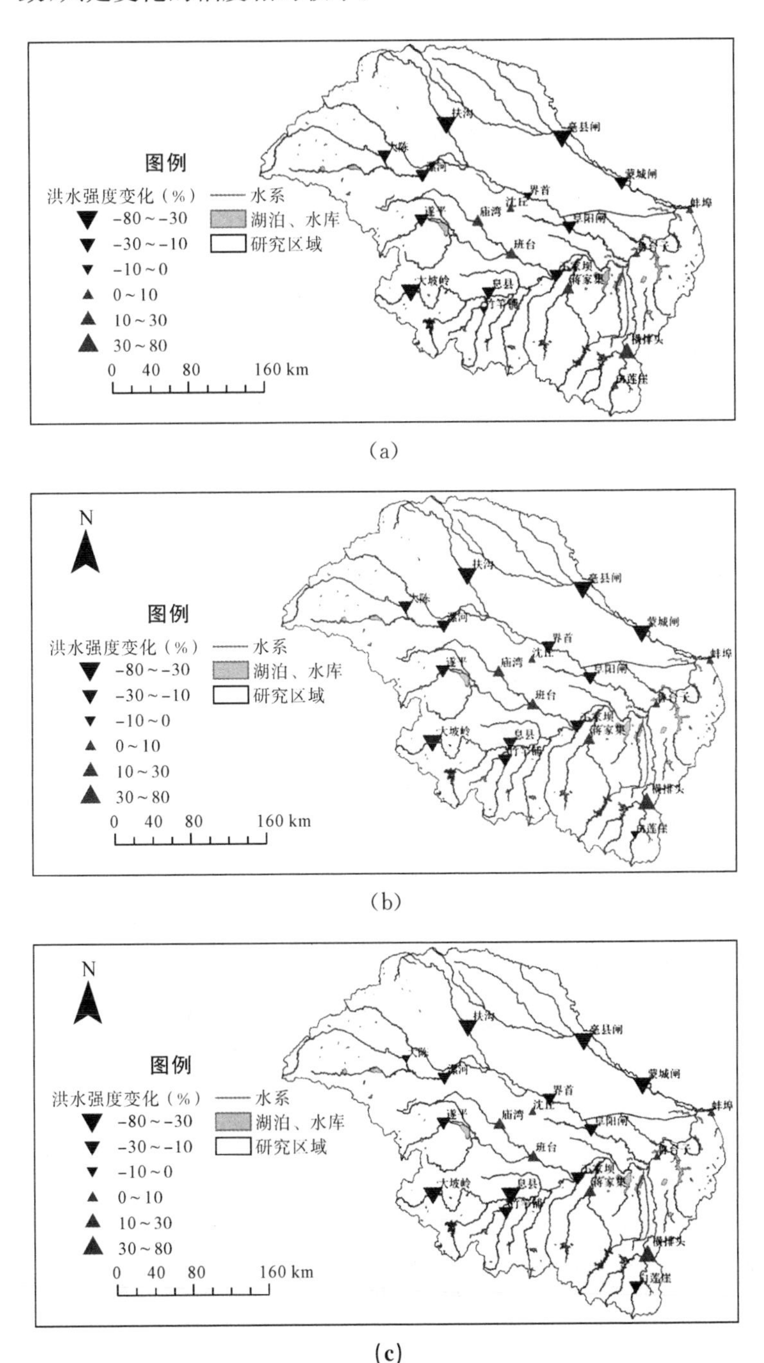

图2.20 1981—2010年相对于1956—1980年重现期为(a)10年、(b)20年和(c)50年的洪水强度变化

对淮河流域20个站点的洪水极值AM序列的洪峰、洪量和历时进行突变检验，结果表明，对于AM洪峰序列，扶沟在1971年发生向下突变，阜阳闸在1985年发生向下突变，班台在1967年发生向上突变。对于AM洪量序列，阜阳闸在1985年发生向下突变，亳县闸在1979年发生向下突变。对于AM历时序列，息县在1989年发生向上突变，遂平在1970年发生向上突变，班台在2000年发生向上突变，横排头在1982年发生向下突变，漯河在1994年发生向上突变，阜阳闸在1986年发生向下突变。对于阜阳闸，其AM洪峰、洪量、历时均在1985年或1986年左右发生了向下突变。

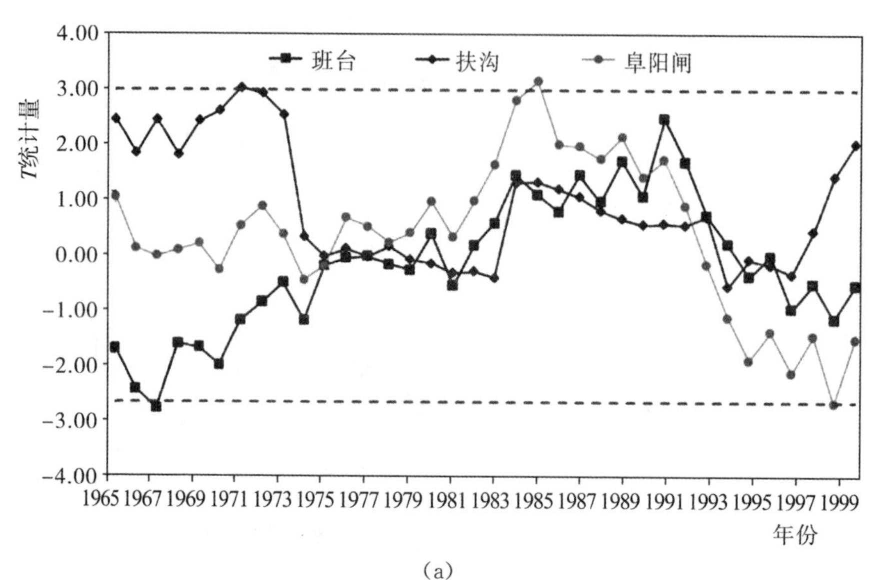

(a)

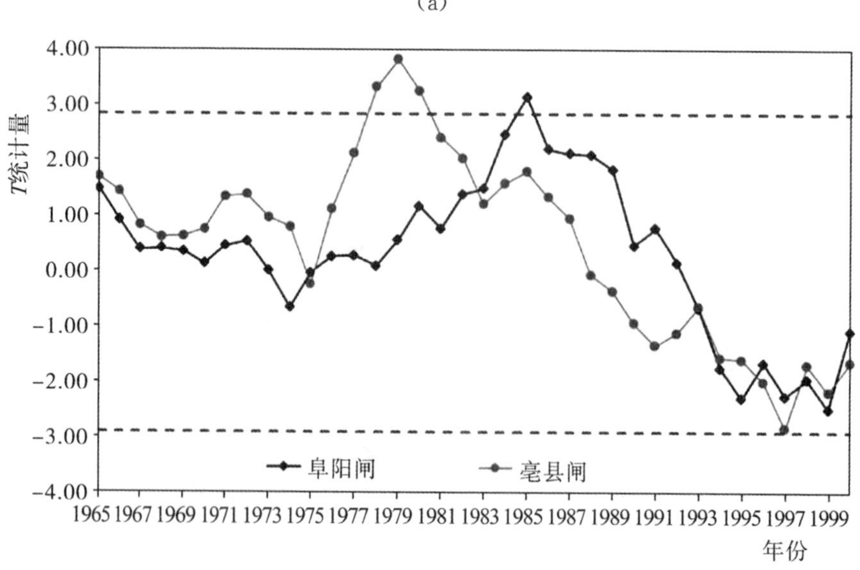

(b)

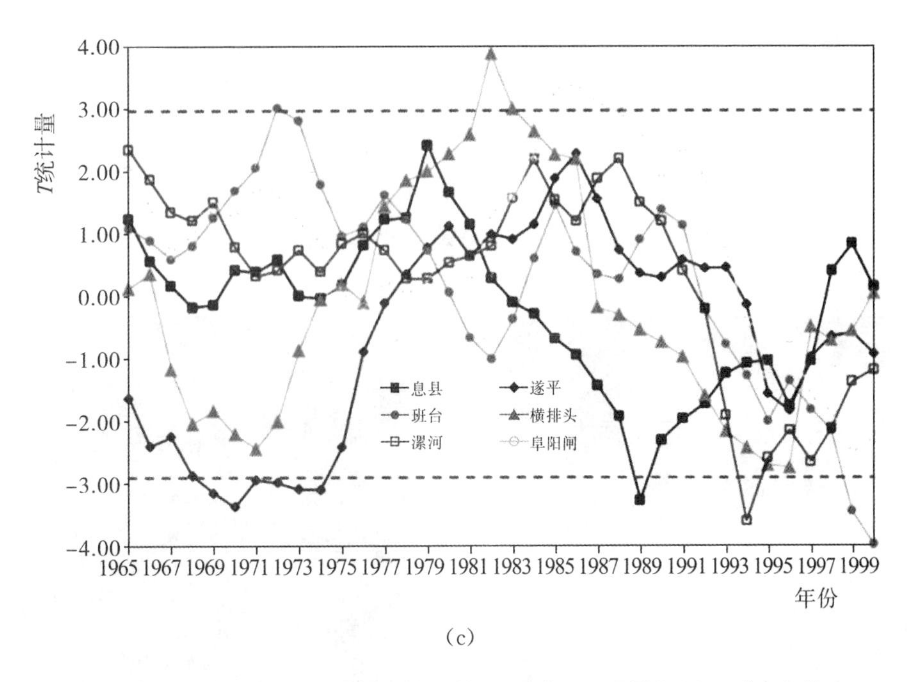

(c)

图 2.21 淮河流域洪水极值 AM 序列的(a)洪峰、(b)洪量和(c)历时突变检验

选取淮河流域蚌埠站为典型站点,基于小波变换方法对该站洪水极值 AM 序列的洪峰、洪量和历时进行周期分析和多时间尺度分析(图 2.22)。对于蚌埠站的 AM 洪峰序列,在整个时间域上具有 5～10 年尺度、30～35 年尺度的年代际变化周期,其中 30～35 年尺度的周期的波动能量贯穿了 1975—2010 年。蚌埠站 AM 洪峰存在 6 年、10 年、32 年时间尺度的准周期,其中 32 年为主周期,在 32 年的时间尺度下,洪峰序列表现出明显的偏大时期和偏小时期的交替,存在 3 个明显的洪峰偏大时期(1957—1968 年,1979—1989 年,2001—2010 年)和 2 个明显的洪峰偏小时期(1968—1979 年,1989—2001 年)。对于蚌埠站的 AM 洪量序列,在整个时间域上具有 5～10 年尺度、10～15 年尺度、30～40 年尺度的年代际变化周期,其中 30～40 年时间尺度的周期的波动能量贯穿了 1956—2010 年,10～15 年时间尺度的周期波动能量在 1970 年以前十分显著,5～10 年时间尺度周期的波动能量在 1970 年以后较显著。蚌埠站 AM 洪量存在 6 年、10 年、13 年和 35 年时间尺度的准周期,其中 35 年为主周期,在 35 年的时间尺度下,洪量序列表现出明显的偏大时期和偏小时期的交替,存在 3 个明显的洪量偏大时期(1956—1965 年,1979—1988 年,2002—2010 年)和 2 个明显的洪量偏小时期(1965—1979 年,1988—2002 年)。和 AM 洪量类似的,对于蚌埠站的 AM 历时序列,在整个时间域上具有 5～10 年尺度、10～15 年尺度、30～40 年尺度的年代际变化周期。蚌埠站 AM 历时存在 6 年、10 年、13 年和 35 年时间尺度的准周期,其中 35 年为主周期,在 35 年的时间尺度下,历时序列表现出明显的偏长时期和偏短时期的交替,存在 3 个明显的历时偏长时期(1956—1965 年,1978—1988 年,2000—2010 年)和 2 个明显的历时偏短时期

(1965—1978年,1988—2000年)。从以上分析可以看出,蚌埠站的洪水极值事件的AM洪峰、洪量、历时的周期性特征比较一致,均存在6年、10年时间尺度的周期和35年左右的主周期,洪峰洪量偏大(小)和历时偏长(短)的时期基本对应。同时,蚌埠站洪水极值事件AM序列的周期(35年左右)与淮河流域降水和极端降水事件的周期(33年)比较接近,在一定程度上表明淮河流域的洪水极值事件主要是由暴雨洪水导致的。

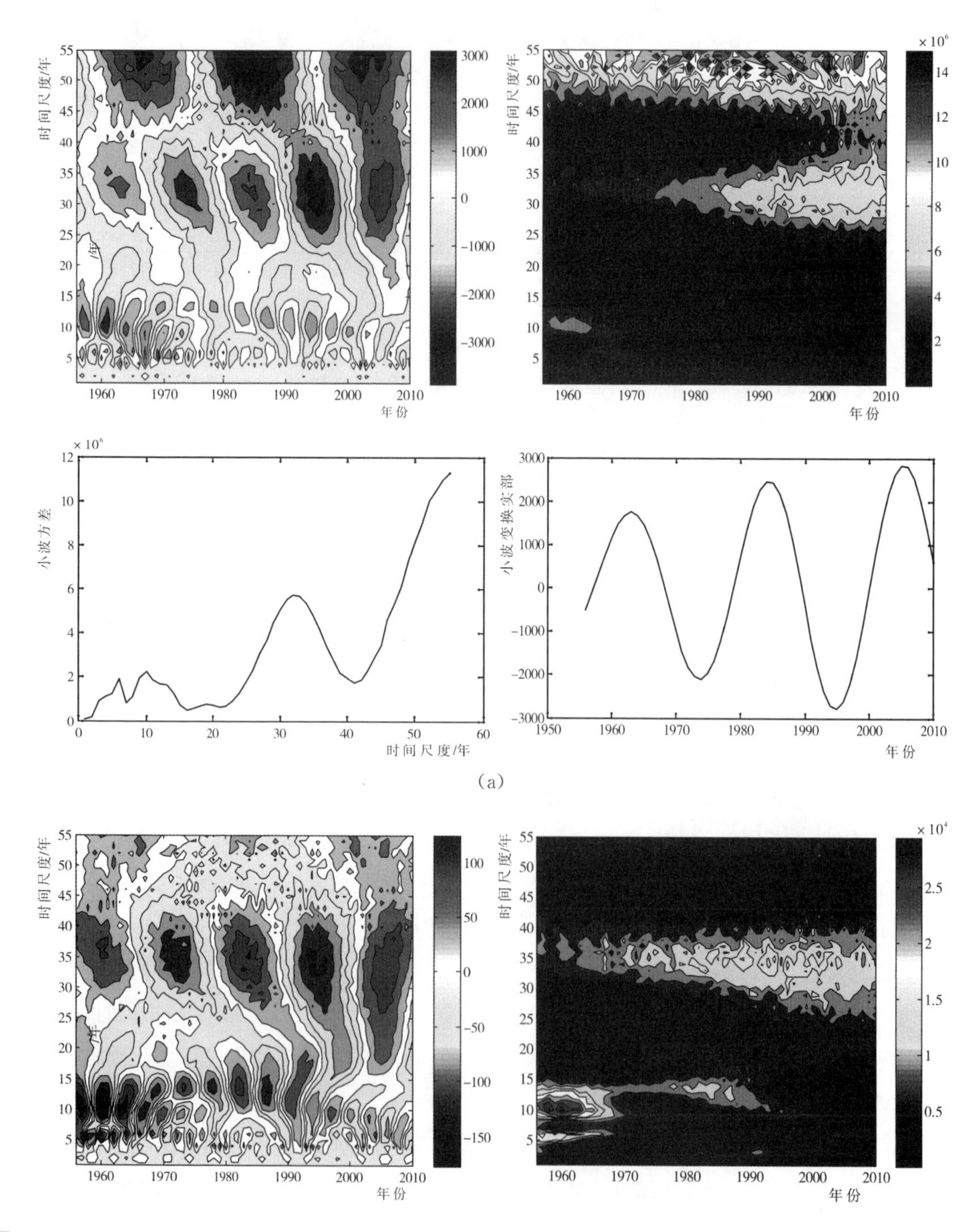

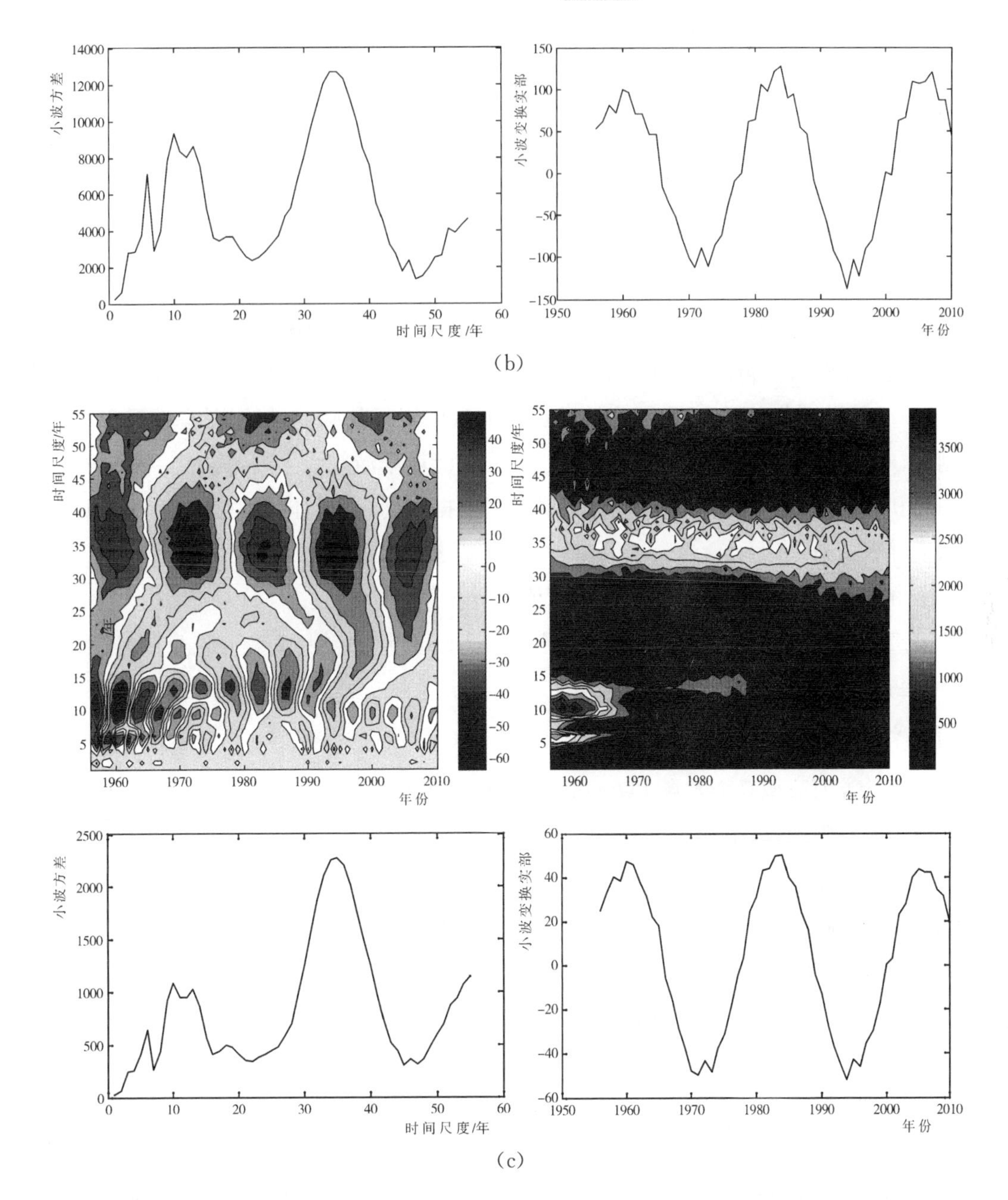

图 2.22 淮河流域蚌埠站洪水极值 AM 序列的(a)洪峰、(b)洪量和(c)历时的小波分析图

2.5 洪涝情况分析

淮河流域地处我国东部，是南北气候、高低纬度和海陆相三种过渡地带的重叠区域，属于典型的孕灾区域。尤其是黄河于 1194—1855 年长期侵淮夺淮，淮河水患频繁。从 1470 年以来比较完整的洪涝资料统计分析，近 500 多年来淮河流域共发生水灾 350 多次，平均 2 年

一次，造成了严重的损失。20 世纪以来，有 1921 年、1931 年、1954 年、1991 年、2003 年、2007 年流域性大洪水和 1968 年淮河干流上游、1969 年淮南史淠河、1957 年沂沭泗、1975 年洪汝河、沙颍河大洪水等灾害，给人民生命和财产带来了严重损失。因此研究长时间尺度上的淮河流域洪涝情况的变化规律，对更好地认识和研究淮河流域洪水极值事件有着十分重要的意义。

20 世纪 80 年代以来，由中国气象科学研究院主编，全国 32 家单位根据 2100 多种地方志并参考各类史书加工整编出《中国近 500 年旱涝分布图集》，该图集给出了 1470—1979 年历年汛期 5—9 月旱涝分布图和全国 120 个站点 510 年旱涝等级序列。随后，张德二等人对以上图集进行了续补和再续补，成为分析我国历史时期干湿气候变化的重要气候序列。在《中国近 500 年旱涝分布图集》和图集续补提供的数据资料基础上，根据图集中对于旱涝标准的划分，本书重新整理了 1470—2010 年以来淮河流域旱涝等级序列，其中 1470—2000 年根据图集和续补确定，而 2001—2010 年旱涝序列根据张德二和刘传志中提供的方法由 5—9 月降水量计算获得。

由于资料限制，本书的研究选取了淮河流域 5 个站点分析过去 541 年（1470—2010 年）以来的洪涝灾害发生频次、变化趋势及周期。选取的站点为蚌埠（安徽省）、阜阳（安徽省）、信阳（河南省）、徐州（江苏省）、临沂（山东省）。

2.5.1 洪涝灾害的频次分析

分别统计淮河流域 5 个站点 1470—2010 年以及各个世纪各级旱涝发生频次，如表 2.3 所示。由于资料限制，信阳和徐州地区的旱涝统计资料不足 541 年，中间有些年份无资料和相关记载。旱涝序列中 15 世纪只包括了 1470—1500 年的 31 年数据，21 世纪只有 2001—2010 年的 10 年数据。从表 2.3 中可见，15 世纪，蚌埠、阜阳发生偏涝、涝等级的次数高于发生偏旱、旱等级的次数，发生偏涝、涝等级的次数分别占 15 世纪该站点各级旱涝发生总频次的 45％、39％，而发生偏旱、旱等级的次数分别占 15 世纪该站点各级旱涝发生总频次的 26％、23％。其余 3 个站点信阳、徐州、临沂发生偏涝、涝等级的次数低于发生偏旱、旱等级的次数，发生偏涝、涝等级的次数分别占 15 世纪该站点各级旱涝发生总频次的 8％、27％、13％，而发生偏旱、旱等级的次数分别占 15 世纪该站点各级旱涝发生总频次的 62％、35％、45％。16 世纪，蚌埠、阜阳、信阳、徐州、临沂 5 个站点发生偏旱、旱等级的次数均大于或等于发生偏涝、涝等级的次数，说明 16 世纪这 5 个站点总体表现为偏旱，干旱发生比较频繁。17 世纪，蚌埠、徐州、临沂发生偏涝、涝等级的次数高于发生偏旱、旱等级的次数，发生偏涝、涝等级的次数分别占 17 世纪该站点各级旱涝发生总频次的 41％、41％、34％，而发生偏旱、旱等级的次数分别占 17 世纪该站点各级旱涝发生总频次的 35％、30％、29％，表现为 17 世纪偏涝。其余 2 个站点阜阳和信阳发生偏涝、涝等级的次数低于发生偏旱、旱等级的次数，表现为 17 世纪偏旱。18 世纪和 19 世纪，蚌埠、阜阳、信阳、徐州、临沂 5 个站点发生偏涝、涝等级的次数均大于或等于发生偏旱、旱等级的次数，说明 18—19 世纪这 5 个站点总体表现为偏涝，洪涝灾害发生比较频繁。20世纪，蚌埠、徐州发生偏涝、涝等级的次数高于发生偏旱、旱等级的次数，发生偏涝、涝等级的次数分别占20世纪该站点各级旱涝发生总频次的37%、42%，而发生偏旱、旱等级的次数分别占20世纪该站点各级旱涝发生总频次的33%、27%。其余3个站点阜阳、信阳、临沂发生偏涝、涝等级的次数低于发生偏旱、旱等级的次数，发生偏涝、涝等级的次数分别占20世纪该站点各级旱涝发生总频次的38%、26%、34%，而发生偏旱、旱等级的次数分别占20世纪该站点各级旱涝发生总频次的44%、47%、42%。进入21世纪，除阜阳外，蚌埠、信阳、徐州、临沂4个站点在21世纪的头10年中发生偏涝、涝等级的次数高于发生偏旱、旱等级的次数，总体表现为偏涝，洪涝灾害比较频发。1470—2010年的541年间，蚌埠、阜阳、徐州、临沂地区发生偏涝、涝等级的次数为221次、199次、189次、194次，占各级旱涝发生总频次的41%、37%、37%、36%，其发生偏旱、旱等级的次数为179次、174次、146次、180次，占各级旱涝发生总频次的33%、29%、32%、33%。由此表明，以上4站发生涝的频次要高于旱的频次，尤其是蚌埠和阜阳两个站点，涝明显多于旱。从发生涝的次数看，临沂发生涝的次数要明显高于其他站点，蚌埠和阜阳发生涝的次数相当。而对于信阳地区，由于资料缺乏，仅在现有的资料基础上进行分析可得，信阳发生偏涝、涝等级的次数为121次，占各级旱涝发生总频次的28%，发生偏旱、旱等级的次数为149次，占各级旱涝发生总频次的35%，发生旱的频次要高于涝的频次。

表2.3　淮河流域5个地区1470—2010年以及各个世纪的各级旱涝发生频次

世纪	地区	涝	偏涝	正常	偏旱	旱	涝、偏涝	旱、偏旱	总年数
15世纪	蚌埠	1	13	9	5	3	14	8	31
	阜阳	2	10	12	5	2	12	7	31
	信阳	1	0	4	6	2	1	8	13
	徐州	0	7	10	9	0	7	9	26
	临沂	0	4	13	11	3	4	14	31
16世纪	蚌埠	18	15	23	28	16	33	44	100
	阜阳	10	23	31	29	7	33	36	100
	信阳	8	10	40	17	5	18	22	80
	徐州	11	20	34	26	5	31	31	96
	临沂	15	11	39	23	12	26	35	100
17世纪	蚌埠	12	29	24	21	14	41	35	100
	阜阳	10	27	23	32	8	37	40	100
	信阳	9	24	32	22	13	33	35	100
	徐州	12	29	29	22	8	41	30	100
	临沂	18	16	37	15	14	34	29	100

续表

世纪	地区	涝	偏涝	正常	偏旱	旱	涝、偏涝	旱、偏旱	总年数
18 世纪	蚌埠	13	36	27	17	7	49	24	100
	阜阳	10	35	40	13	2	45	15	100
	信阳	3	22	32	17	4	25	21	78
	徐州	6	32	35	14	5	38	19	92
	临沂	16	27	34	18	5	43	23	100
19 世纪	蚌埠	8	32	28	27	5	40	32	100
	阜阳	8	23	41	25	3	31	28	100
	信阳	3	13	23	8	8	16	16	55
	徐州	5	25	40	26	4	30	30	100
	临沂	19	28	19	20	14	47	34	100
20 世纪	蚌埠	10	27	30	25	8	37	33	100
	阜阳	18	20	18	31	13	38	44	100
	信阳	8	16	25	28	16	24	44	93
	徐州	9	28	27	16	8	37	24	88
	临沂	12	22	24	30	12	34	42	100
21 世纪	蚌埠	1	6	0	2	1	7	3	10
	阜阳	2	1	3	2	2	3	4	10
	信阳	2	2	3	2	1	4	3	10
	徐州	2	3	2	2	1	5	3	10
	临沂	3	3	1	2	1	6	3	10
合计	蚌埠	63	158	141	125	54	221	179	541
	阜阳	60	139	168	137	37	199	174	541
	信阳	34	87	159	100	49	121	149	429
	徐州	45	144	177	115	31	189	146	512
	临沂	83	111	167	119	61	194	180	541

定义连续 2 年或 2 年以上出现涝或偏涝为 1 次连涝，定义连续 2 年或 2 年以上出现旱或偏旱为 1 次连旱。统计淮河流域 5 个地区 1470—2010 年以及各个世纪出现连涝和连旱的次数，如果连涝或连旱发生在两个世纪之间，各个世纪算作 0.5 次，统计结果见表 2.4。从表中可知，1470—2010 年，蚌埠、阜阳、徐州、临沂的连涝发生的总次数均要高于连旱发生的总次数，尤其是蚌埠和徐州地区，连涝次数明显较高。而信阳站（资料缺乏较多）连旱发生总次数高于连涝发生总次数。15—16 世纪，蚌埠地区连涝连旱次数相当；17—19 世纪连涝次数明显高于连旱次数；20 世纪连旱次数超过连涝次数；进入 21 世纪，主要表现为连涝。从

17 世纪开始，蚌埠经历了一个连涝—连旱—连涝类型的转变，发生转变的时间分别在 19—20 世纪、20—21 世纪。15 世纪阜阳地区连涝次数高于连旱次数；16 世纪转为连旱次数高于连涝次数；17 世纪连涝连旱次数相当；18—19 世纪主要表现为连涝类型；20 世纪又再次转为连旱次数高于连涝次数；21 世纪连旱连涝次数持平；阜阳地区从 15—21 世纪呈现出连涝—连旱—连旱连涝相当—连涝连旱—连旱连涝相当的一个波动的周期性类型转变规律。信阳地区除 19 世纪和 21 世纪连涝次数略高于连旱次数外，其余世纪均表现为连旱次数高于连涝次数，总体表现为连旱类型。15—16 世纪，徐州地区的连旱次数略高于连涝次数，主要表现为连旱类型；进入 17 世纪，涝灾增加；17—21 世纪，连涝次数均大于等于连旱次数，主要表现为连涝类型，因此徐州地区在 16—17 世纪由连旱类型转变为连涝类型。对于临沂地区，15—17 世纪均为连旱次数高于连涝次数，主要表现为连旱类型；18—19 世纪转变为连涝次数高于连旱次数，主要表现为连涝类型；20 世纪连旱次数略高于连涝次数，表现为连旱类型；进入 21 世纪转为连涝类型；因此从 15 世纪到 21 世纪，临沂地区经历了一个连旱—连涝—连旱—连涝类型的转变，转变的时间分别在 17—18 世纪、19—20 世纪、20—21 世纪。从 15—21 世纪以上 5 个站点的连旱连涝次数统计总的结果来看，16 世纪主要表现为连旱类型；18—19 世纪主要表现为连涝类型；20 世纪主要表现为连旱类型；21 世纪主要表现为连涝类型，因此在 19—20 世纪间淮河流域经历了一个从连涝到连旱类型的转变，20—21 世纪间淮河流域又经历了一个从连旱到连涝类型的转变。

表 2.4　　淮河流域 5 个地区 1470—2010 年以及各个世纪连涝连旱次数统计表

世纪	蚌埠		阜阳		信阳		徐州		临沂	
	连涝	连旱	连涝	连旱	连涝	连旱	连涝	连旱	连涝	连旱
15 世纪	3	2	3	1	0	1	1	2	0	4
16 世纪	9	9	6	10	5	5	6	7	6	7
17 世纪	11	9	9	9	9	11	10	6	5	6
18 世纪	16	7	8	2	5	6	11	5	15	4
19 世纪	14	7	8	5	5	4	9	7	9	7
20 世纪	6	8	8	10	4	8	7	7	10	11
21 世纪	2	0	1	1	1	0	2	1	2	0
合计	61	42	43	38	29	35	46	35	47	39

2.5.2 洪涝灾害趋势分析

对于蚌埠、阜阳、信阳、徐州、临沂 5 个站点，分别计算 1470—2010 年及各个世纪的旱涝等级的平均值，初步分析近 500 多年这 5 个地区的旱涝变化趋势，其结果见表 2.5。从表中可以分析出，1470—2010 年总体来看，蚌埠、阜阳、信阳、徐州、临沂旱涝等级的平均值分别为 2.91、3.10、2.91、2.89、2.93，除资料缺乏较严重的信阳站外，其他 4 个地区均表现为总体偏涝。其中，相比较而言，徐州地区洪涝灾害最为严重，蚌埠、阜阳次之，临沂洪涝灾害相对较轻。从旱涝发生的年代际变化趋势来看，15 世纪蚌埠地区总体偏涝，16 世纪转为偏旱，进入 17 世纪，洪涝发生频繁起来，17—21 世纪一直处于偏涝状况；阜阳地区 15 世纪总体偏涝，16—17 世纪逐渐转变为偏旱，18—19 世纪又转而偏涝，20—21 世纪逐渐偏旱；信阳地区 15 世纪总体偏旱，16—17 世纪干旱状况有所缓解，但是仍然处于总体偏旱状况，18 世纪转为偏涝，19—20 世纪逐渐偏旱，进入 21 世纪又转为偏涝情况；徐州地区 15 世纪总体偏旱，16—18 世纪一直处于偏涝状况且越来越偏涝，19—21 世纪也一直处于偏涝状况；临沂地区 15—16 世纪总体偏旱，干旱状况有所减轻，17—19 世纪一直处于偏涝状况，20 世纪转为偏旱，21 世纪又转而偏涝。从以上 5 个站点各个世纪旱涝等级平均值变化分析的情况可见，淮河流域这 5 个地区总体偏涝(除信阳站)，但 15—21 世纪各个世纪的旱涝情况在不断相互转换和变化之中。

表 2.5　淮河流域 5 个地区 1470—2010 年以及各个世纪旱涝等级平均值

世纪	蚌埠	阜阳	信阳	徐州	临沂
15 世纪	2.87	2.84	3.62	3.08	3.42
16 世纪	3.09	3.00	3.01	2.94	3.06
17 世纪	2.96	3.01	3.06	2.85	2.91
18 世纪	2.69	2.62	2.96	2.78	2.69
19 世纪	2.89	2.92	3.09	2.99	2.82
20 世纪	2.94	3.01	3.30	2.84	3.08
21 世纪	2.60	3.10	2.80	2.70	2.50
合计	2.91	2.91	3.10	2.89	2.93

累积距平曲线可以反映气候要素的长期变化趋势。为了进一步分析淮河流域以上 5 个站点的洪涝灾害变化趋势，对其 1470—2009 年的旱涝等级指数作累积距平曲线(图 2.23)。累积距平曲线上升，表示距平值增加，表明干旱发生的频率高于洪涝发生的频率，累积距平曲线下降，表示距平值减少，表明洪涝发生的频率高于干旱发生的频率。从图 2.22 中可见，近 541 年以来，蚌埠站的旱涝情况交替出现，1470—1478 年表现为涝阶段，1478—1494 年表现为旱阶段，1494—1502 年表现为涝阶段，1502—1540 年表现为旱阶段，从 1541 年开始到 1723 年，旱涝交替出现，波动频繁，1723—1908 年，旱涝还是存在频繁地波动，但整体上朝着涝的趋势发展，1908—1944 年表现为偏旱，1944—2010 年表现为偏涝阶段。对于阜阳站，1470—1478 年表现为涝阶段，1478—1486 年表现为旱阶段，1486—1500 年表现为涝阶段，

1500—1541年表现为旱阶段，1541—1696年阶段，旱涝交替出现，长时间旱阶段中，包括一些涝阶段，而长时间的涝阶段中，也包括一些旱阶段。1696—1782年整体上朝着涝的趋势发展，表现为整体偏涝，而1782—2010年，旱涝波动十分频繁，不断转换，1944年以后，整体表现为向偏涝的趋势发展。从蚌埠和阜阳站的旱涝等级累积距平曲线中比较可以看出，这两个站点的旱涝阶段总体来讲对应得比较好，变化的趋势整体具有一致性。对于信阳站，1470—1487年表现为涝阶段，1487—1764年旱涝波动十分频繁，交替出现，长时间旱阶段中，包括一些涝阶段，而长时间的涝阶段中，也包括一些旱阶段，但是整体表现出朝着涝的趋势发展，1764—1865表现为旱阶段，1865—1910年表现为涝阶段，1910—2000年出现了一些旱涝波动，但是整体是朝着旱的方向发展，进入21世纪，信阳站表现为偏涝。对于徐州站，近541年的旱涝情况交替出现，波动很频繁，1470—1478年表现为涝阶段，1478—1563年整体朝着偏旱趋势发展，1563—1577年为偏涝阶段，1577—1658年旱涝交替出现，不断转换，1577—1757年整体朝着偏涝趋势发展，1757—1834年经历了偏旱—偏涝—偏旱—偏涝的转变，1834—1943年整体朝着偏旱的趋势发展，1943—2010年整体朝着偏涝的趋势发展。对于临沂站，旱涝波动相对而言没有那么频繁，从大的时间尺度来看，1470—1641年整体朝着偏旱的趋势逐渐发展，1641—1855年整体朝着偏涝的趋势发展，1855—2000年整体朝着偏旱的趋势发展，进入21世纪，主要表现为偏涝，各阶段中长时间旱阶段中，包括一些涝阶段，而长时间的涝阶段中，也包括一些旱阶段。从1470—2010年以上5个站点的旱涝等级累积距平曲线整体来看，1478年至15世纪末整体属于偏旱阶段，16—17世纪旱涝波动频繁，相互变换，除信阳站外，其余站点在18世纪整体偏涝，19—20世纪旱涝变换比较频繁，进入21世纪，所有站点整体偏涝。

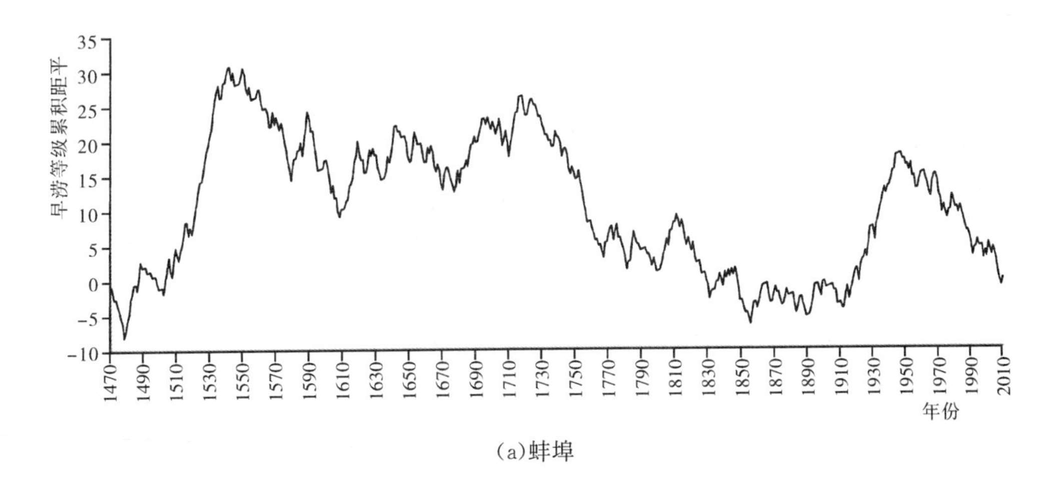

(a)蚌埠

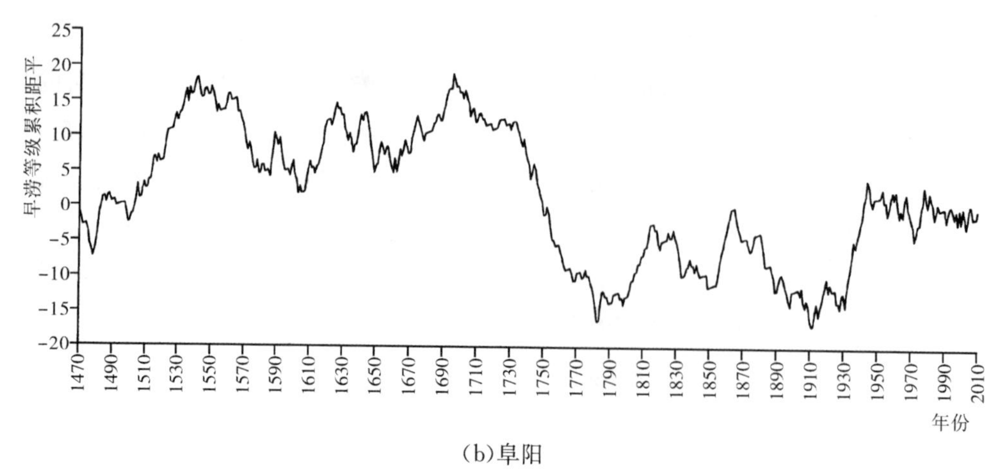

旱涝等级累积距平
25
20
15
10
5
0
−5
−10
−15
−20
1470
1490
1510
1530
1550
1570
1590
1610
1630
1650
1670
1690
1710
1730
1750
1770
1790
1810
1830
1850
1870
1890
1910
1930
1950
1970
1990
2010
年份

(b)阜阳

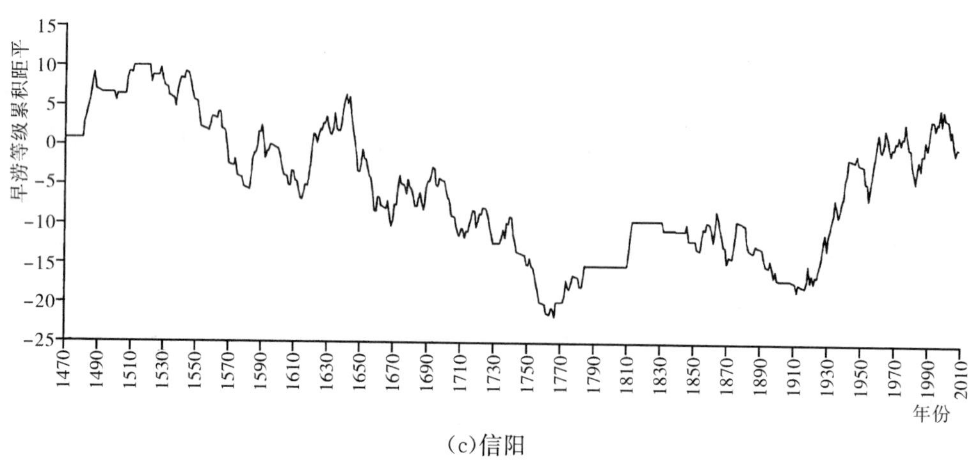

旱涝等级累积距平
15
10
5
0
−5
−10
−15
−20
−25
1470
1490
1510
1530
1550
1570
1590
1610
1630
1650
1670
1690
1710
1730
1750
1770
1790
1810
1830
1850
1870
1890
1910
1930
1950
1970
1990
2010
年份

(c)信阳

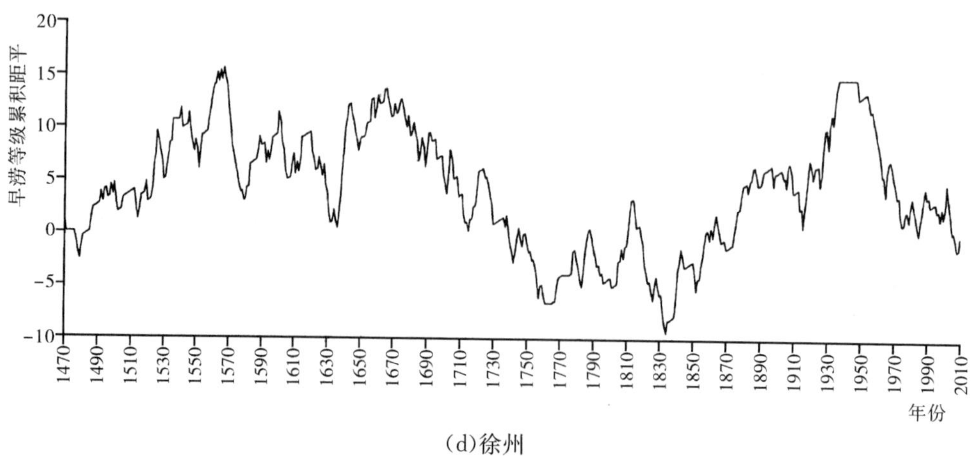

旱涝等级累积距平
20
15
10
5
0
−5
−10
1470
1490
1510
1530
1550
1570
1590
1610
1630
1650
1670
1690
1710
1730
1750
1770
1790
1810
1830
1850
1870
1890
1910
1930
1950
1970
1990
2010
年份

(d)徐州

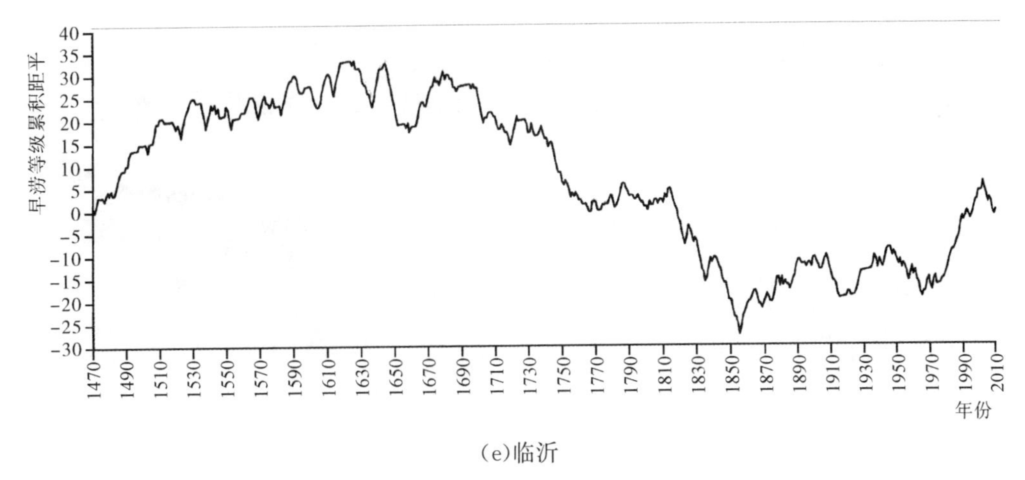

(e)临沂

图 2.23 1470—2010 年淮河流域(a)蚌埠、(b)阜阳、(c)信阳、(d)徐州和(e)临沂旱涝等级累积距平图

2.5.3 洪涝灾害周期分析

由于气候的年际振荡,旱涝灾害频繁发生,因此从大的时间尺度上分析旱涝演变规律,有助于了解未来较长时期内旱涝的发展变化趋势。由于信阳站资料缺乏严重,因此不对其进行周期分析。采用 Morlet 小波变换分析蚌埠、阜阳、徐州和临沂 4 个站点的旱涝等级的周期变化状况,如图 2.24 所示。

从图中可分析出,蚌埠地区旱涝等级交替变化,存在着 8 年、13 年、42 年、78 年和 94 年左右的变化准周期,94 年为主周期。其中,42 年的准周期在 1470—1850 年比较显著,78 年的准周期在 1470—1650 年较为显著,在 78 年的时间尺度下,存在 3 个明显的偏涝中心(1495—1518 年、1546—1568 年、1596—1617 年)和 4 个明显的偏旱中心(1470—1495 年、1518 —1546 年、1568—1596 年、1617—1644 年),之后旱涝不断交替出现,在 94 年的时间尺度下,存在 2 个明显的偏涝中心(1885—1913 年、1950—1978 年)和 3 个明显的偏旱中心(1850—1885 年、1913—1950 年、1978—2010 年),从图中分析 2010 年以后蚌埠地区具有朝着洪涝的发生越来越频繁的演化趋势。类似地,阜阳地区存在 6 年、15 年、41 年、99 年左右的变化准周期,总体来说,阜阳地区的旱涝等级变化周期性不显著。徐州地区存在 23 年、41 年、93 年左右的变化准周期,93 年为主周期。临沂地区存在 16 年、25 年、42 年和 90 年的变化准周期,其中 90 年为主周期。对比来看,以上 4 个地区均存在 40 年、90 年左右具有较为显著的周期性特征。

从蚌埠地区 42 年(红色曲线)和 78 年(黑色曲线)时间尺度的小波实部变化过程曲线中可以分析出,在 78 年时间尺度上,蚌埠地区经历了明显的 13 次旱涝交替,由旱转涝的突变点在 1495 年、1546 年、1596 年、1645 年、1700 年、1895 年、1955 年,由涝转旱的突变点为 1519 年、1569 年、1618 年、1672 年、1923 年、1980 年,在 1700—1900 年期间,旱涝交替十分频繁。类似地,可以分析出阜阳、徐州和临沂地区的旱涝交替变化特征。

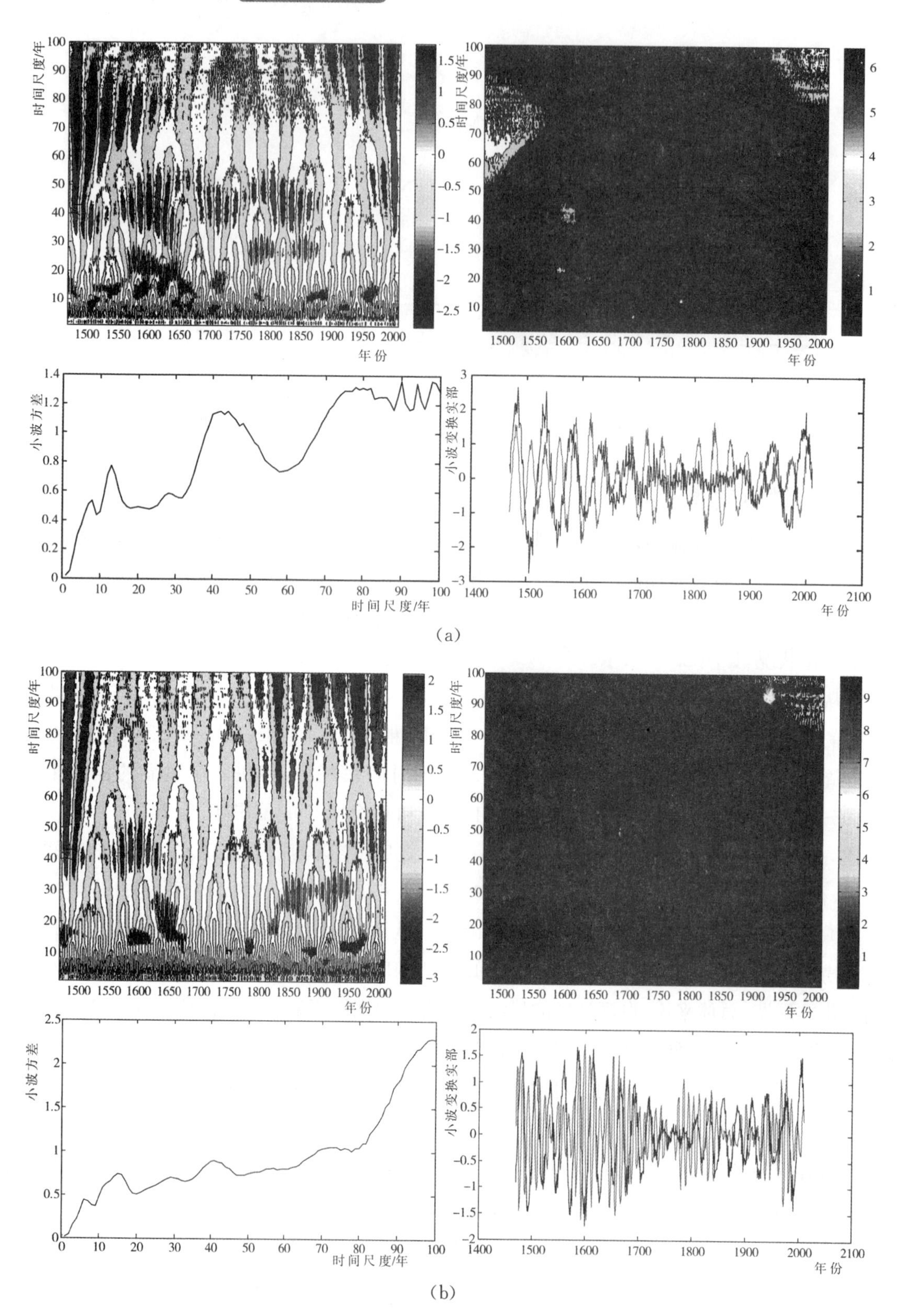
时间尺度/年
年份
小波方差
小波变换实部
(a)
(b)

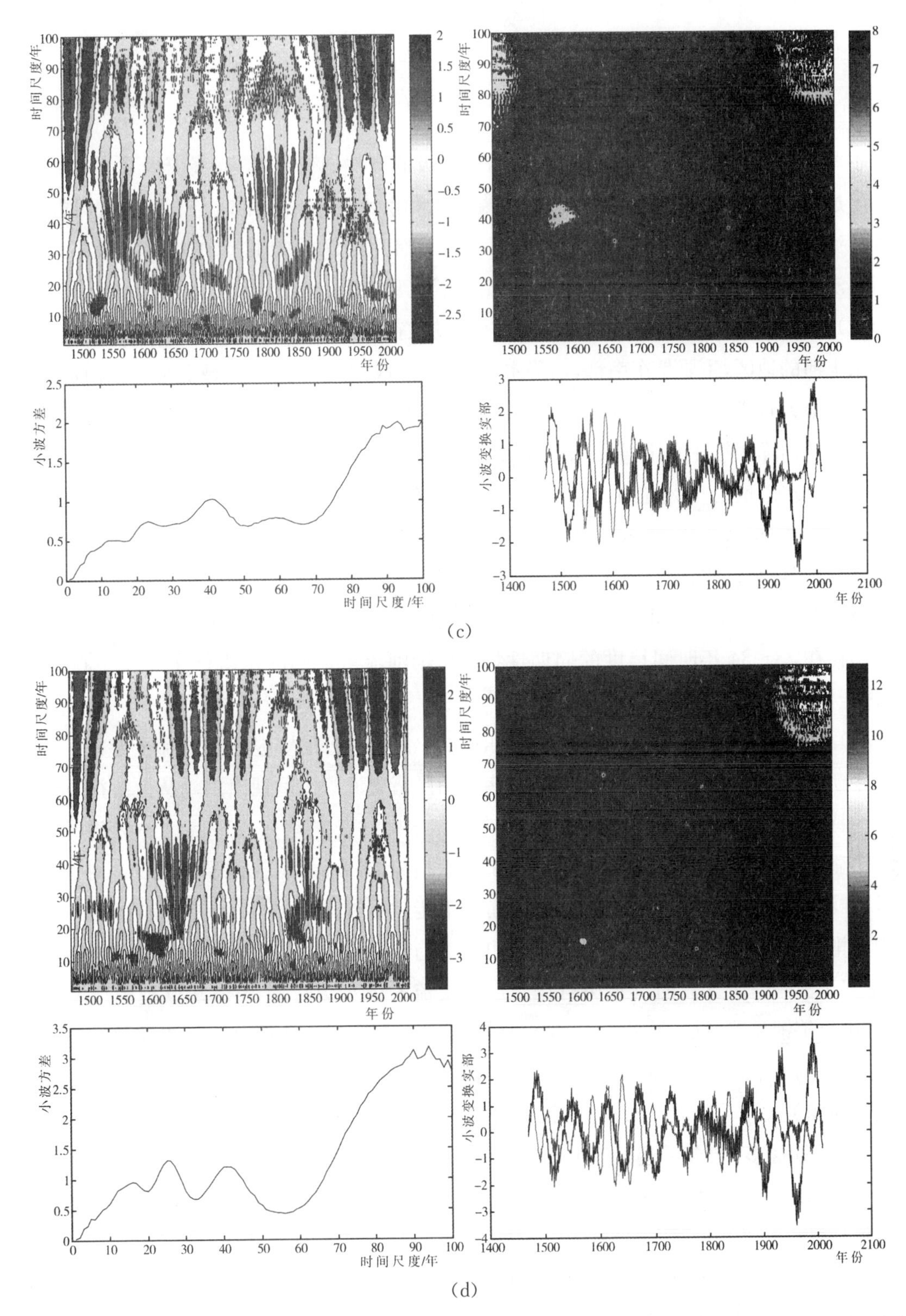

图 2.24 淮河流域(a)蚌埠、(b)阜阳、(c)徐州和(d)临沂旱涝等级小波变化实部等值线图、模平方时频分布图、小波方差图和实部变化过程线图

2.6 本章小结

本章通过对淮河流域降水、极端降水和洪水极值事件的变化趋势、突变以及周期分析，揭示了过去55年以来淮河流域的降水、极端降水和洪水极值事件的时空变化特征，同时采用淮河流域5个典型地区（蚌埠、阜阳、信阳、徐州、临沂）1470—2010年的旱涝等级序列，分析了其涝灾频次、趋势和周期变化特征，得出以下主要结论：

（1）淮河流域年降水量整体呈现不显著的增加趋势，表现出增加趋势的站点属于淮河流域降水丰沛的地区，主要是东南部，而降水量减少的站点均位于淮河流域北部。淮河流域年降水量和最大日降水量在1956—2010年期间不存在均值突变，存在33年时间尺度的周期变化。流域内降水年际变化很大，年内分配也很不均匀，降水主要集中在6—9月份（汛期），占了全年降水总量的60%左右。淮河流域年极端降水量的空间分布与淮河流域年降水量的空间分布一致，均为西北少，东南多，从北向南逐渐增加。近55年来，淮河流域的年极端降水量、年极端降水日数、极端降水强度、极端降水量比重、极端降水日数比重总体呈现增加趋势。极端降水量比重、极端降水日数比重序列均在1966年发生了向上突变。这些极端降水指标均存在33～34年时间尺度的周期性特征。淮河流域极端降水事件主要发生在6—9月，占全年的75%以上。

（2）淮河流域洪水极值事件AM序列的洪峰在淮河干流最大，从淮河干流上游往下走洪峰值逐渐增大。沙颍河、洪汝河、涡河以及南部山区诸支流等也呈现出洪峰从上游往下逐渐增大的特点。1956—2010年，淮河流域20个典型水文站点中有10个站点的AM洪峰呈现出不明显的增加趋势，另外10个站点呈现出减少趋势，其中大陈、扶沟显著减少。对于AM洪量，淮河干流的洪量大于各个支流，从上游往下走洪量逐渐增加，5个站点呈现增加趋势，其中横排头显著增加，另外15个站点呈现出减少趋势。AM洪水历时从上游往下走逐渐增加，淮河干流右岸诸支流的洪水历时比左岸诸支流的洪水历时短，5个站点呈现出增加趋势，其中竹竿铺显著增加；另外15个站点呈现出减少趋势，其中大陈、沈丘、界首、阜阳闸、亳县闸、蒙城闸6个站点显著减少。AM洪峰、洪量、历时和各个站点的控制流域面积均显示出良好的相关关系。1956—2010年，淮河流域最大洪峰多出现在20世纪六七十年代，且在6、7、8月汛期居多，50年一遇及以上的特大洪水在1960s发生的站次数最多，之后呈现减少趋势，20～50年一遇的大洪水在1980s发生的站次数最多，1990s迅速减少，进入21世纪又有增加趋势。对于洪水强度，当重现期为50年时，AM洪水系列有7个站点呈增大趋势，13个站点呈减小趋势。重现期为10年和20年的洪水，其强度变化趋势与重现期为50年的洪水基本一致，但变化幅度相对较小。对于AM洪峰序列，扶沟在1971年发生向下突变，阜阳闸在1985年发生向下突变，班台在1967年发生向上突变。对于AM洪量序列，阜阳闸在

1985 年发生向下突变,亳县闸在 1979 年发生向下突变。对于 AM 历时序列,息县在 1989 年发生向上突变,遂平在 1970 年发生向上突变,班台在 2000 年发生向上突变,横排头在 1982 年发生向下突变,漯河在 1994 年发生向上突变,阜阳闸在 1986 年发生向下突变。蚌埠站的洪水极值事件的 AM 洪峰、洪量、历时的周期性比较一致,均存在 6 年、10 年时间尺度的周期和 35 年左右的主周期,洪峰洪量偏大(小)和历时偏长(短)的时期基本对应。

(3)1470—2010 年,除信阳地区外,蚌埠、阜阳、徐州、临沂地区总体偏涝。淮河流域蚌埠、阜阳、西周、临沂 4 个典型地区发生涝的频次要高于旱的频次,尤其是蚌埠和阜阳两个站点,涝明显多于旱。蚌埠、阜阳、徐州、临沂的连涝发生总次数均要高于连旱发生总次数,尤其是蚌埠和徐州地区,连涝次数明显较高。而信阳站(资料缺乏较多)连旱发生总次数高于连涝发生总次数。蚌埠、阜阳、徐州、临沂 4 个地区均存在 40 年、90 年左右具有较为显著的周期性特征。

第三章　流域洪水极值事件的单变量频率分析

淮河流域洪水极值事件的单变量频率分析(洪峰、洪量、洪水历时)包含了站点频率分析和区域频率分析,分别采用不同的洪水要素来描述淮河流域洪水极值事件,能为淮河流域洪水极值事件的多变量频率分析提供基础。因此本章采用淮河流域洪水极值事件的 AM 和 POT 序列基于 L—矩法的单站点频率分析和区域频率分析方法,进行淮河流域洪水极值事件的单变量频率分析,同时比较了基于站点频率分析和区域频率分析的分位点估计结果的不确定性和准确性。

3.1　研究方法

3.1.1　极值分布理论

1824 年,Fourier 最早开始讨论极值问题;极值的近代理论开始于德国,1922 年,Bortkiewicz 第一次明确提出极值问题,指出来自正态分布的样本最大值是具有新的分布的随机变量。之后,Mises 和 Dodd 先后分别做了关于正态分布和一般分布样本最大值问题的研究。1925 年,Tippet 的研究给出了正态总体中样本量的最大值及相应的概率表、样本平均极差表。1927 年,Frechet 发表了第一篇关于最大值渐进分布的论文,提出了最大值稳定原理。1928 年,Fisher 和 Tippet 提出了 Fisher-Tippet 极值类型定理。假设 X 为一随机变量,令 $x_1,x_2,\cdots,x_n$ 为 X 的一组随机样本,则若按由小到大的次序排列为:

$$x_1^* < x_2^* < \cdots < x_n^*$$

其中,$\{X_i, i=1,2,\cdots,n\}$ 为次序随机变量,即次序统计量。x_n^* 是该样本的极大值,而 x_1^* 是该样本的极小值。当样本长度取 $n \to \infty$ 时,x_n^* 和 x_1^* 极值具有渐近分布函数,并概括了与原始分布对应的通常有三种类型的渐近极值分布。其中:

Ⅰ型分布(Gumbel 分布):

$$F(x)=P(X<x)=\exp[-\exp(-x)] \qquad -\infty<x<+\infty \tag{3.1-1}$$

Ⅱ型分布(Frechet 分布):

$$F(x)=P(X<x)=\begin{cases}0 & x\leqslant 0\\ \exp(-x^{-\alpha}) & \alpha,x>0\end{cases} \tag{3.1-2}$$

Ⅲ型分布(Weibull 分布):

$$F(x)=P(X<x)=\begin{cases}\exp[-(-x)^{\alpha}] & \alpha>0, x\leqslant 0\\ 1 & x>0\end{cases} \tag{3.1-3}$$

引入位置参数 μ 和尺度参数 σ 对三种类型的极值分布函数进行标准化：

$$F(x;\mu,\sigma)=\exp(-e^{-\frac{x-\mu}{\sigma}}) \quad -\infty<x<+\infty \tag{3.1-4}$$

$$F(x;\mu,\sigma,\alpha)=\begin{cases}0 & x\leqslant\mu\\ \exp\left[-\left(\frac{x-\mu}{\sigma}\right)^{-\alpha}\right] & \alpha>0, x>\mu\end{cases} \tag{3.1-5}$$

$$F(x;\mu,\sigma,\alpha)=\begin{cases}\exp\left[-\left(-\frac{x-\mu}{\sigma}\right)^{\alpha}\right] & \alpha>0, x\leqslant\mu\\ 1 & x>\mu\end{cases} \tag{3.1-6}$$

1955 年，Jekinson 从理论上证明了以上三种分布可以写成统一的形式，即三参数的广义极值分布(generalized extreme value distribution，GEV)，其分布函数为：

$$F(x;\mu,\sigma,\xi)=\exp\left[-\left(1+\xi\frac{x-\mu}{\sigma}\right)^{-\frac{1}{\xi}}\right] \quad 1+\xi\frac{x-\mu}{\sigma}>0 \tag{3.1-7}$$

式中：$\mu,\xi\in\mathbf{R},\sigma>0$，$\mu,\xi,\sigma$ 分别为位置参数，尺度参数和形状参数。

之后，极值统计理论和经典极值分布在气象、洪水、地震分析等问题中得到了越来越广泛的应用。通常，经典极值分布都是根据次序统计量的抽样方式进行的，比如 AM 选样，利用的极值信息有限，因此考虑选取超过阈值 μ 的实测值，用超阈值分布或超出定量分布函数来描述。

1975 年，Pickands 首次给出了 POT 模型的极限分布——广义帕雷托分布(Generalized Pareto Distribution，GPD)，并引入到水文气象学研究中；其后由 Hosking 等进一步发展了该分布的应用。由于基于 POT 模型的 GPD 分布直接由原始数据资料以给定阈值来选取超过该阈值的样本，大大增加了样本量，充分利用数据中所包含的极值信息，因此自 20 世纪 60 年代中期以来，GPD 模型在各个学科应用十分广泛，尤其是在暴雨、洪水等的分析研究中取得了很多新进展。广义帕累托分布的分布函数为：

$$F(x;\mu,\sigma,\xi)=1-\left(1+\xi\frac{x-\mu}{\sigma}\right)^{-\frac{1}{\xi}} \quad x\geqslant\mu, 1+\xi\frac{x-\mu}{\sigma}>0 \tag{3.1-8}$$

式中：$\mu,\xi\in\mathbf{R},\sigma>0$，$\mu,\xi,\sigma$ 分别为位置参数，尺度参数和形状参数。

除 GEV 分布和 GPD 分布以外，还有另外一些极值分布，如表 3.1 所示。

本章的研究选用了国内外广泛用于分析洪水极值事件的广义极值分布(GEV)，广义 Logistic 分布(GLO)，广义正态分布(GNO)，广义帕累托分布(GPD)，皮尔逊Ⅲ型分布(PE3)，指数分布(EXP)，耿贝尔分布(GUM)共 7 种极值分布来进行淮河流域洪水极值事件的单变量频率分析。

表 3.1　　　　极值分布类型及分布名称

分布类型	分布函数名称	分布类型	分布函数名称
有界分布模型	Beta 分布	非负分布模型	指数分布
	约翰逊 SB 分布		疲劳寿命分布
	幂函数分布		弗罗兹分布
无界分布模型	柯西分布		Gamma 分布
	Gumbel 分布		逆高斯分布
	Logistic 分布		对数 Logistic 分布
广义分布模型	广义极值分布		对数正态分布
	广义帕累托分布		帕累托分布
	广义 Logistic 分布		Rayleigh 分布
	Wakeby 分布		Weibull 分布

3.1.2 L—矩参数估计

对于极值分布，常用极大似然估计法、矩法、适线法、概率权重矩法、L—矩法、Bayes 估计法等估计参数。极大似然法通用性较好，能适应不同极值模型参数估计需求，对复杂模型具有易适应性的方法，但实际使用时，计算比较烦琐，而且某些分布的似然方程有时无解。矩法使用简便，计算公式与总体分布无关，但其抽样误差比较大，参数估计不满足无偏性。在我国的水文计算中通常使用适线法，适线法本是一种图解方法，为了便于计算，必须用解析式表示出来，适线准则在适线法中十分重要，不同的人适线，由于考虑方式不同，结果往往差别很大。概率权重矩法应用简便，是一种优良的参数估计方法，但该方法目前还无法推广到比较复杂的情况，如分布函数的反函数没有明显表达式等。Bayes 估计法基于先验分布，认为先验分布能在统计分析时利用相关信息，但是确定先验分布具有一定的主观性，而且对于复杂总体分布，后验统计推断中分母积分的计算也比较困难。L—矩是在“概率权重矩”的基础上发展起来的，Hosking 将概率权重矩进行一定的线性组合，即 L—矩，提出应用 L—矩法进行分布参数估计。与传统矩法相比，L—矩法对样本中的极值的抽样变化或观测误差没那么敏感；与极大似然估计法相比，L—矩法估计的均方误差较低。采用 L—矩法来估计分布中的参数，会得到更准确、更稳定的估计值。因此，本章的研究采用 L—矩法进行分布的参数估计。

设 $F(x)$ 是随机变量 X 的分布函数，其 n 项随机样本的次序统计量为 $X_{1:n} \leqslant \cdots \leqslant X_{n:n}$，则 X 的 r 阶 L—矩为：

$$\lambda_r = r^{-1} \sum_{k=0}^{r-1} (-1)^k \binom{r-1}{k} E(X_{r-k:r}), r = 1, 2, \cdots \tag{3.1-9}$$

式中：$E(X_{r-k:r})$ 是次序统计量期望值，可表示为如下形式：

$$E(X_{r-k:r})=\frac{r!}{(r-k-1)!\ k!}\int_0^1 x[F(x)]^{r-k-1}[1-F(x)]^k \mathrm{d}F(x) \quad (3.1\text{-}10)$$

特别地,我们有:

$$\begin{cases} \lambda_1 = E(x) \\ \lambda_2 = \dfrac{1}{2}E(x_{2:2}-x_{1:2}) \\ \lambda_3 = \dfrac{1}{3}E(x_{3:3}-2x_{2:3}+x_{1:3}) \\ \lambda_4 = \dfrac{1}{4}E(x_{4:4}-3x_{3:4}+3x_{2:4}-x_{1:4}) \end{cases} \quad (3.1\text{-}11)$$

式中:λ_1 是分布的均值,衡量随机变量的位置;λ_2 是尺度参数的度量。为了标准化高阶 L—矩 $\lambda_r(r\geqslant 3)$,定义 L—矩比系数为:

$$\begin{aligned} \tau_2 &= \frac{\lambda_2}{\lambda_1} \\ \tau_r &= \frac{\lambda_r}{\lambda_2}, r=3,4,\cdots \end{aligned} \quad (3.1\text{-}12)$$

式中:τ_2,τ_3 和 τ_4 分别为 L—变差系数,L—偏态系数和 L—峰度系数,它们可以很好地描述分布的特征。Stedinger 等的研究给出了不同分布的参数和 L—矩之间的关系,通过 L—矩就可以对不同分布的参数进行估计。

3.1.3 基于 L—矩法的区域频率分析

区域频率分析一般包括以下 5 个步骤:水文相似性分区;一致性检验;均匀性检验;区域最优分布选择;分位数估计(重现期估计)。

(1)水文相似性分区

水文相似性分区即将研究区域内的站点分成几组,要求每组包括的站点的频率分布线型和参数一致。本研究采用 Hosking 和 Wallis 推荐使用的离差平方和层次聚类法进行水文相似性分区,该方法分类效果较好,在水文相似性分区中得到了成功应用。离差平方和层次聚类法是由 Ward 于 1936 年提出的,该方法基于同类样本应具有较小的离差平方和,不同类样本应具有较大的离差平方和的思想对样本进行分类。本书基于站点的经度、纬度、高程和年平均径流量四个因素,采用该方法进行水文相似性分区。但是,聚类分析得出的水文相似性分区的结果并不是最终结果,为了减小区域中站点的非一致性和不均匀性,提高区域的物理一致性,常需要对分区做一些调整,如:从一个区域移动一个或一些站点到另一个区域;从数据库中删除一个或一些站点;细分某个区域;解散一个区域,将该区域的站点分配到其他区域;组合两个或多个区域;组合两个或多个区域再进行分区;获取更多数据再进行分区。

(2)一致性检验

若某区域有 N 个站点，u_i 为第 i 个站点的 L—变差系数，L—偏态系数和 L—峰度系数的矩阵，$\overline{u}$ 和 S 分别为区域线性矩系数的均值和矩阵平方和，则第 i 个站点的一致性检验系数 D_i 为：

$$D_i = \frac{1}{3}(u_i - \overline{u})^{\mathrm{T}} S^{-1} (u_i - \overline{u}) \tag{3.1-13}$$

$$\overline{u} = \frac{1}{N}\sum_{i=1}^{N} u_i \tag{3.1-14}$$

$$S = \frac{1}{(N-1)}\sum_{i=1}^{N}(u_i - \overline{u})(u_i - \overline{u})^{\mathrm{T}} \tag{3.1-15}$$

若 D_i 大于某一临界值，表明第 i 个站点和该区域其他站点不一致，临界值和区域站点个数有关，不同站点数下的一致性检验临界值如表 3.2 所示。

表 3.2　　一致性检验系数 D_i 的临界值

站点个数	5	6	7	8	9	10	11	12	13	14	15
临界值	1.333	1.648	1.917	2.140	2.329	2.491	2.632	2.757	2.869	2.971	3.000

(3)均匀性检验

均匀性是指区域内每个站点的频率曲线除了标度系数不同外，其线型和参数是相同的。均匀性检验的思路是通过 Monte Carlo 统计试验方法，将稳健性较好的四参数 Kappa 分布作为总体分布，重复模拟水文相似区各站点的资料序列，每次模拟的资料长度与实测资料长度相同。当模拟次数足够多时，计算区域内样本线性矩的变差系数的离散程度 V，N_{sim} 次模拟将有 N_{sim} 个 V 值，由此计算 N_{sim} 个 V 值的均值 μ_v 和方差 σ_v，则区域内均匀性检验测度 H_j，即 H_1，H_2，H_3 通过下式计算。

$$H_j = \frac{V_j - \mu_{v_j}}{\sigma_{v_j}},\ j = 1,2,3 \tag{3.1-16}$$

$$\begin{aligned}
V_1 &= \left\{\sum_{i=1}^{N} n_i \left[\tau_2^{(i)} - \tau_2^{R}\right]^2 \Big/ \sum_{i=1}^{N} n_i\right\}^{\frac{1}{2}} \\
V_2 &= \sum_{i=1}^{N} n_i \left\{\left[\tau_2^{(i)} - \tau_2^{R}\right]^2 + \left[\tau_3^{(i)} - \tau_3^{R}\right]^2\right\}^{\frac{1}{2}} \Big/ \sum_{i=1}^{N} n_i \\
V_3 &= \sum_{i=1}^{N} n_i \left\{\left[\tau_3^{(i)} - \tau_3^{R}\right]^2 + \left[\tau_4^{(i)} - \tau_4^{R}\right]^2\right\}^{\frac{1}{2}} \Big/ \sum_{i=1}^{N} n_i
\end{aligned} \tag{3.1-17}$$

式中：N 为研究区域内站点个数；n_i 为第 i 个站点的样本序列长度；τ_2^R，τ_3^R，τ_4^R 为 L—变差系数，L—偏度系数和 L—峰度系数的区域加权平均值。

研究取 $N_{sim}=1000$ 次，通过 Monte Carlo 统计模拟，进行均匀性检验。若 $H<1$，认为该区域为水文相似区；若 $1\leqslant H<2$，认为该区域可能为不均匀的非水文相似区；若 $H\geqslant 2$，则认为该区域为非相似区。由式(3.19)、式(3.20)可知，H_1 越大，表明观测的 L—矩值比符合均匀性假定的 L—矩值更加离散；H_2 越大，说明区域估计值和站点估计值之间的偏差越大；H_3 越大，表示站点估计值与观测值之间的偏差越大。

(4)区域最优分布选择

本章的研究选用了广泛用于洪水极值事件频率分析研究的 5 种分布来拟合淮河流域洪水极值事件的 AM 和 POT 序列，进行区域频率分析。这 5 种分布为广义极值分布(generalized extreme value distribution，GEV)，广义 Logistic 分布(generalized logistic distribution，GLO)，广义正态分布(generalized normal distribution，GNO)，广义帕累托分布(generalized Pareto distribution，GPD)和皮尔逊Ⅲ型分布(pearson type Ⅲ distribution，PE3)。

L—偏度至 L—峰度图可以用来选择与实测数据的经验频率最符合的最优极值分布。估计的 L—偏度至 L—峰度与理论分布的 L—偏度至 L—峰度之间的距离越小，表明该理论分布对实测值的拟合效果越优。同时 Z 值拟合优度检验也可以用来选择区域最优分布。

$$Z^{DIST}=(\tau_4{}^{DIST}-\tau_4{}^{R}+\beta_4)/\sigma_4 \tag{3.1-18}$$

式中：DIST 为选用的分布；$\tau_4{}^{DIST}$ 为该分布模拟得到的区域平均 L—峰度值；β_4 和 σ_4 分别为通过四参数 Kappa 分布模拟得到的 L—峰度的偏差和均方差。

当 $|Z^{DIST}|\leqslant 1.64$ 时，说明该分布的拟合效果在 90% 的置信水平下可接受。如果拟合效果可接受的分布不止一个，则选取 $|Z^{DIST}|$ 最小的分布为区域最优分布。

(5)分位数估计(重现期估计)

分位数的估计(重现期的估计)是水文频率计算的重要内容和目的，尤其是高分位数的估计。在区域频率分析中，本研究采用的分位数估计方法是指标洪水法，如下所示：

$$Q_i(F)=l_1 q(F) \tag{3.1-19}$$

式中：F 为不超过概率；l_1 为指标洪水，一般取站点的平均洪水极值；q 为分位数函数。

为了验证和检验区域频率分析结果，基于每个相似性区域的最优拟合分布，得到不同重现期下的分位数估计值，比较各站点的实测值与区域频率模拟值。各个站点的经验频率采用 Gringorten 公式来模拟，如下所示：

$$P(i)=\frac{i-0.44}{n+0.12} \tag{3.1-20}$$

式中：i 为从小到大排列的序号；n 为样本总数。

定量衡量各站点的实测值与区域频率模拟值之间的差异，采用平均相对误差(the mean absolute relative errors，MARE)，计算如下：

$$MARE=\frac{1}{n}\sum_{i=1}^{n}\left|\frac{Q_{\text{iobserved}}-Q_{\text{isimulated}}}{Q_{\text{iobserved}}}\right| \tag{3.1-21}$$

式中：n 为样本总数；$Q_{\text{iobserved}}$ 为实测值；$Q_{\text{isimulated}}$ 为区域频率模拟值。

3.1.4 分位数估计的准确性和不确定性分析

本章的研究基于 Monte Carlo 模拟来进行分位数估计的准确性和不确定性分析。Monte Carlo 模拟的基本思想是模拟产生各站点服从区域最优分布的随机样本，反复生成时间序列，计算参数估计量和统计量，进而研究其分布特征。分位数估计的相对均方根误差(the root mean square error，RMSE)是评估频率分析准确性的常用标准。其计算公式如下：

$$R_i(F)=\left\{M^{-1}\sum_{m=1}^{M}\left(\frac{\hat{Q}_i^{\,m}(F)-Q_i(F)}{Q_i(F)}\right)^2\right\}^{\frac{1}{2}} \tag{3.1-22}$$

式中：M 为模拟次数；$\hat{Q}_i^{\,m}(F)$ 为站点 i 的第 m 次蒙特卡洛模拟的不超过概率；$\{\hat{Q}_i^{\,m}(F)-Q_i(F)\}/Q_i(F)$ 为不超过概率 F 下分位数估计的相对误差。

分位数估计的不确定性基于 95%置信区间的模拟误差界来衡量(95%置信水平是由 Hosking 和 Wallis 推荐使用的)，误差界越小，表明模拟和估计的不确定性越小。为了量化评估分位数估计的不确定性，引入区间的平均相对宽度(the average relative interval length，ARIL)指标来衡量，计算公式如下：

$$ARIL=\frac{1}{n}\sum\frac{\text{Limit}_{Upper}-\text{Limit}_{Lower}}{q(F)} \tag{3.1-23}$$

式中：Limit_{Upper} 和 Limit_{Lower} 分别为 95%置信区间的上下边界值；n 为站点个数；$q(F)$ 为分位数估计值。区间的平均相对宽度越小，表示模拟的不确定性越小。

3.2 洪水极值事件站点频率分析

选用国内外广泛用于分析洪水极值事件的 7 种极值分布——GEV，GLO，GNO，GPD，PE3，EXP，GUM 分布，对淮河流域洪水极值事件的洪峰、洪量、历时的 AM 和 POT 序列进行站点频率分析，参数估计方法采用稳健性较好的 L—矩估计法，分布的拟合优度检验采用常用的一种非参数检验方法——Kolmogorov-Smirnov(K-S)检验法。假设理论分布函数和样本分布函数分别为 $F(x)$ 和 $F_n(x)$，检验统计量 $D=\max|F(x)-F_n(x)|$，若 $D<D_\alpha(n)$，则表明在显著性水平 α 下，样本数据所在的总体分布与理论分布 $F(x)$ 无显著差异，理论分布能很好地拟合样本数据，其中 $D_\alpha(n)$ 为显著性水平 α 下，样本量为 n 时的 K-S 检验临界值，可以通过查表获得。

3.2.1 洪水极值事件洪峰站点频率分析

计算淮河流域 20 个水文站点 1956—2010 年洪水极值事件的 AM 洪峰序列、POT1 洪峰序列和 POT2 洪峰序列的 L—偏度和 L—峰度，绘制 L—偏度和 L—峰度的对应关系图(图 3.1)。从图中可以看出，对于 AM 序列，实测值的经验点据分布在 GEV 和 GPD 分布周围，无明显的聚集；对于 POT1 和 POT2 序列，实测值的经验点据大都聚集在 GPD 分布附近，表明洪峰 POT 序列的经验点据的 L—偏度至 L—峰度和 GPD 分布理论的 L—偏度至 L—峰度相对比较接近，因此，从 L—偏度和 L—峰度的对应关系图得出 POT 洪峰序列采用 GPD 分布拟合是比较适宜的。

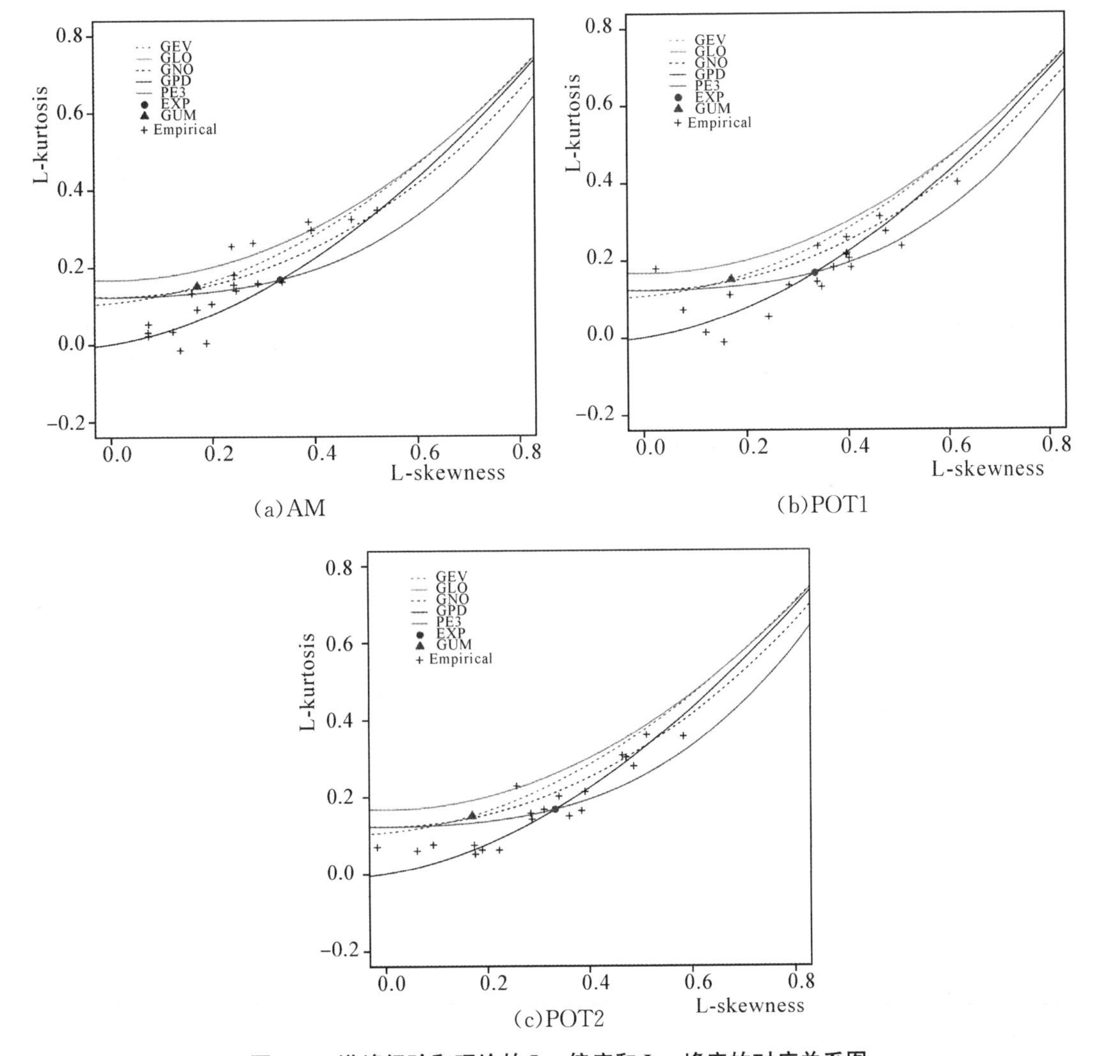

图 3.1 洪峰经验和理论的 L—偏度和 L—峰度的对应关系图

采用以上 7 种分布分别对洪峰 AM、POT1 和 POT2 序列进行拟合，并用 K-S 法进行拟合优度检验(显著性水平为 0.05；双边检验，当样本长度为 55 时，K-S 检验临界值为

0.180),K-S 检验值越小,表明拟合优度越好,各序列的最优拟合分布结果及其相应的 K-S 检验值如表 3.3 所示。对于 AM 洪峰序列,有 9 个站点的最优拟合分布为 GPD 分布,5 个站点的最优拟合分布为 GLO 分布,3 个站点的最优拟合分布为 GEV 分布,2 个站点的最优拟合分布为 PE3 分布,1 个站点的最优拟合分布为 GNO 分布。平均来看,GPD 分布在模拟 AM 洪峰序列中整体表现最优。对于 POT1 序列,有 9 个站点的最优拟合分布为 GPD 分布,7 个站点的最优拟合分布为 PE3 分布,3 个站点的最优拟合分布为 GLO 分布,1 个站点的最优拟合分布为 GNO 分布。平均来看,由于在 PE3 拟合最优时 GPD 分布的拟合效果也较好,因此 GPD 分布在模拟 POT1 洪峰序列中整体表现最优。对于 POT2 序列,分别有 6 个站点的最优拟合分布为 GPD 和 PE3 分布,3 个站点的最优拟合分布为 GEV 分布,分别有 2 个站点的最优拟合分布为 GLO 和 GNO 分布,有 1 个站点的最优拟合分布为 EXP 分布。平均来看,GPD 分布在模拟 POT2 洪峰序列中整体表现最优。由于通常 GEV 分布是基于 AM 抽样的,GPD 分布是基于 POT 抽样的,因此单独比较 GEV 和 GPD 分布对 AM 和 POT1、POT2 洪峰序列的拟合效果,可知对于 AM 洪峰序列,11 个站点采用 GPD 分布拟合更优,9 个站点采用 GEV 分布拟合更优;对于 POT1 洪峰序列,16 个站点采用 GPD 分布拟合更优,4 个站点采用 GEV 分布拟合更优;对于 POT2 洪峰序列,14 个站点采用 GPD 分布拟合更优,6 个站点采用 GEV 分布拟合更优。因此,对于 AM 洪峰序列,GEV 和 GPD 分布拟合效果相当,而对于 POT 洪峰序列,GPD 分布表现出更好的拟合效果。

表 3.3 淮河流域洪水极值事件洪峰 AM、POT1 和 POT2 序列的最优拟合分布 K-S 检验结果

站点名称	AM		POT1		POT2	
	K-S 检验值	最优拟合分布	K-S 检验值	最优拟合分布	K-S 检验值	最优拟合分布
大坡岭	0.094	PE3	0.061	GNO	0.075	PE3
竹竿铺	0.082	GPD	0.081	PE3	0.056	PE3
息县	0.051	GPD	0.050	PE3	0.070	EXP
遂平	0.078	GEV	0.055	GPD	0.064	GEV
庙湾	0.070	PE3	0.067	PE3	0.083	GPD
班台	0.076	GPD	0.083	GPD	0.062	GEV
王家坝	0.067	GPD	0.078	GPD	0.106	GLO
蒋家集	0.084	GPD	0.067	GPD	0.051	GPD
白莲崖	0.076	GLO	0.046	GNO	0.054	GNO
横排头	0.069	GEV	0.061	GNO	0.073	GNO
大陈	0.071	GNO	0.064	PE3	0.080	PE3
漯河	0.077	GPD	0.069	PE3	0.088	PE3
扶沟	0.077	GLO	0.075	PE3	0.078	GLO

续表

站点名称	AM		POT1		POT2	
	K-S检验值	最优拟合分布	K-S检验值	最优拟合分布	K-S检验值	最优拟合分布
沈丘	0.089	GLO	0.083	GPD	0.067	PE3
界首	0.076	GPD	0.071	GPD	0.078	GEV
阜阳闸	0.056	GPD	0.097	GPD	0.071	GPD
鲁台子	0.059	GPD	0.092	GLO	0.064	GPD
亳县闸	0.128	GLO	0.061	GPD	0.072	GPD
蚌埠	0.075	GEV	0.111	GLO	0.053	GPD
蒙城闸	0.116	GLO	0.086	PE3	0.088	PE3

对于洪峰AM、POT1和POT2序列，各站点分别采用最优分布进行拟合，计算淮河流域重现期为10年、20年和50年的各站点的洪峰流量（图3.2）。对于AM、POT1和POT2洪峰序列，不同重现期下的洪峰流量的空间变化呈现出一定的相似性，淮河干流的洪峰流量最大，干流和各支流的洪峰从上游往下逐渐增大，淮河右岸淮南山区的洪峰流量比淮河左岸的洪峰流量大，符合淮河流域的地理特征和洪水特性，表明使用AM和POT序列模拟淮河流域的洪峰流量是合理的。在同一重现期下，AM洪峰序列和POT1、POT2序列的分位数估计值相比较，分别有11个站点和12个站点的AM估计值小于POT1、POT2估计值；POT1、POT2序列的分位数估计值相比较，有13个站点的POT1估计值大于POT2估计值。

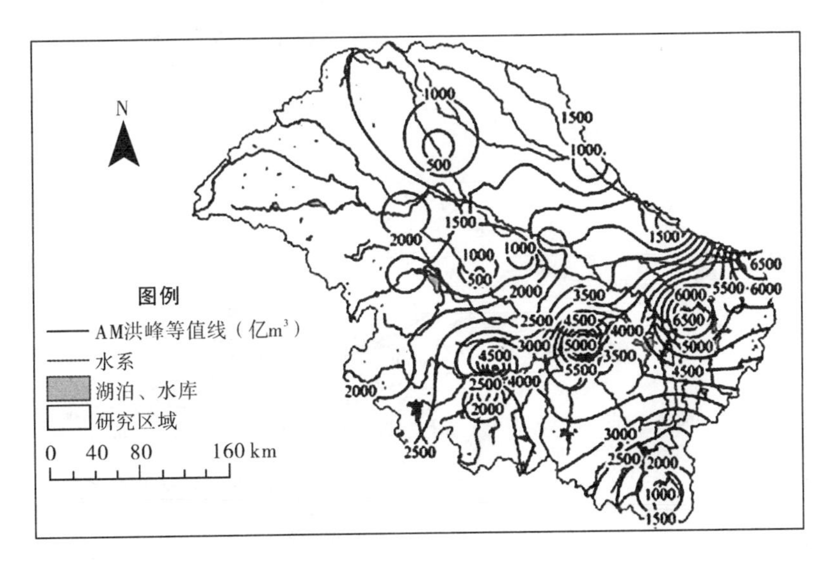

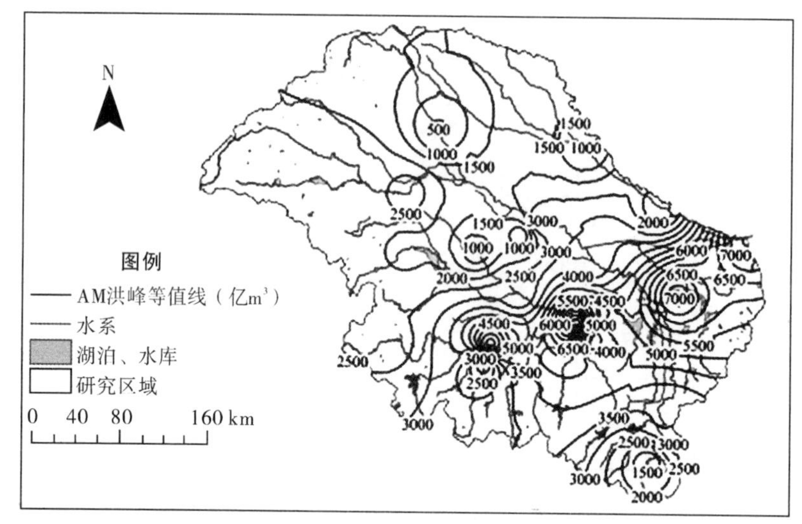

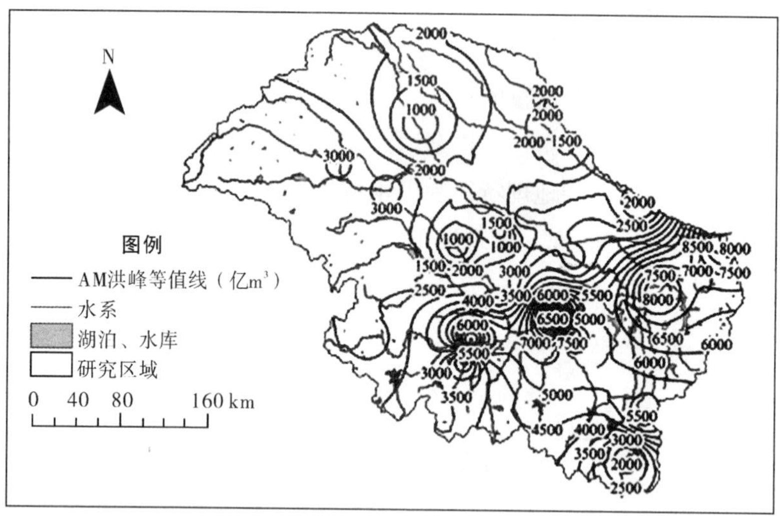

(a)AM 洪峰序列重现期为 10 年、20 年和 50 年

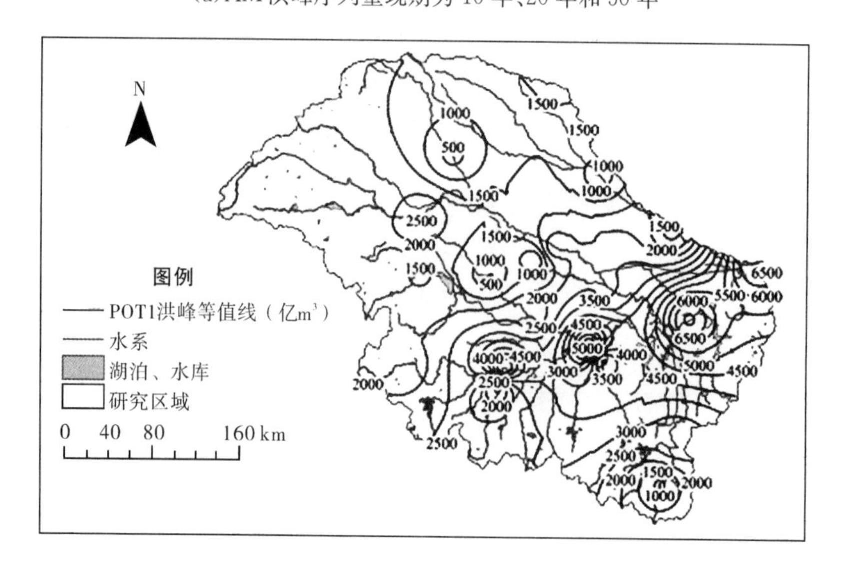

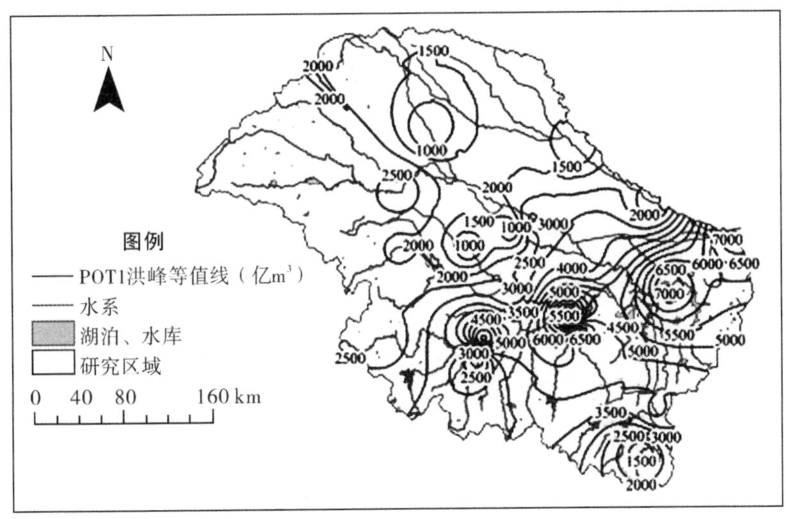

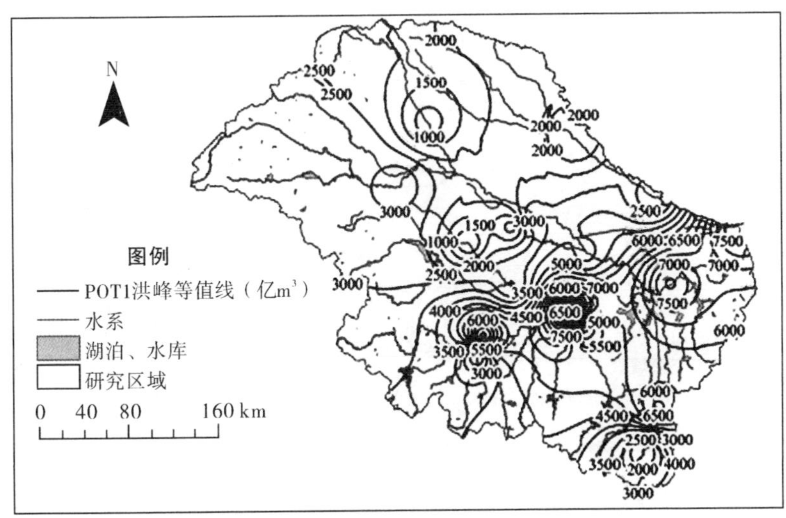

(b)POT1 洪峰序列重现期为 10 年、20 年和 50 年

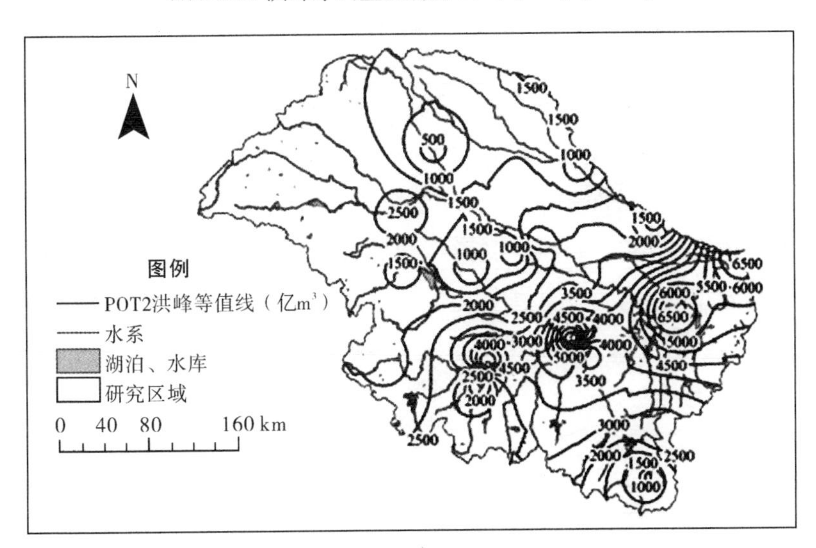

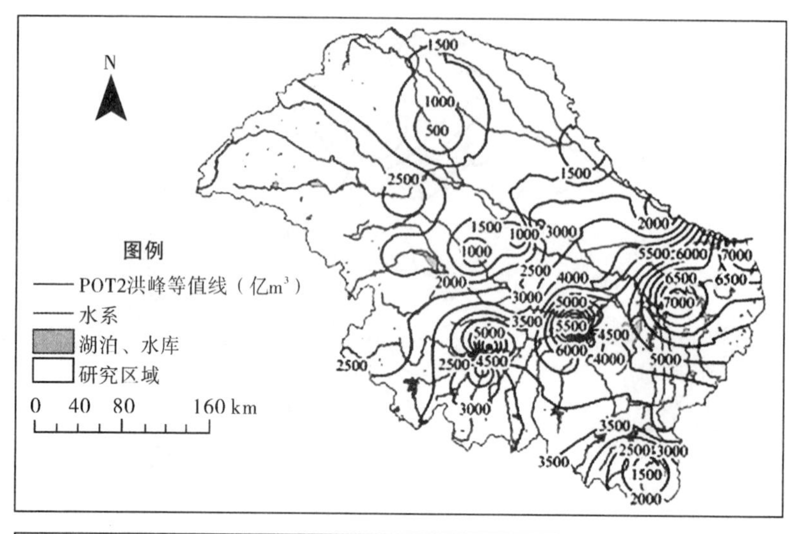

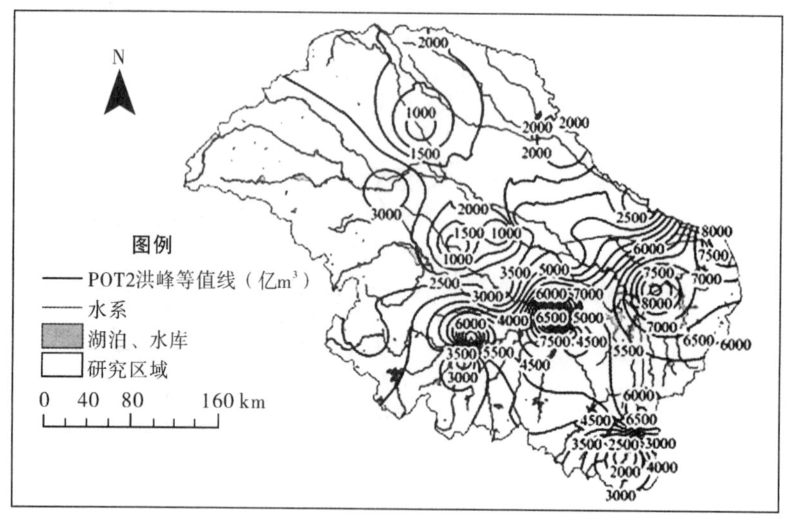

(c)POT2 洪峰序列重现期为 10 年、20 年和 50 年

图 3.2 洪峰(a)AM 序列、(b)POT1 序列和(c)POT2 序列不同重现期下的淮河流域洪峰流量

由于极值分布的参数具有重要的物理意义，能够反映洪水极值事件的一些变化特征，且由前文分析可知，相对于 GEV 分布，POT 洪峰序列使用 GPD 分布拟合得更好，因此对 POT2 洪峰序列采用 GPD 分布拟合，对分布参数的空间特征进行分析(图 3.3)。对于 GPD 分布，尺度参数描述极值的频率和强度特征，形状参数描述极值分布的高分位数的分布特征，而位置参数是分布的下限，即阈值由图 3.3 可知，淮河干流和淮南山区支流的位置参数和尺度参数均较大，表明淮河干流和淮南山区支流洪峰阈值及其频率和强度较大。

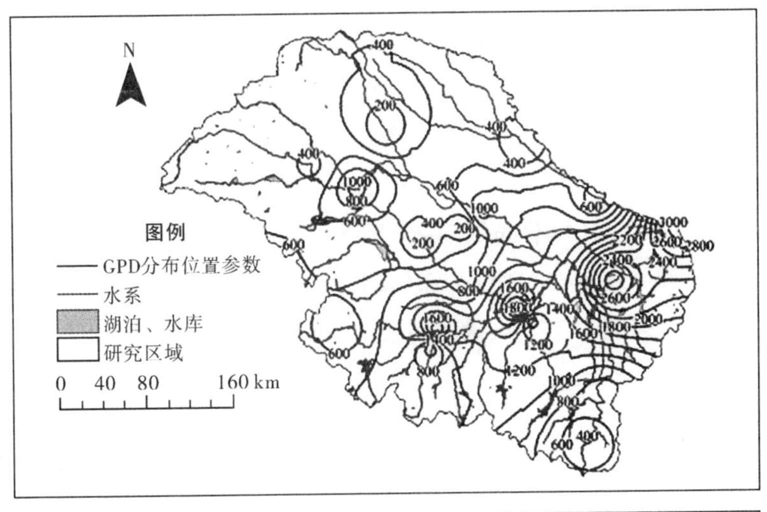

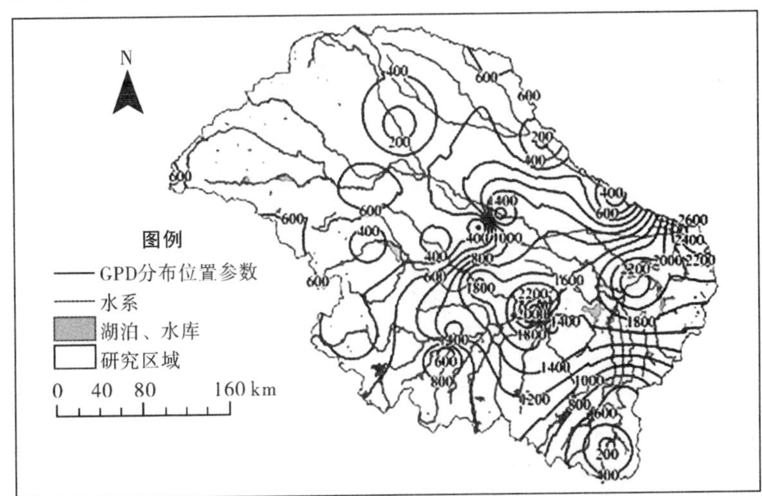

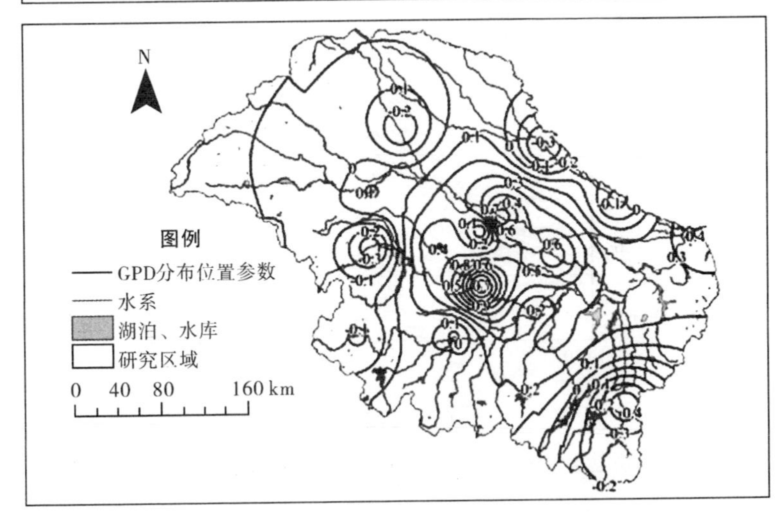

图 3.3 淮河流域洪峰 POT2 序列的 GPD 分布拟合参数的空间分布图

3.2.2 洪水极值事件洪量站点频率分析

计算淮河流域20个水文站点1956—2010年洪水极值事件的AM洪量序列、POT1洪量序列和POT2洪量序列的L—偏度和L—峰度，绘制L—偏度和L—峰度的对应关系图，如图3.4所示。从图中可以看出，对于AM序列，实测值的经验点据大部分聚集在GNO和PE3分布周围，少部分落在GLO分布周围；对于POT1序列，实测值的经验点据一部分聚集在GLO分布周围，一部分聚集在GNO分布周围；对于POT2序列，实测值的经验点据大都聚集在GEV分布附近，表明POT2洪量序列采用GEV分布拟合是比较适宜的。

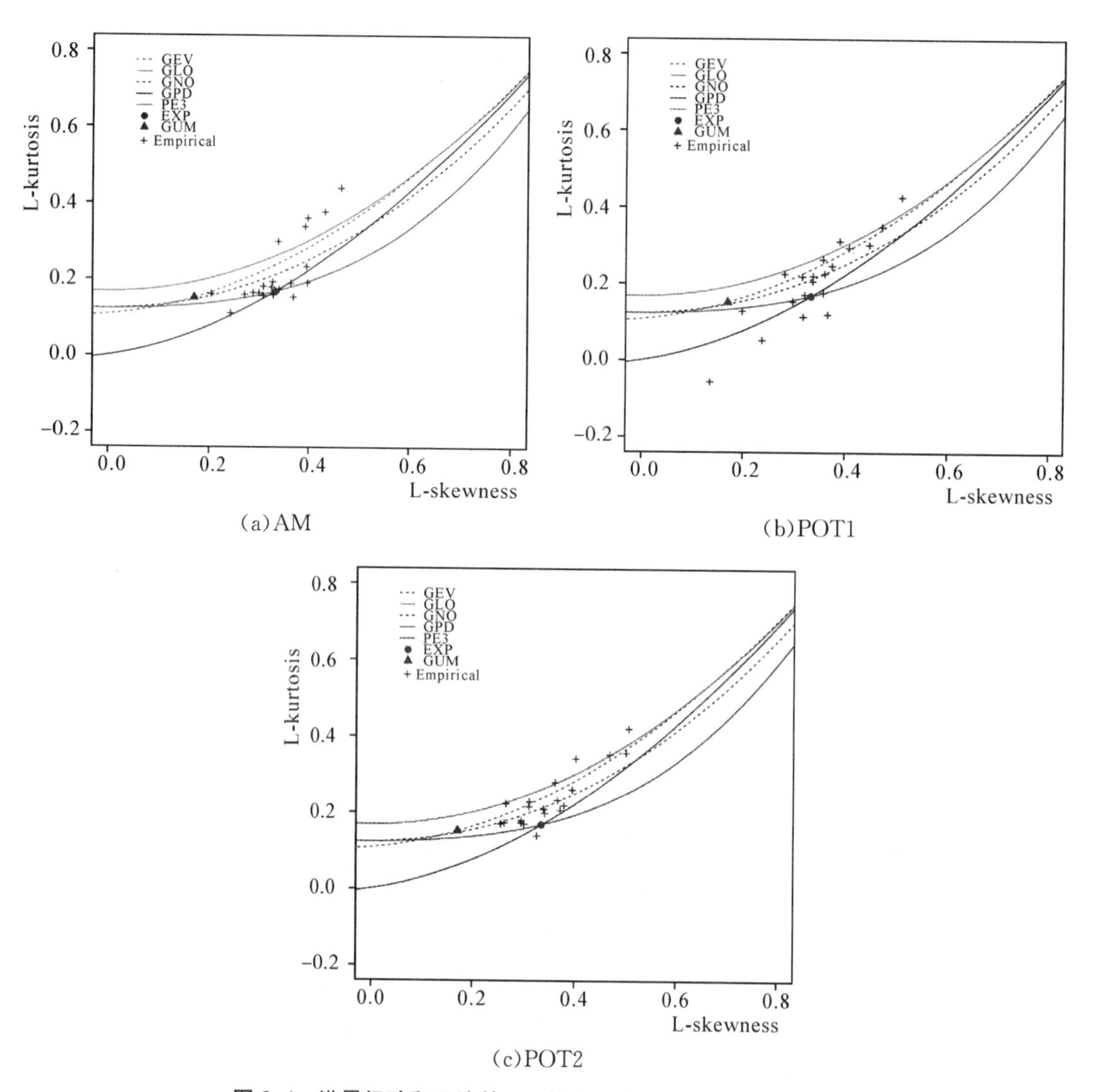

图3.4 洪量经验和理论的L—偏度和L—峰度的对应关系图

基于以上7种分布对洪量AM、POT1和POT2序列拟合的最优拟合分布结果及其相应的K-S检验值如表3.4所示。对于AM洪量序列，各有5个站点的最优拟合分布为PE3

和GNO分布,有4个站点的最优拟合分布为GLO分布,各有1个站点的最优拟合分布为GEV、GUM和EXP分布。平均来看,GNO分布拟合AM洪量序列整体效果最好。对于POT1洪量序列,有7个站点的最优拟合分布为GLO分布,4个站点的最优拟合分布为GNO分布,各有3个站点的最优拟合分布为GEV、PE3分布,有2个站点的最优拟合分布为GPD分布,1个站点的最优拟合分布为EXP分布。平均来看,GEV分布拟合POT1洪量序列整体效果最好。对于POT2洪量序列,有8个站点的最优拟合分布为GLO分布,5个站点的最优拟合分布为GEV分布,各有3个站点的最优拟合分布为PE3和GNO分布,有1个站点的最优拟合分布为GPD分布。平均来看,GEV分布拟合POT2洪量序列整体效果最好。单独比较GEV和GPD分布对AM和POT1、POT2洪量序列的拟合效果,可知对于AM洪量序列,10个站点采用GPD分布拟合更优,10个站点采用GEV分布拟合更优;对于POT1洪量序列,6个站点采用GPD分布拟合更优,14个站点采用GEV分布拟合更优;对于POT2洪量序列,4个站点采用GPD分布拟合更优,16个站点采用GEV分布拟合更优。因此,对于AM洪量序列,GEV和GPD分布拟合效果相当,而对于POT洪量序列,GEV分布表现出更好的拟合效果。

表3.4 淮河流域洪水极值事件洪量AM、POT1和POT2序列的最优拟合分布K-S检验结果

站点名称	AM		POT1		POT2	
	K-S检验值	最优拟合分布	K-S检验值	最优拟合分布	K-S检验值	最优拟合分布
大坡岭	0.072	GNO	0.050	GNO	0.065	GNO
竹竿铺	0.098	GUM	0.046	PE3	0.078	PE3
息县	0.071	PE3	0.047	GPD	0.060	PE3
遂平	0.077	GLO	0.045	GEV	0.068	GEV
庙湾	0.080	PE3	0.090	PE3	0.074	GLO
班台	0.070	GPD	0.063	GNO	0.052	GLO
王家坝	0.070	GNO	0.084	EXP	0.081	GEV
蒋家集	0.067	GNO	0.056	GNO	0.062	PE3
白莲崖	0.086	GLO	0.056	GLO	0.065	GLO
横排头	0.077	GNO	0.058	GLO	0.071	GLO
大陈	0.092	PE3	0.051	GEV	0.060	GEV
漯河	0.062	EXP	0.046	GLO	0.055	GLO
扶沟	0.096	GLO	0.090	GLO	0.083	GLO
沈丘	0.084	PE3	0.062	GEV	0.049	GNO
界首	0.092	GEV	0.059	GNO	0.054	GEV
阜阳闸	0.063	GPD	0.085	GLO	0.065	GPD

续表

站点名称	AM		POT1		POT2	
	K-S 检验值	最优拟合分布	K-S 检验值	最优拟合分布	K-S 检验值	最优拟合分布
鲁台子	0.050	PE3	0.137	GPD	0.065	GEV
亳县闸	0.162	GLO	0.087	GLO	0.072	GLO
蚌埠	0.056	GNO	0.101	PE3	0.057	GNO
蒙城闸	0.100	GPD	0.061	GLO	0.061	GLO

对于洪量 AM、POT1 和 POT2 序列各站点分别采用最优分布进行拟合，计算淮河流域重现期为 10 年、20 年和 50 年的各站点的洪量(图 3.5)。和洪峰序列类似，对于 AM、POT1 和 POT2 洪量序列，不同重现期下的洪量的空间变化呈现出一定的相似性，淮河干流的洪量最大，干流和各支流的洪量从上游往下逐渐增大，与控制流域面积呈现较好的对应相关性，与淮河流域的地理特征和洪水特性相符合，表明使用 AM 和 POT 序列模拟淮河流域的洪量是合理的。在同一重现期下，AM 洪量序列和 POT1、POT2 序列的分位数估计值相比较，分别有 13 个站点和 15 个站点的 AM 估计值小于 POT1、POT2 估计值；POT1、POT2 序列的分位数估计值相比较，有 11 个站点的 POT1 估计值大于 POT2 估计值。

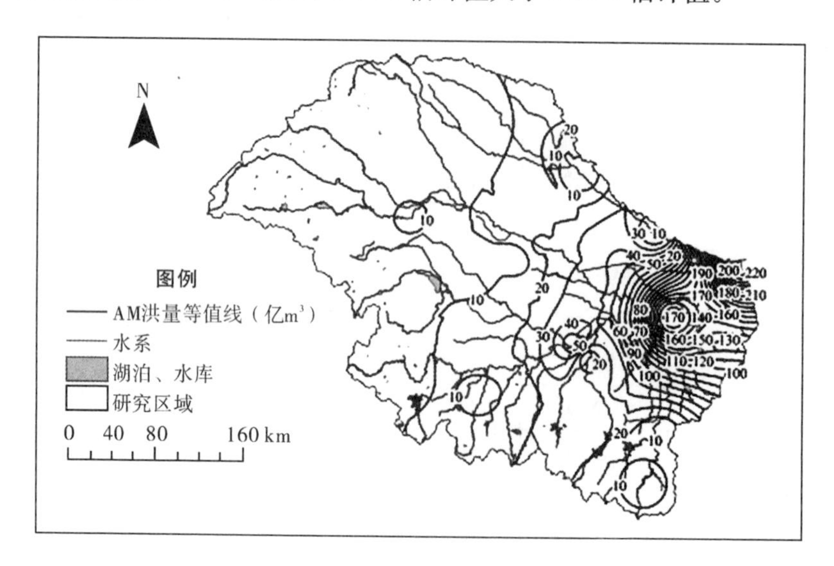

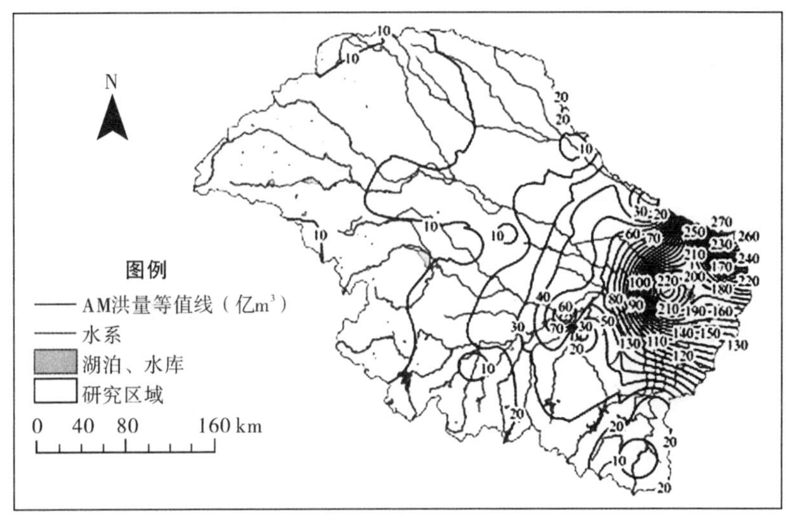

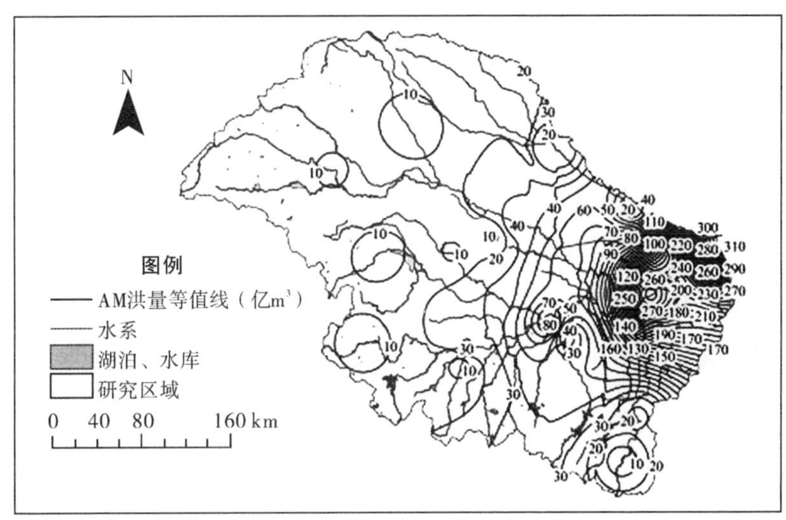

(a)AM洪量序列重现期为10年、20年和50年

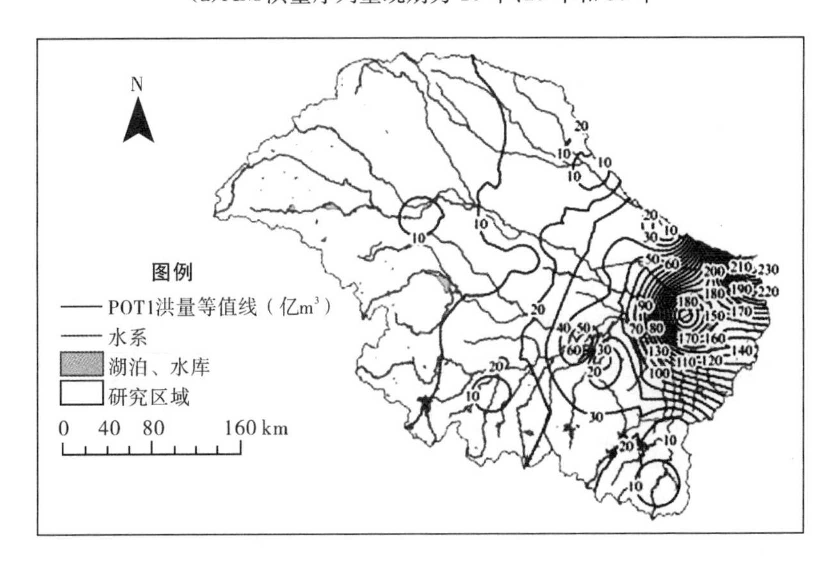

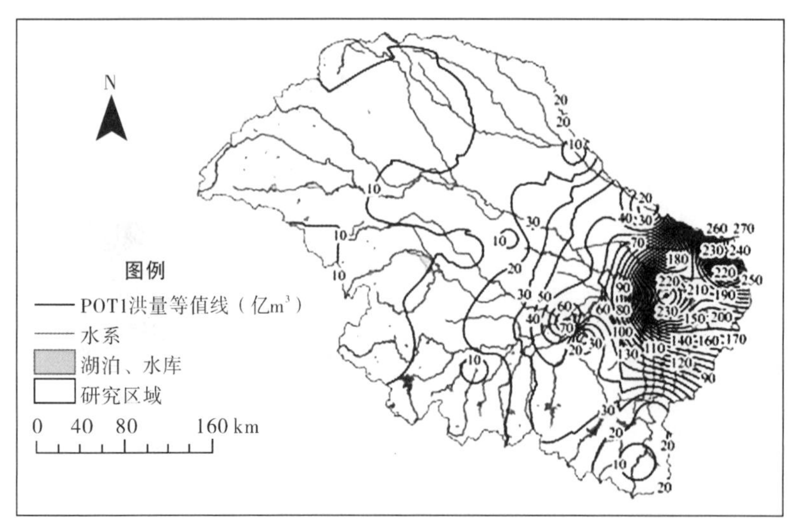

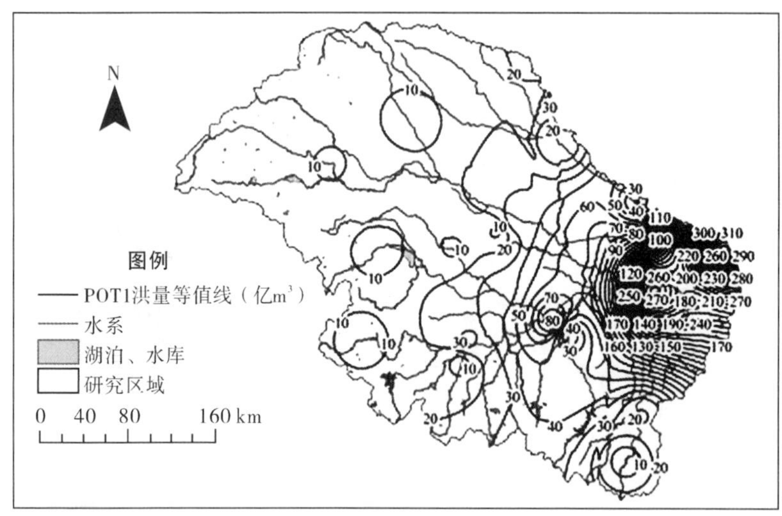

(b)POT1 洪量序列重现期为 10 年、20 年和 50 年

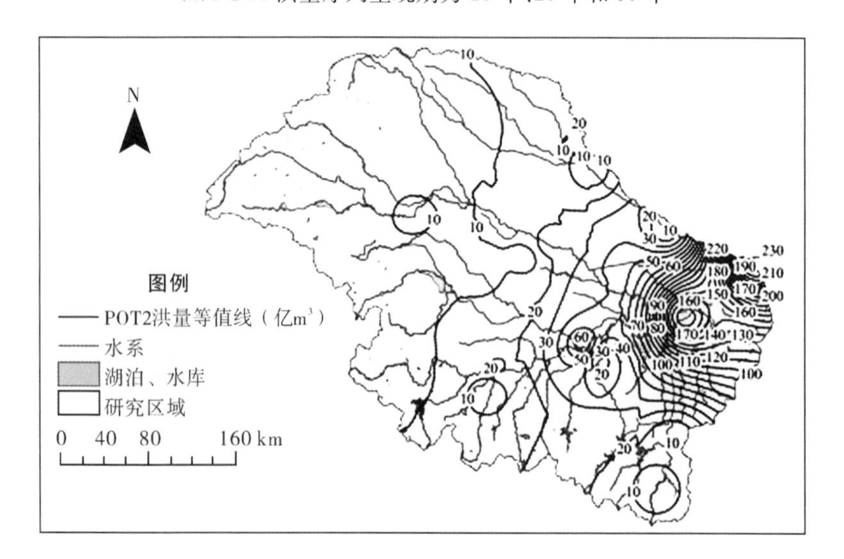

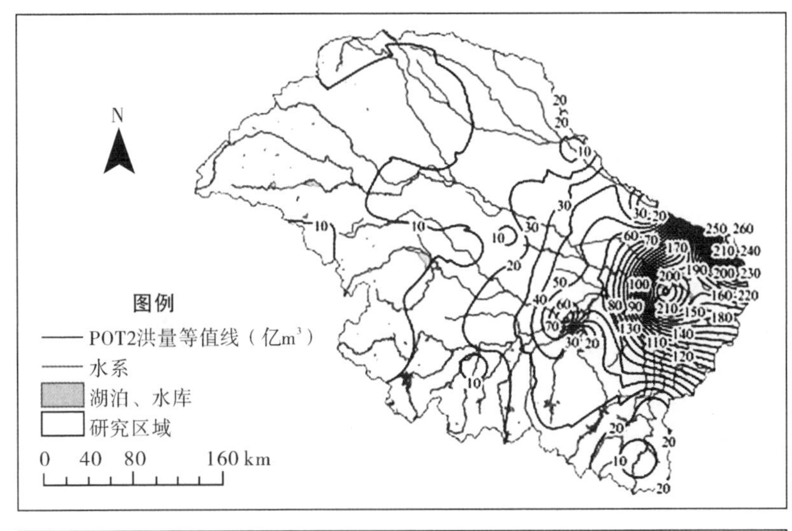

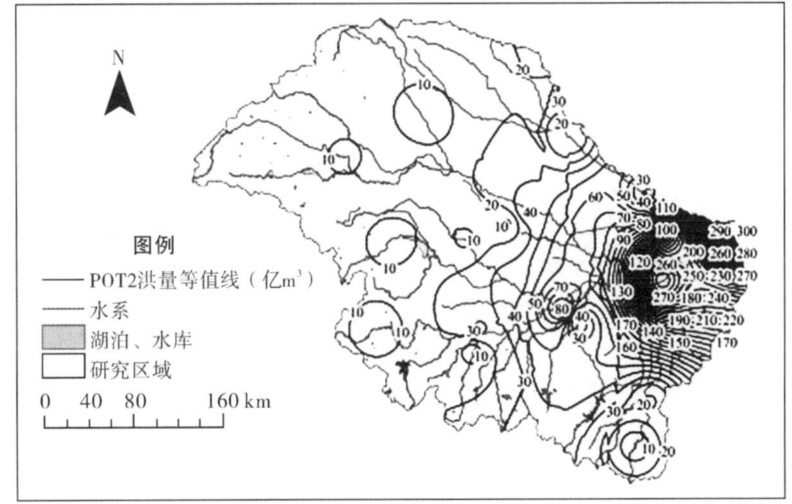

(c)POT2 洪量序列重现期为 10 年、20 年和 50 年

图 3.5　洪量(a)AM 序列、(b)POT1 序列和(c)POT2 序列不同重现期下的淮河流域洪量

相对于 GPD 分布，POT 洪量序列使用 GEV 分布拟合得更好，因此采用 GEV 分布拟合 POT2 洪量序列，并分析其参数的空间分布特征（图 3.6）。从图 3.6 可见，拟合淮河流域 POT2 洪量序列的 GEV 分布的形状参数均小于 0，表明均服从 Weibull 分布。尺度参数和位置参数均不影响分布的形状和类型，其中尺度参数起放大或缩小分布面积，控制分布值域的作用，位置参数描述极值中心位置。图 3.6 中，位置参数和尺度参数的空间分布比较相似，其中位置参数和尺度参数在淮河干流比较大，而且从上游往下逐渐增大。

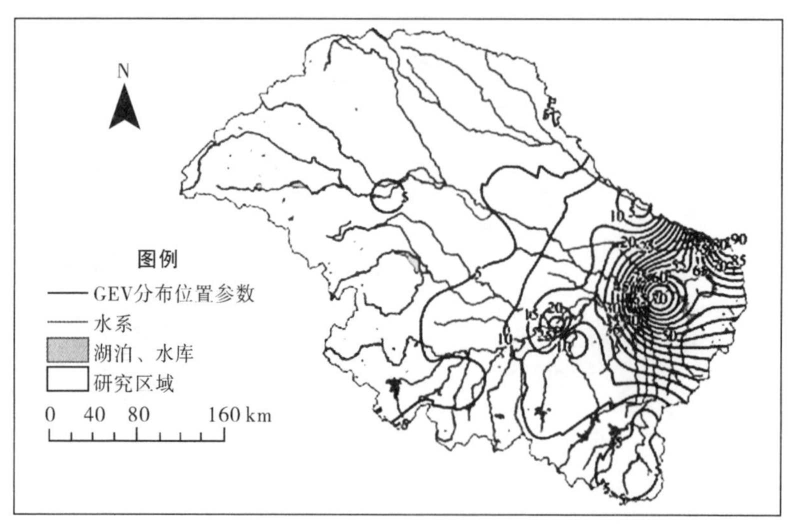

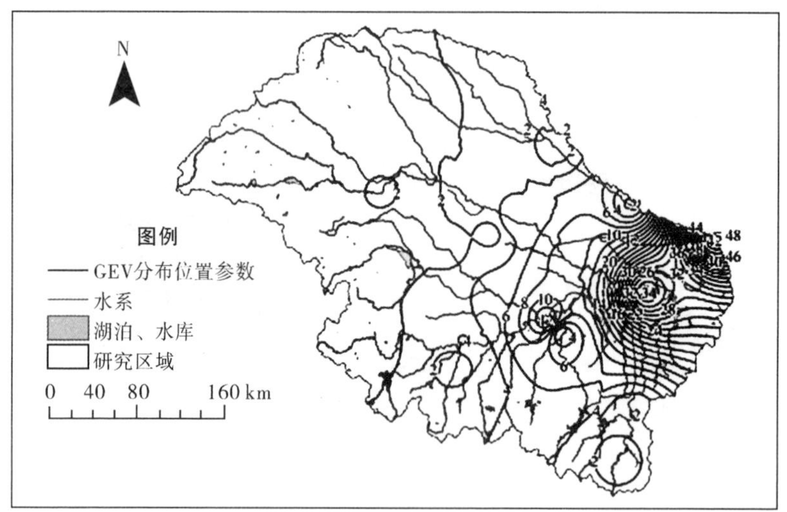

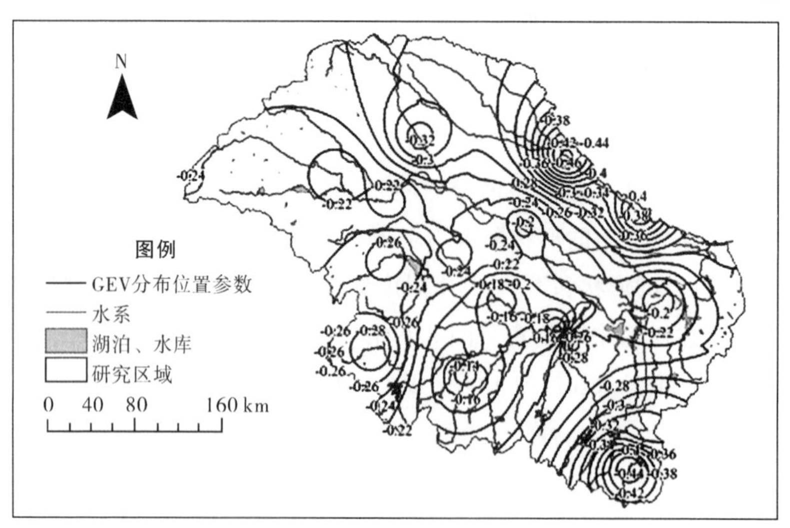

图 3.6 淮河流域洪量 POT2 序列的 GEV 分布拟合参数的空间分布图

3.2.3 洪水极值事件历时站点频率分析

计算淮河流域20个水文站点1956—2010年洪水极值事件的AM历时序列、POT1历时序列和POT2历时序列的L—偏度和L—峰度，绘制L—偏度和L—峰度的对应关系图，如图3.7所示。从图中可见，对于AM序列，实测值的经验点据大部分聚集在GLO和PE3分布周围；对于POT1和POT2序列，实测值的经验点据比较分散，没有明显的聚集。

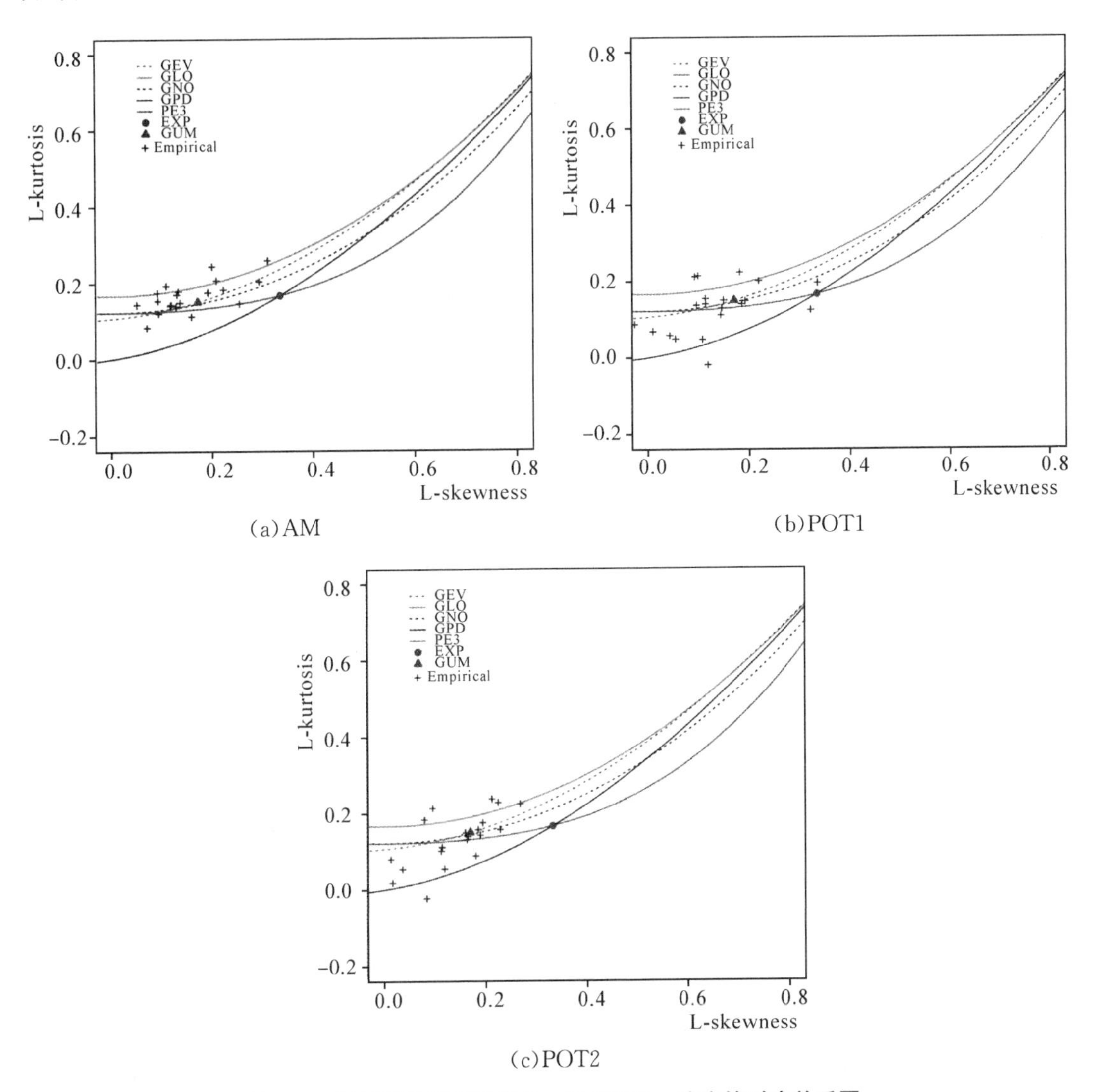

(a)AM　(b)POT1　(c)POT2

图3.7　历时经验和理论的L—偏度和L—峰度的对应关系图

基于以上7种分布对洪水历时AM、POT1和POT2序列拟合的最优拟合分布结果及其相应的K-S检验值如表3.5所示。对于AM历时序列，有7个站点的最优拟合分布为GLO分布，4个站点的最优拟合分布为PE3分布，各有3个站点的最优拟合分布为GEV、GUM和GNO分布。平均来看，GLO分布拟合AM历时序列整体效果最好。对于POT1

历时序列，有 5 个站点的最优拟合分布为 GLO 分布，4 个站点的最优拟合分布为 GEV 分布，各有 3 个站点的最优拟合分布为 GPD、GUM 分布，各有 2 个站点的最优拟合分布为 PE3、GNO 分布，有 1 个站点的最优拟合分布为 EXP 分布。平均来看，GEV 分布拟合 POT1 历时序列整体效果最好。对于 POT2 序列，各有 5 个站点的最优拟合分布为 GEV 和 GLO 分布，4 个站点的最优拟合分布为 GPD 分布，3 个站点的最优拟合分布为 PE3 分布，2 个站点的最优拟合分布为 GUM 分布，1 个站点的最优拟合分布为 GNO 分布。平均来看，GEV 分布拟合 POT2 历时序列整体效果最好。单独比较 GEV 和 GPD 分布对 AM、POT1、POT2 洪水历时序列的拟合效果，可知对于 AM 历时序列，1 个站点采用 GPD 分布拟合更优，19 个站点采用 GEV 分布拟合更优；对于 POT1 历时序列，4 个站点采用 GPD 分布拟合更优，16 个站点采用 GEV 分布拟合更优；对于 POT2 历时序列，4 个站点采用 GPD 分布拟合更优，16 个站点采用 GEV 分布拟合更优。因此，对于 AM 历时序列，GPD 分布拟合效果更好，而对于 POT 历时序列，采用 GEV 分布拟合效果更好。

表 3.5 淮河流域洪水极值事件历时 AM、POT1 和 POT2 序列的最优拟合分布 K-S 检验结果

站点名称	AM		POT1		POT2	
	K-S 检验值	最优拟合分布	K-S 检验值	最优拟合分布	K-S 检验值	最优拟合分布
大坡岭	0.071	GNO	0.067	GLO	0.068	GLO
竹竿铺	0.107	GEV	0.072	GEV	0.069	GPD
息县	0.101	GLO	0.057	GEV	0.056	PE3
遂平	0.078	GEV	0.070	GEV	0.089	GEV
庙湾	0.064	GLO	0.091	PE3	0.074	GNO
班台	0.093	PE3	0.132	PE3	0.118	PE3
王家坝	0.076	GLO	0.086	GUM	0.082	GLO
蒋家集	0.070	GLO	0.064	GLO	0.080	GLO
白莲崖	0.075	GEV	0.083	GLO	0.094	GEV
横排头	0.069	GNO	0.043	GNO	0.055	GLO
大陈	0.082	PE3	0.041	GEV	0.054	GEV
漯河	0.060	PE3	0.067	GPD	0.065	GPD
扶沟	0.079	GNO	0.082	GUM	0.071	GUM
沈丘	0.145	GLO	0.080	GLO	0.086	PE3
界首	0.151	GUM	0.067	GLO	0.060	GEV
阜阳闸	0.088	GUM	0.077	GNO	0.057	GPD
鲁台子	0.062	GLO	0.080	EXP	0.043	GEV
亳县闸	0.137	PE3	0.123	GPD	0.105	GPD
蚌埠	0.052	GLO	0.125	GPD	0.063	GLO
蒙城闸	0.116	GUM	0.066	GUM	0.066	GUM

对于历时 AM、POT1 和 POT2 序列各站点分别采用最优分布进行拟合，计算淮河流域重现期为 10 年、20 年和 50 年的各站点的历时，如图 3.8 所示。和洪峰、洪量序列类似，对于 AM、POT1 和 POT2 洪水历时序列，不同重现期下的洪水历时的空间变化呈现出一定的相似性，淮河干流和各支流的洪水历时从上游往下逐渐增大，与控制流域面积呈现较好的相关性，控制流域面积越大，洪水历时相应越长。在同一重现期下，AM 洪水历时序列和 POT1、POT2 序列的分位数估计值相比较，分别有 13 个站点和 9 个站点的 AM 估计值小于 POT1、POT2 估计值；POT1、POT2 序列的分位数估计值相比较，有 12 个站点的 POT1 估计值大于 POT2 估计值。

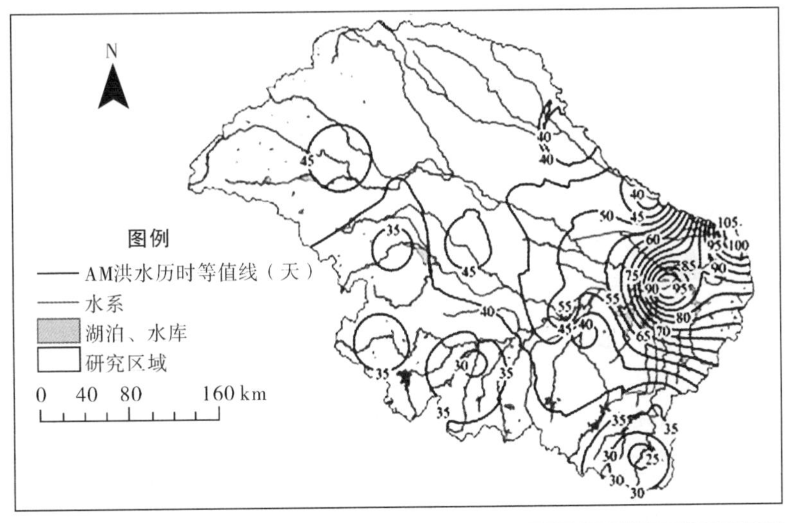

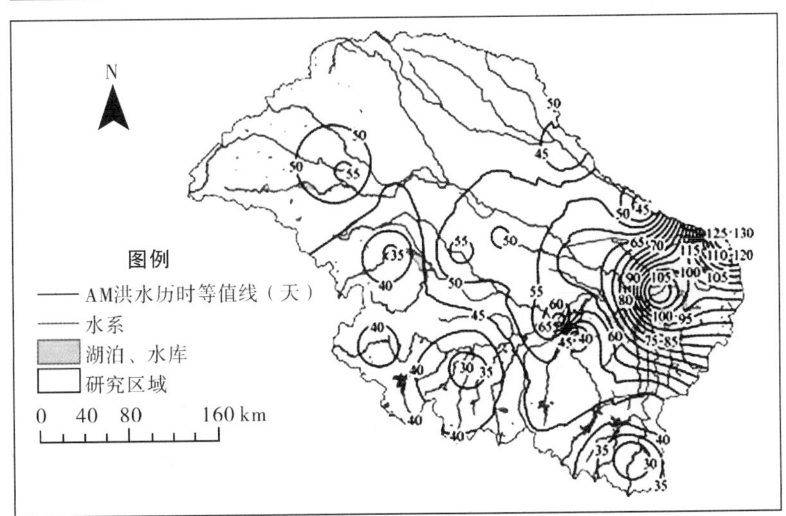

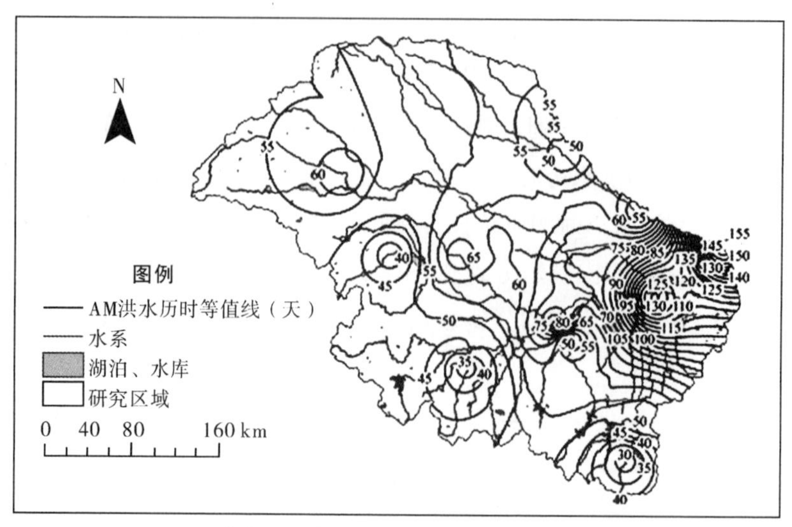

(a)AM洪水历时序列重现期为10年、20年和50年

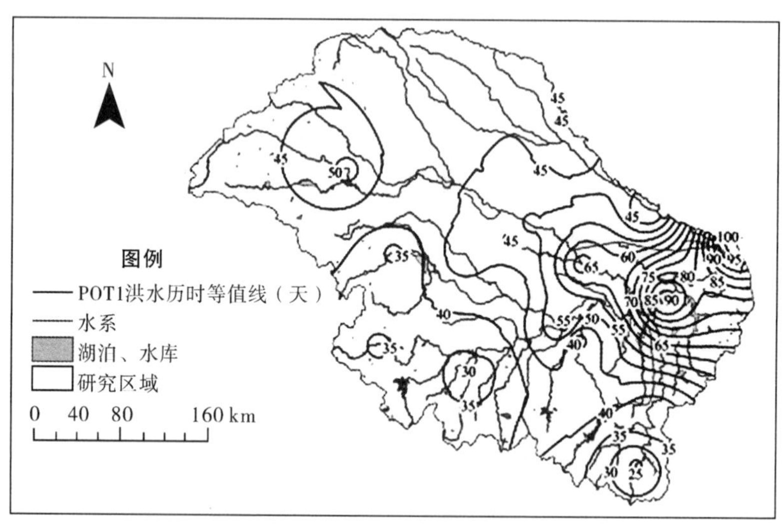

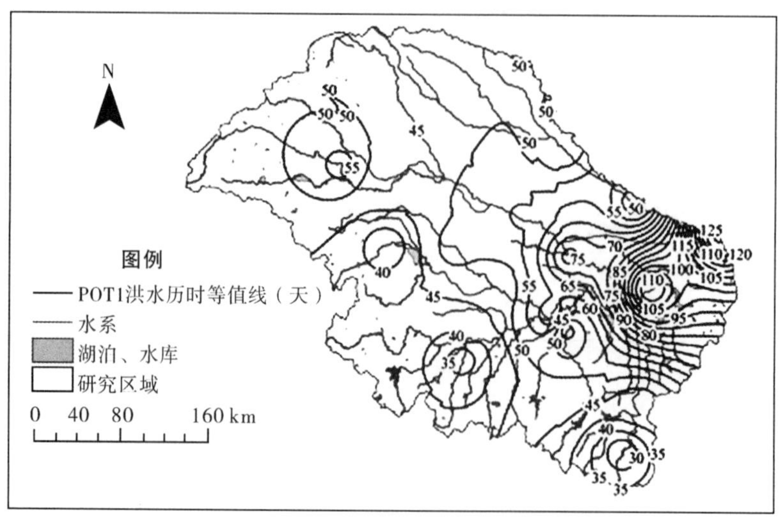

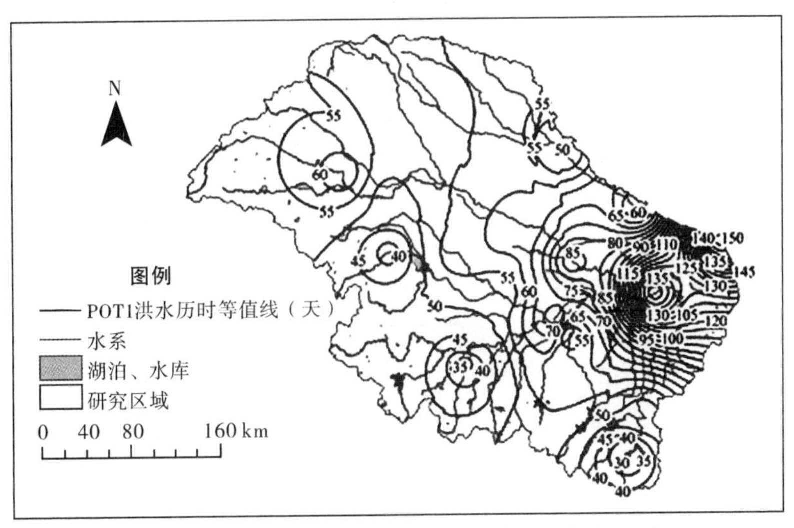

(b)POT1 洪水历时序列重现期为 10 年、20 年和 50 年

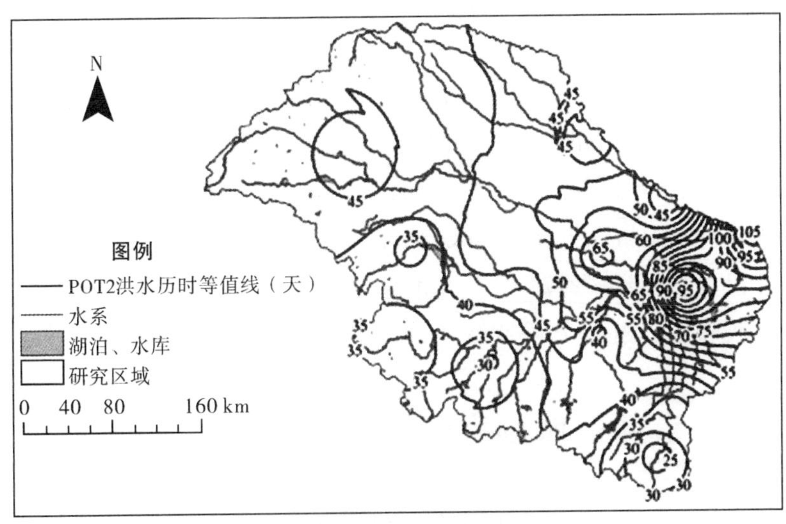

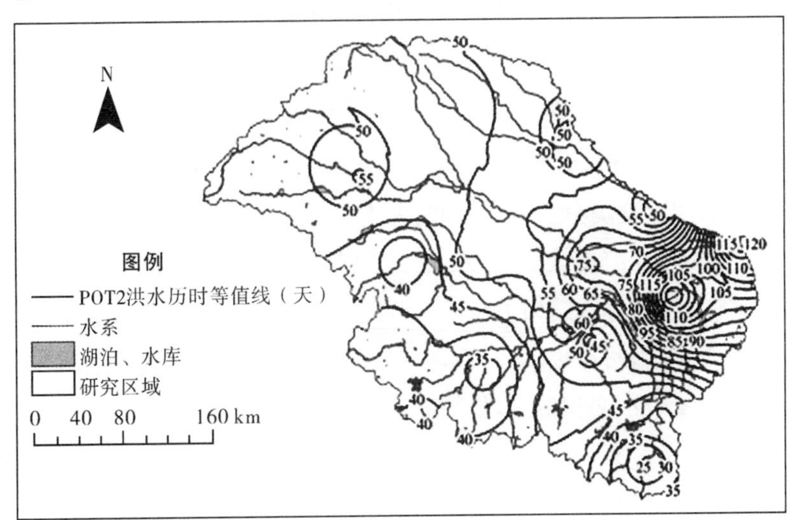

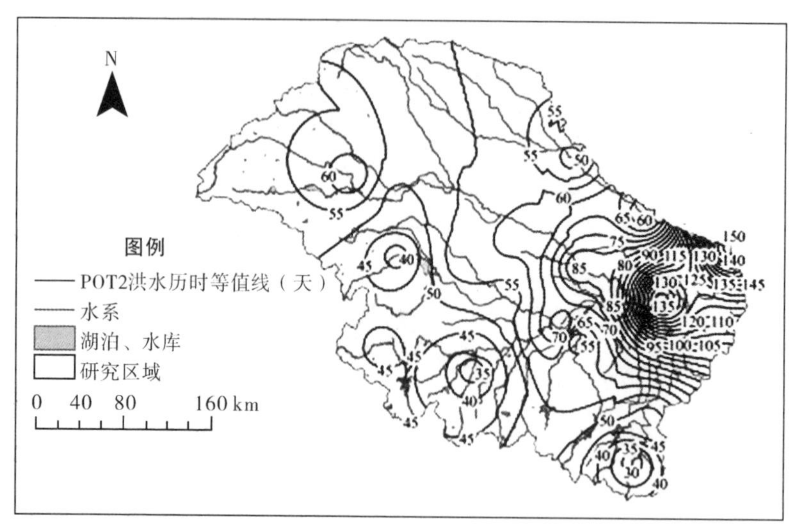

(c)POT2 洪水历时序列重现期为 10 年、20 年和 50 年

图 3.8 历时(a)AM 序列、(b)POT1 序列和(c)POT2 序列不同重现期下的淮河流域洪水历时

综上所述，采用 AM、POT1 和 POT2 洪峰、洪量、洪水历时序列来描述淮河流域洪水极值事件的时空变化特征是合理的，均符合淮河流域的地理特征和洪水特性。AM 和 POT 序列在不同重现期下，洪水要素的空间变化相似。对于洪峰序列，淮河干流的洪峰流量最大，干流和各支流的洪峰从上游往下逐渐增大，淮河右岸淮南山区的洪峰流量比淮河左岸的洪峰流量大。对于洪量和历时序列，淮河干流和各支流的洪量和历时从上游往下逐渐增大，与控制流域面积呈现较好的相关性，控制流域面积越大，洪量和历时相应越大(越长)。

3.3 洪水极值事件区域频率分析

基于 L—矩法对淮河流域洪水极值事件的洪峰序列进行区域频率分析，采用淮河流域 20 个水文站点的 1956—2010 年的洪水极值事件的 AM 洪峰和 POT2 洪峰序列(由于 POT2 序列和 AM 序列样本量相同，为便于比较，故选择 AM 和 POT2 序列进行分析)。

3.3.1 水文相似性区域划分

采用离差平方和层次聚类分析方法，同时考虑站点的地理特征和降水特征(经度，纬度，高程，年平均径流量)，将淮河流域 20 个水文站点划分为 4 个水文相似区，为了增加区域物理的一致性，在聚类分析的分区结果上做了一些校正，去掉了界首、班台 2 个站点(这两个站点不做区域频率分析，采用站点频率分析)，以保证分区的一致性和均匀性，因此淮河流域 18 个水文站点被划分为 4 个水文相似区，如图 3.9 所示。

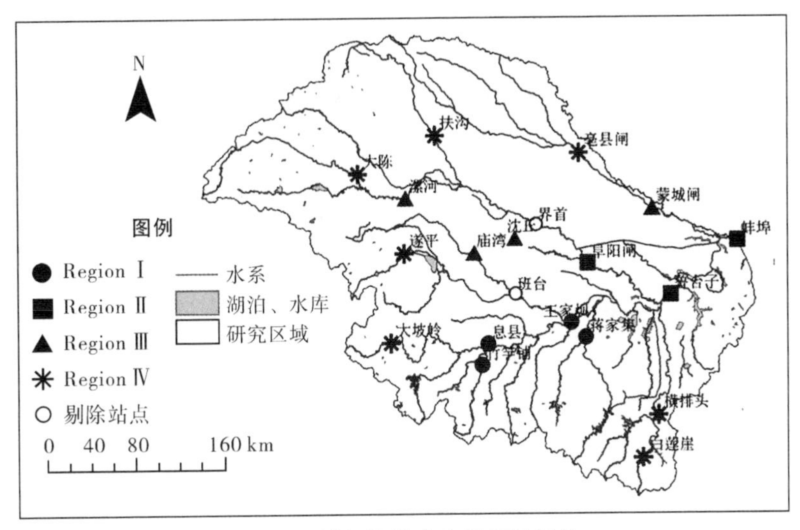

图 3.9 淮河流域水文相似区划分

3.3.2 一致性检验

根据淮河流域水文相似区的划分，对 4 个子区域进行一致性检验，判断水文相似区内是否有站点与其他站点不一致，计算结果如表 3.6 所示。从表中可知，对于 Region Ⅰ，Region Ⅱ，Region Ⅲ，一致性指标的最大值为 1.00，小于临界值 3.00，对于 Region Ⅳ，一致性指标的最大值为 1.79，小于临界值 1.92。因此，不论 AM 还是 POT2 洪峰序列的一致性指标值均小于临界值，表明淮河流域四个子区域的站点均满足一致性要求。

表 3.6 淮河流域 AM 和 POT2 洪峰序列的一致性检验

水文一致性区域	一致性指标 D_i（AM；POT2）	临界值 $D_{critical}$
Region Ⅰ	竹竿铺（1.00；1.00），息县（1.00；1.00），王家坝（1.00；1.00），蒋家集（1.00；1.00）	3.00
Region Ⅱ	阜阳闸（1.00；1.00），鲁台子（1.00；1.00），蚌埠（1.00；1.00）	3.00
Region Ⅲ	庙湾（1.00；1.00），沈丘（1.00；1.00），蒙城闸（1.00；1.00），漯河（1.00；1.00）	3.00
Region Ⅳ	大坡岭（0.77；0.81），遂平（1.79；0.73），白莲崖（1.41；1.29），横排头（0.95；1.65），大陈（0.98；0.95），扶沟（0.73；1.43），亳县闸（0.36；0.14）	1.92

3.3.3 均匀性检验

水文相似区确定后，需要进一步评估区域的合理性，判断水文相似区内每个站点洪峰序列的频率分布线型是否一致，进行均匀性检验。采用四参数 Kappa 分布进行 Monte-Carlo 模拟，模拟次数为 1000 次，均匀性检验结果见表 3.7。从表中可知，对于每个分区，H_1、H_2 和 H_3 均小于 1，表明本章的研究所划分的 4 个区域通过了均匀性检验，可以被认为是水文一致性区域。

表 3.7　　淮河流域各水文相似区的均匀性检验和 Z 值拟合优度检验

洪峰序列	水文一致性区域	均匀性指标 H_i			$\|Z\|\leqslant 1.64$	最优拟合分布
		H_1	H_2	H_3		
AM	Region Ⅰ	0.50	−0.25	0.63	−1.09	GPD
	Region Ⅱ	0.39	−0.58	−1.23	−0.50	GPD
	Region Ⅲ	0.38	−0.78	0.10	0.03	GNO
	Region Ⅳ	0.65	0.30	−0.09	0.19	GEV
POT2	Region Ⅰ	−1.21	−0.33	0.16	0.49	GNO
	Region Ⅱ	−0.94	0.54	−0.06	−0.48	GPD
	Region Ⅲ	0.96	0.85	0.58	−0.29	GPD
	Region Ⅳ	0.92	0.34	−0.32	−0.07	GPD

3.3.4 区域最优分布选择

本章选取五种极值分布(GEV,GLO,GNO,GPD,PE3)来描述淮河流域洪峰极值的分布。首先采用L—偏度至L—峰度关系图来选取区域最优分布,如果某一分布函数的线性矩系数和区域线性矩系数最接近,则该分布函数为最优分布函数。从L—偏度至L—峰度关系图(图3.10)可见,对于AM序列,区域Ⅰ、Ⅱ、Ⅲ、Ⅳ的最优拟合分布分别为GPD、GPD、GNO、GEV分布;对于POT2序列,区域Ⅰ、Ⅱ、Ⅲ、Ⅳ的最优拟合分布分别为GNO、GPD、GPD、GPD分布。基于Monte-Carlo模拟方法,采用Z值拟合优度检验分别计算淮河流域每个子区域五种分布的Z_{DIST}值,找出绝对值小于1.64的最小的Z_{DIST}值所对应的分布,作为最优拟合分布(表3.7)。对于AM序列,区域Ⅰ和Ⅱ的最优拟合分布为GPD分布,区域Ⅲ的最优拟合分布为GNO分布,区域Ⅳ的最优拟合分布为GEV分布;对于POT2序列,区域Ⅰ的最优拟合分布为GNO分布,区域Ⅱ、Ⅲ、Ⅳ的最优拟合分布均为GPD分布。Z值拟合优度检验结果和L—偏度至L—峰度关系图得出的结果一致。

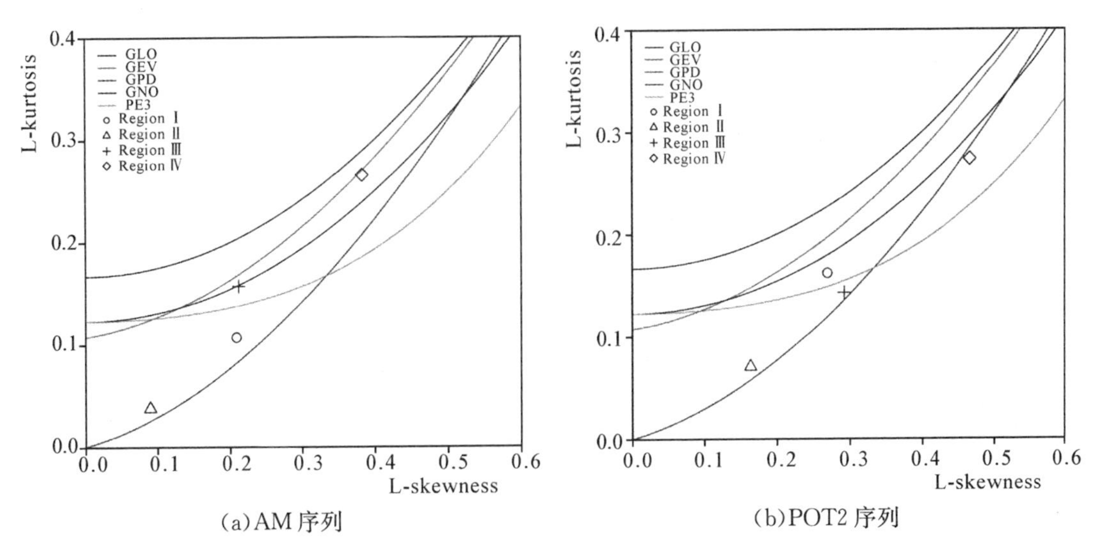

图 3.10 淮河流域各水文相似区的(a)AM 序列、(b)POT2 序列的 L—偏度与 L—峰度关系图

3.3.5 分位数估计

为了验证和检验区域频率分析的结果，利用 Grigorten 公式计算出各站点实测洪峰流量序列所对应的经验频率，用所得到的经验频率基于每个相似性区域的最优拟合分布，得到不同重现期下的分位数估计值，比较各站点的实测值与区域频率模拟值(图 3.11)。同时计算各站点的实测值与区域频率模拟值之间的平均相对误差(表 3.8)。

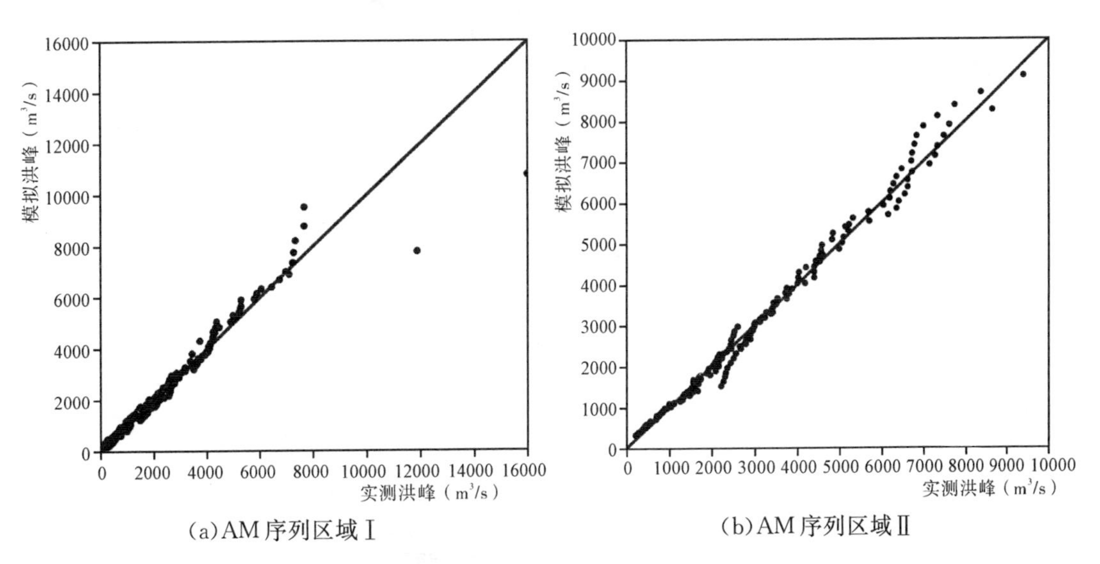

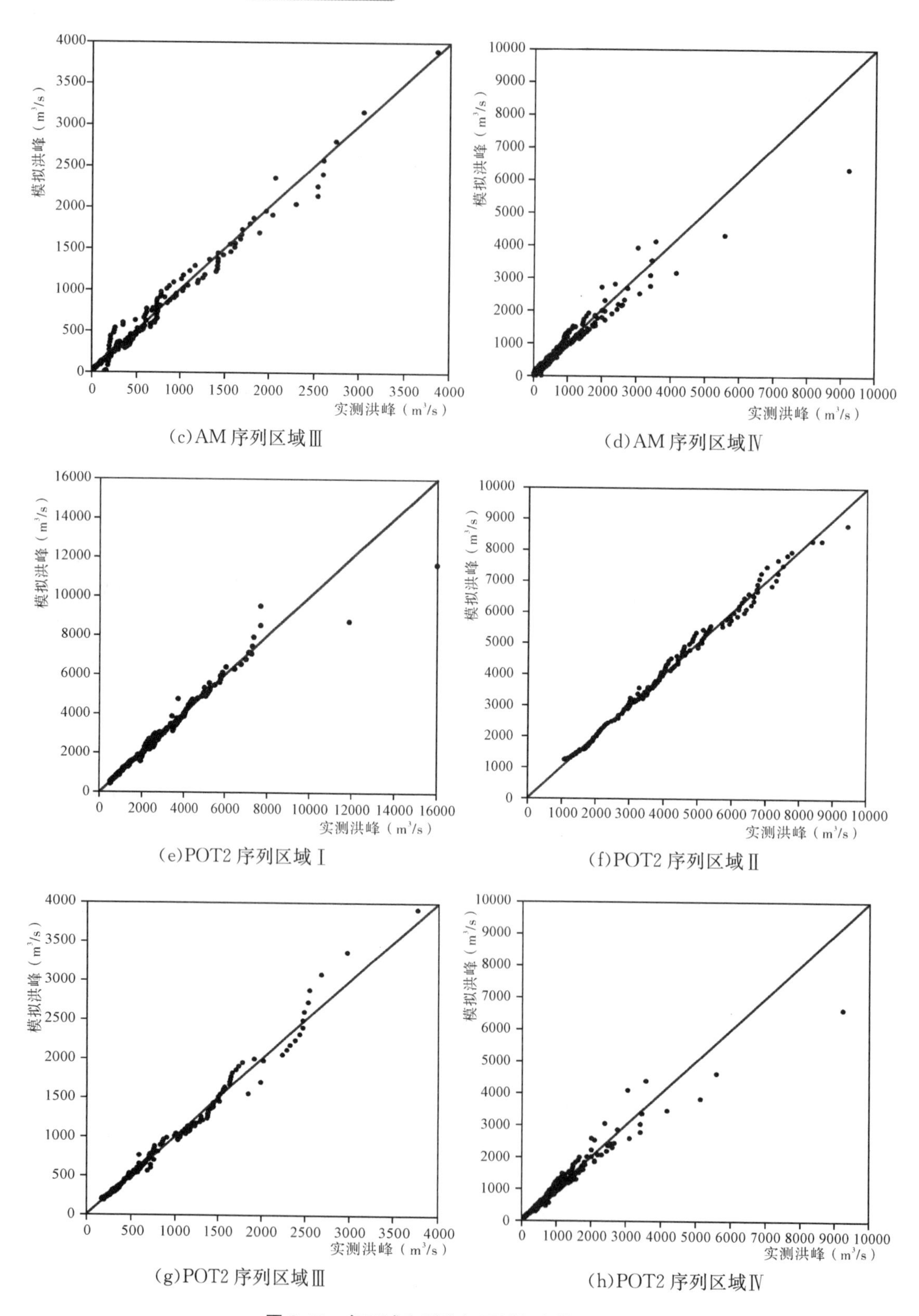

图3.11 各区域实测值与区域频率模拟值比较

表 3.8　基于各区域最优拟合分布的区域频率模拟值与实测值之间的平均相对误差

洪峰序列	水文一致性区域	最优拟合分布	MARE(%)
AM	Region Ⅰ	GPD	11.37
	Region Ⅱ	GPD	6.55
	Region Ⅲ	GNO	13.18
	Region Ⅳ	GEV	20.41
POT2	Region Ⅰ	GNO	4.28
	Region Ⅱ	GPD	2.79
	Region Ⅲ	GPD	4.92
	Region Ⅳ	GPD	9.89

从图 3.11 可以看出，对于 AM 序列，区域Ⅰ和区域Ⅳ，存在少数极值点模拟和实测相差较大，区域Ⅱ整体模拟和实测值比较吻合，区域Ⅲ模拟值和实测值存在一些差距。对于 POT2 序列，同样是区域Ⅰ和区域Ⅳ，存在少数极值点模拟和实测相差较大。但是从整体来讲，四个区域除少数点据外，实测和区域模拟的结果基本吻合。从表 3.8 可知，对于 AM 序列，除区域Ⅱ的实测值和模拟值之间的平均相对误差小于 10%外，其余都大于 10%，区域Ⅳ达到了 20.41%，表明 AM 序列各子区域的最优拟合分布在分位数的模拟和预测上表现不是很好。分析其原因在于：区域Ⅰ和区域Ⅳ存在非常大的极值点，导致整体模拟效果下降，对于区域Ⅲ，实测值和模拟值比较接近，但是完全吻合的点据较少，很多情况是模拟值接近实测值，导致平均相对误差也较大。然而，对于 POT2 序列，实测值与模拟值的平均相对误差都控制在 10%以内，表明各个区域的最优拟合分布均可以很好地描述洪峰极值事件，可以认为基于 POT2 序列采用各个子区域的最优拟合分布对洪峰极值事件的分位点进行模拟和预测是合理和可靠的。因此，根据确定好的区域最优分布，基于 POT2 序列分别计算子区域内每个站点在重现期水平分别为 10 年、20 年、50 年和 100 年时的洪水极值事件洪峰值（界首、班台站采用站点频率分析），据此得到在不同的重现期水平下的洪水极值事件的洪峰分布图（图 3.12）。和站点频率分析的结果类似，淮河干流的洪峰流量最大，干流和支流从上游往下洪峰流量逐渐增大，淮河右岸支流的洪峰流量大于左岸支流的洪峰流量，符合淮河流域的地理特征和洪水特性。

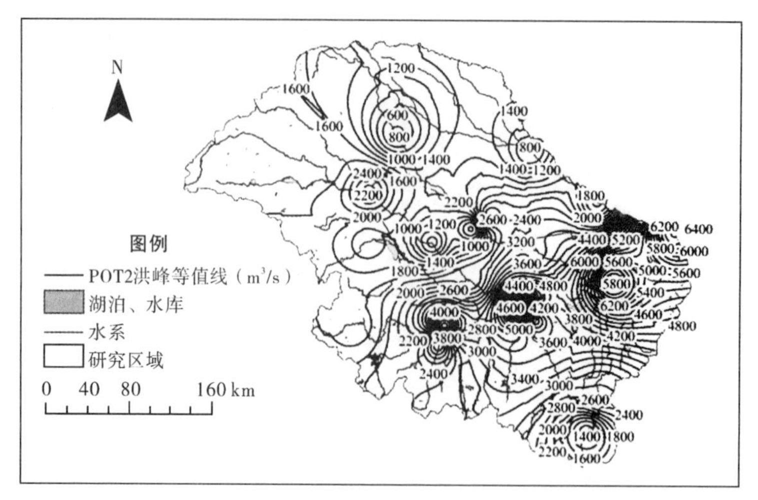

(a)重现期=10年

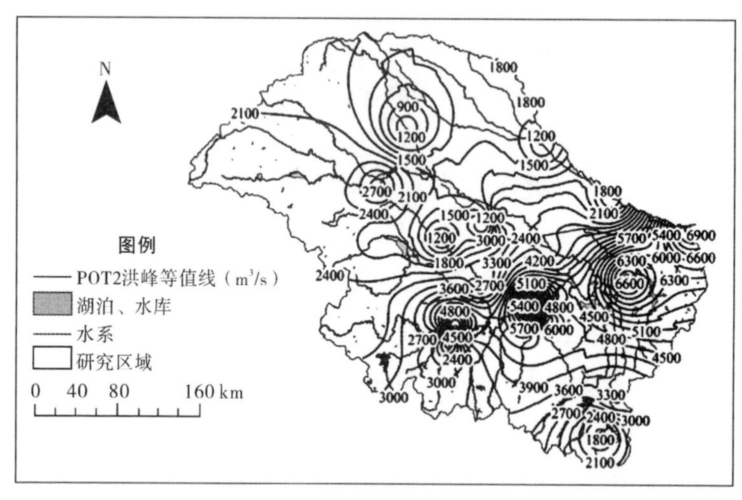

(b)重现期=20年

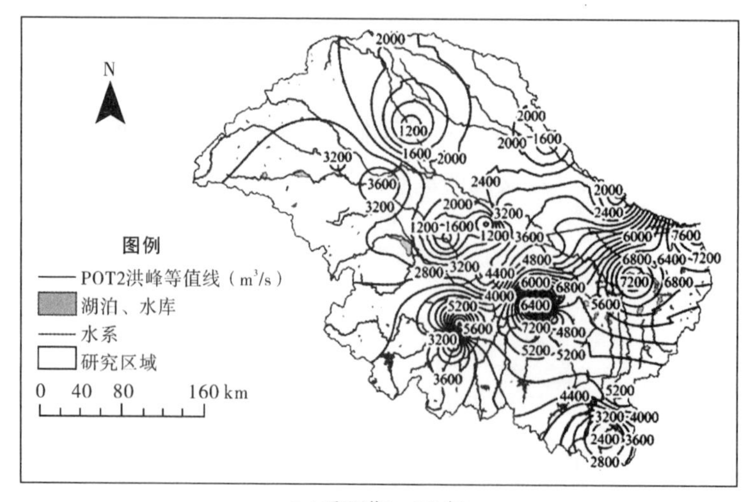

(c)重现期=50年

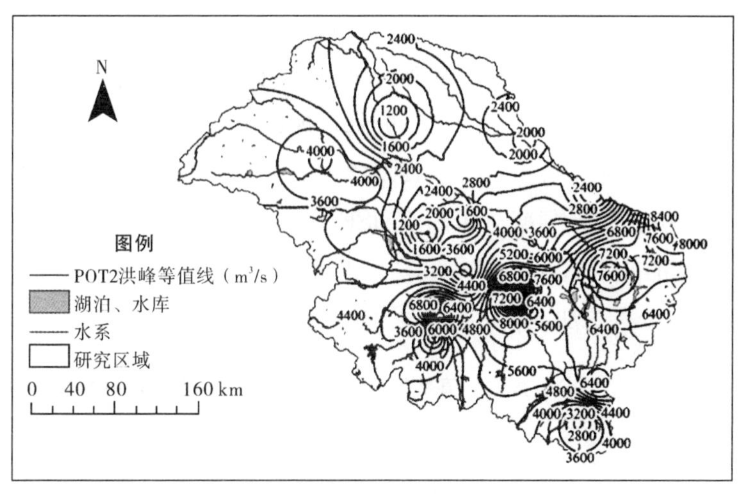

(d)重现期=100年

图 3.12 重现期为(a)10年、(b)20年、(c)50年和(d)100年时洪水极值事件洪峰的空间分布

3.4 站点频率分析与区域频率分析比较

采用Monte Carlo模拟，比较基于站点频率分析与区域频率分析的分位数估计的准确性和不确定性，分位数估计的准确性采用相对均方根误差(RMSE)作为标准来衡量。RMSE越小，表明分位数估计的准确性越高。分位数估计的不确定性采用95%置信区间的模拟误差界以及区域的平均相对宽度(ARIL)作为指标来衡量，95%置信区间的模拟误差界以及区域的平均相对宽度(ARIL)越小，表明模拟的不确定性越小。

根据确定的各个子区域的最优分布，分别采用区域频率分析的指标洪水方法和站点频率分析方法进行分位数估计(不超过概率$F=0.9, 0.95, 0.98, 0.99, 0.999$)，计算分位数估计的相对均方根误差(RMSE)和95%置信区间的模拟误差界。区域频率分析的分位数估计值以及其相应的RMSE、95%置信水平的误差界如表3.9所示。从表中可知，不管是对于AM还是POT2洪峰极值序列，随着分位数的增加(重现期增大)，区域频率分析的RMSE呈现增加趋势，估计的准确性降低。当分位数大于0.99(重现期大于100年)时，RMSE较大，分位数估计变得特别不可靠。基于AM序列分位数估计的RMSE比基于POT序列估计的RMSE大，和前文MARE分析的结果一致。

进一步对淮河流域20个站点分别进行基于站点频率分析和区域频率分析的的分位数估计的准确性进行比较，由于篇幅问题，本章的研究在淮河流域4个子区域分别随机选择一个代表站点进行准确性分析的具体阐述和分析。区域Ⅰ、Ⅱ、Ⅲ、Ⅳ的代表站点分别为竹竿铺、阜阳闸、沈丘、扶沟。图3.13给出了这4个站点的AM序列和POT2序列的RMSE比较。从图中可以分析出，对于AM和POT2序列，当重现期较小时，区域频率分析和站点频率分析的 RMSE 比较接近，相差不大，但当高分位数估计（重现期较大）时，区域频率分析的 RMSE 小于站点频率分析。以 POT2 序列的沈丘站为例进行说明，基于区域频率分析的 RMSE 在 29.68%（重现期为 10 年）～150.89%（重现期为 1000 年），然而基于站点频率分析的 RMSE 在 43.38%（重现期为 10 年）～426.42%（重现期为 1000 年），当重现期为 100 年时，基于区域频率分析和站点频率分析的 RMSE 分别为 70.92%和 152.01%，当重现期为 1000 年时，两者之间的差距达到了 275.53%。因此，可以得出基于区域频率分析的分位数估计结果比基于站点分析更加准确。

表 3.9　　区域频率分析的分位数估计值及其相应的 RMSE、95%置信水平的误差界

水文一致性区域	F	AM				POT2			
		$q(F)$	RMSE (%)	bound. 0.05	bound. 0.95	$q(F)$	RMSE (%)	bound. 0.05	bound. 0.95
区域Ⅰ	0.9	2.02	0.03	1.96	2.08	1.53	0.02	1.49	1.58
	0.95	2.37	0.07	2.24	2.51	1.81	0.05	1.73	1.92
	0.98	2.74	0.12	2.48	2.98	2.20	0.09	2.03	2.42
	0.99	2.95	0.17	2.61	3.28	2.52	0.14	2.28	2.84
	0.999	3.41	0.31	2.78	3.99	3.71	0.34	3.13	4.53
区域Ⅱ	0.9	1.78	0.04	1.71	1.85	1.44	0.02	1.41	1.47
	0.95	1.94	0.06	1.82	2.06	1.56	0.03	1.51	1.63
	0.98	2.06	0.09	1.87	2.24	1.68	0.05	1.58	1.78
	0.99	2.12	0.10	1.89	2.32	1.74	0.06	1.61	1.88
	0.999	2.19	0.14	1.89	2.45	1.85	0.10	1.64	2.05
区域Ⅲ	0.9	1.87	0.04	1.80	1.95	1.55	0.02	1.51	1.59
	0.95	2.28	0.07	2.14	2.43	1.81	0.04	1.73	1.89
	0.98	2.82	0.13	2.57	3.11	2.12	0.08	1.96	2.31
	0.99	3.23	0.19	2.88	3.66	2.34	0.13	2.10	2.62
	0.999	4.71	0.43	3.94	5.73	2.97	0.30	2.42	3.64
区域Ⅳ	0.9	2.00	0.02	1.95	2.04	1.73	0.02	1.69	1.77
	0.95	2.72	0.07	2.61	2.87	2.30	0.06	2.21	2.45
	0.98	3.92	0.20	3.63	4.41	3.25	0.17	3.01	3.68
	0.99	5.07	0.36	4.57	6.00	4.14	0.32	3.71	4.96
	0.999	11.21	1.60	9.05	15.99	8.64	1.38	6.84	12.72

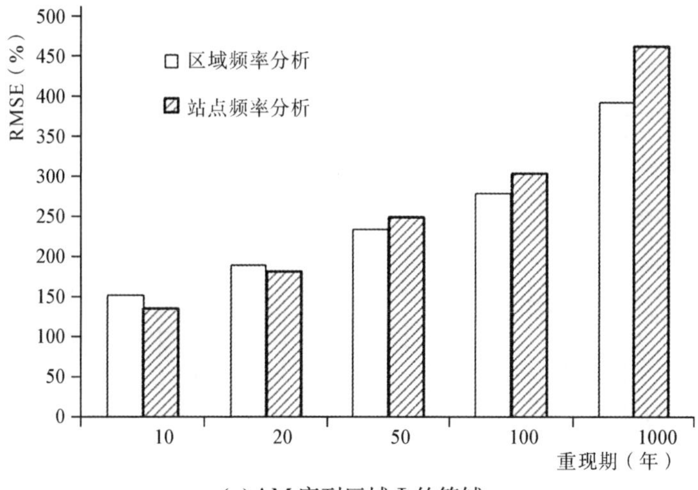

(a)AM 序列区域Ⅰ竹竿铺

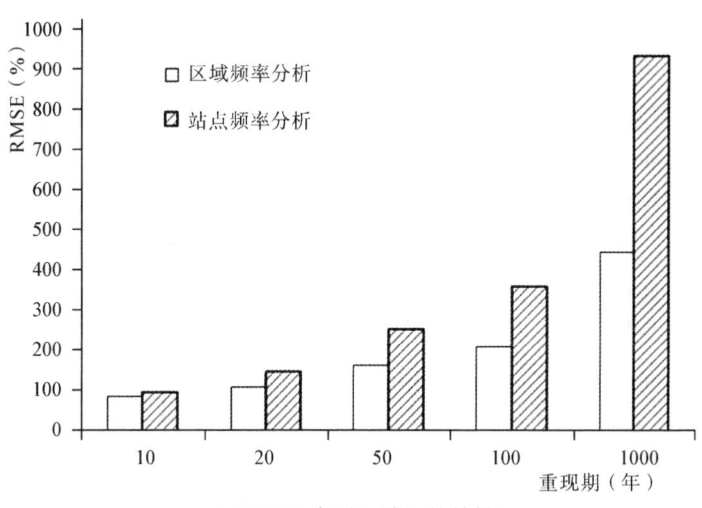

(b)POT2 序列区域Ⅰ竹竿铺

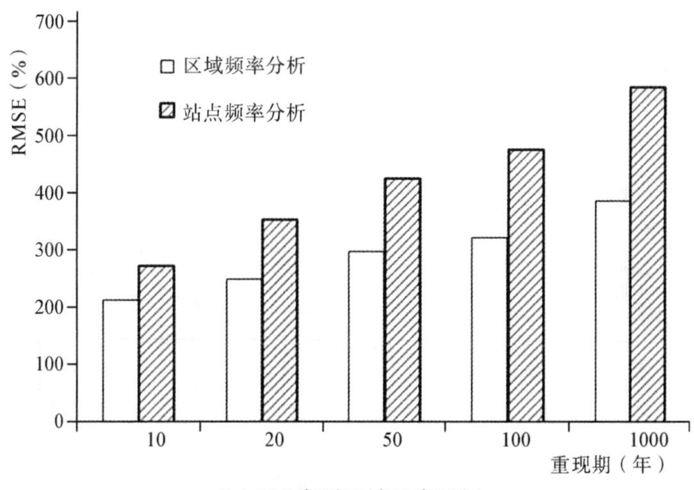

(c)AM 序列区域Ⅱ阜阳闸

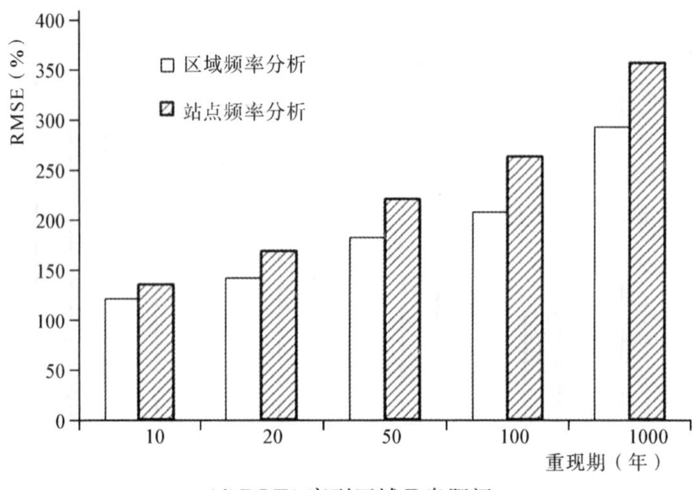

（d）POT2 序列区域Ⅱ阜阳闸

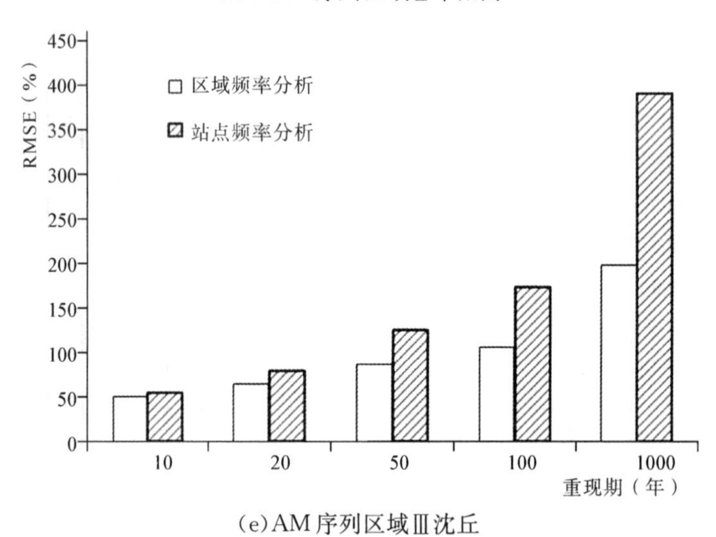

（e）AM 序列区域Ⅲ沈丘

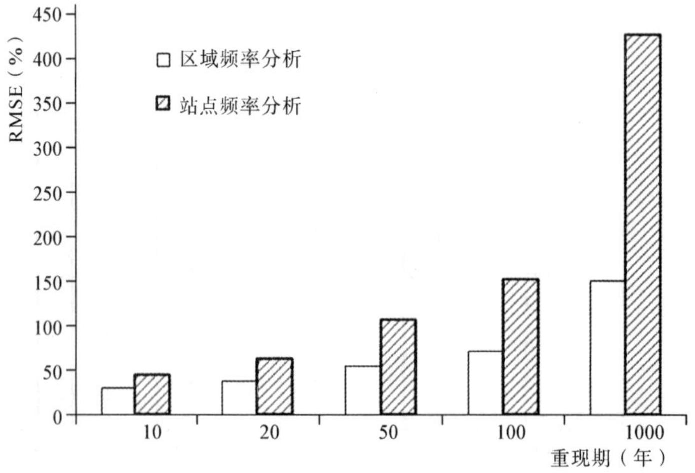

（f）POT2 序列区域Ⅲ沈丘

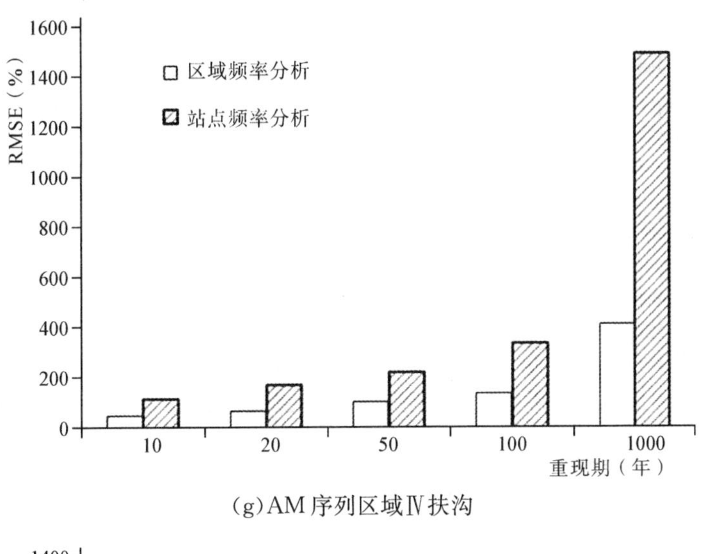

(g)AM 序列区域Ⅳ扶沟

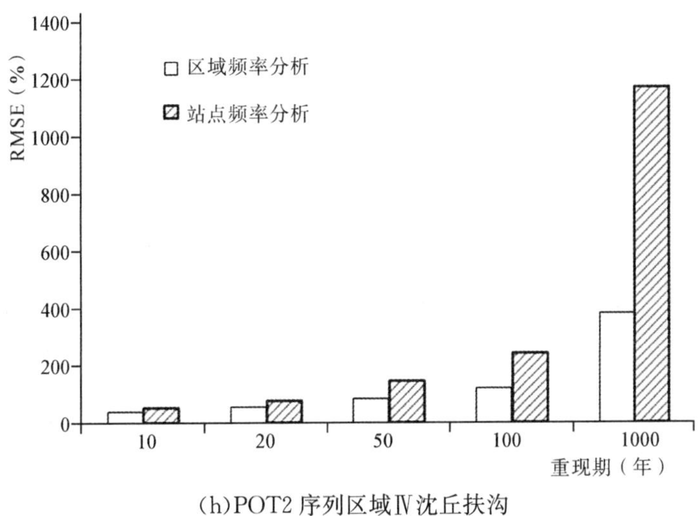

(h)POT2 序列区域Ⅳ沈丘扶沟

图 3.13 不同重现期下基于站点频率分析和区域频率分析的分位数估计的准确性比较

图 3.14 给出了不同重现期下基于站点频率分析和区域频率分析的分位数估计的 95% 置信区间的模拟误差界，从图 3.14 可分析出，对于同一站点，区域频率分析的误差界的范围比站点频率分析的误差界的范围小。以 POT2 序列的沈丘站为例进行说明，当重现期为 100 年时，基于区域频率分析和站点频率分析的 95% 置信水平误差界分别为(728.85, 962.97)和(723.60, 1223.66)，基于站点频率分析的误差界范围比基于区域频率分析的误差界范围大，当重现期为 1000 年时，这种差异更为明显。

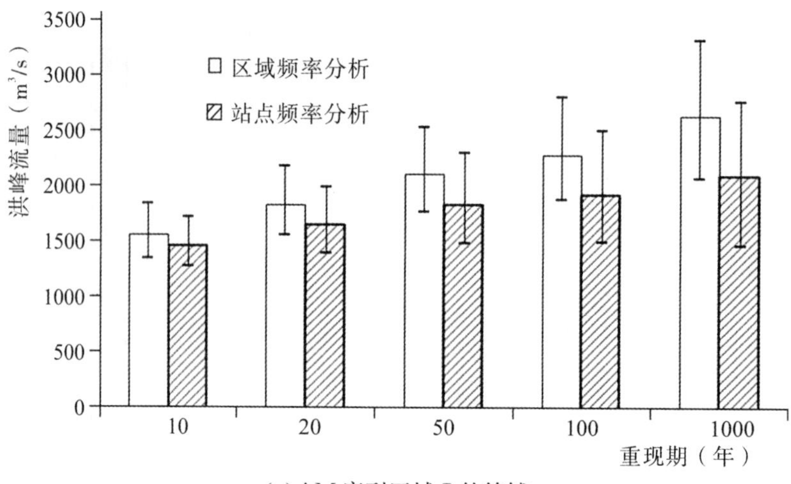

(a)AM序列区域Ⅰ竹竿铺

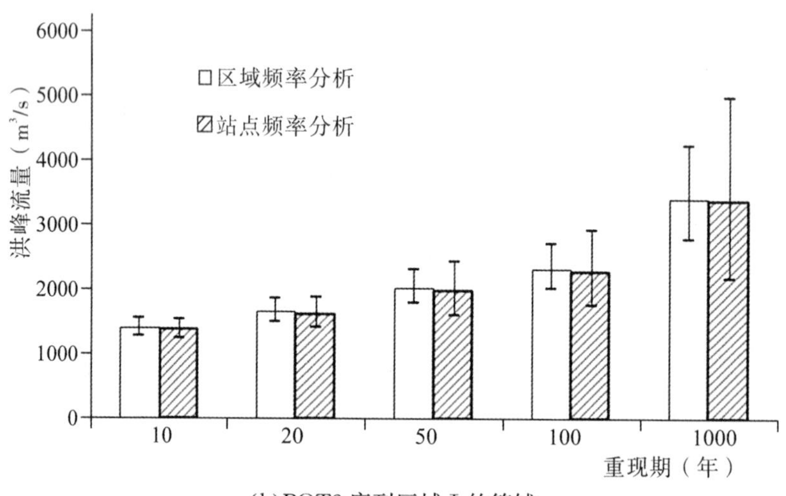

(b)POT2序列区域Ⅰ竹竿铺

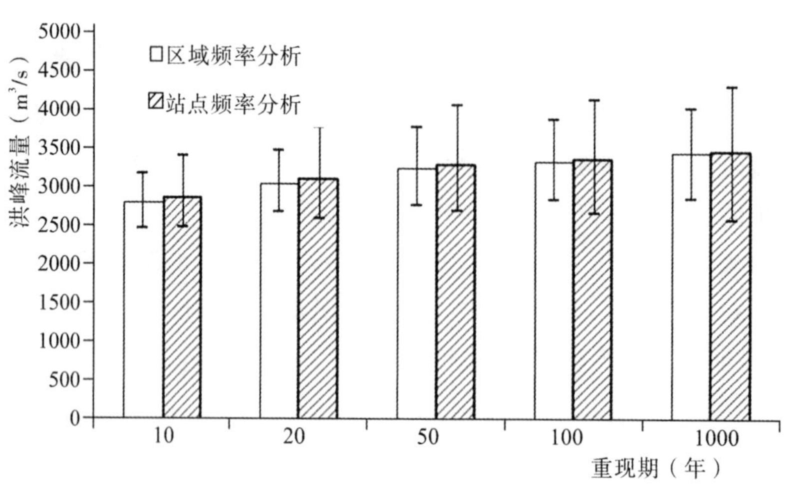

(c)AM序列区域Ⅱ阜阳闸

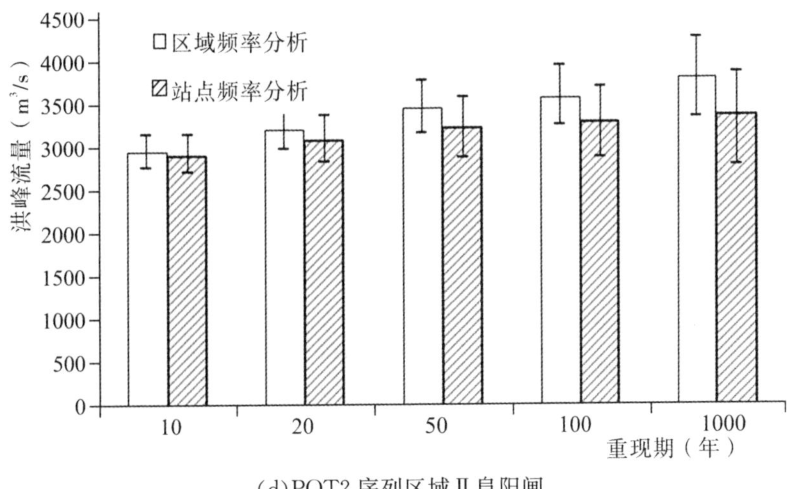

(d)POT2 序列区域Ⅱ阜阳闸

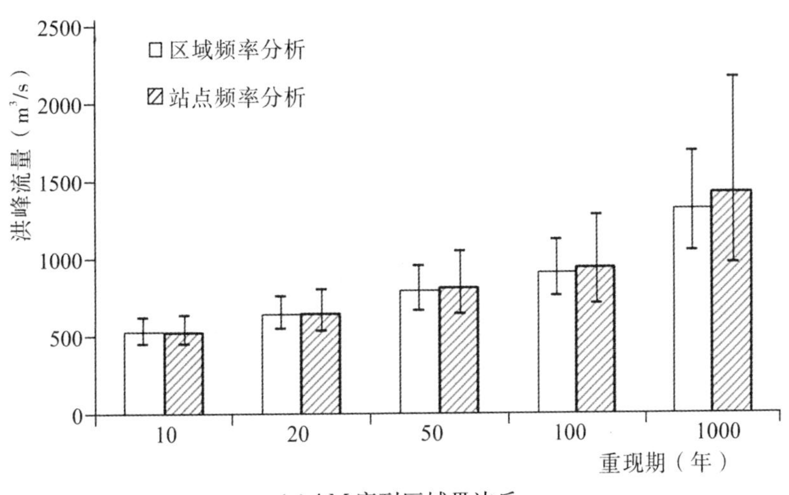

(e)AM 序列区域Ⅲ沈丘

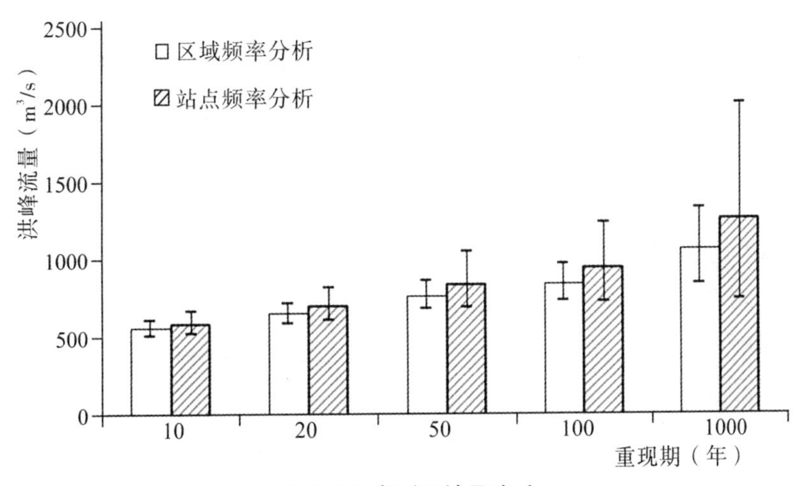

(f)POT2 序列区域Ⅲ沈丘

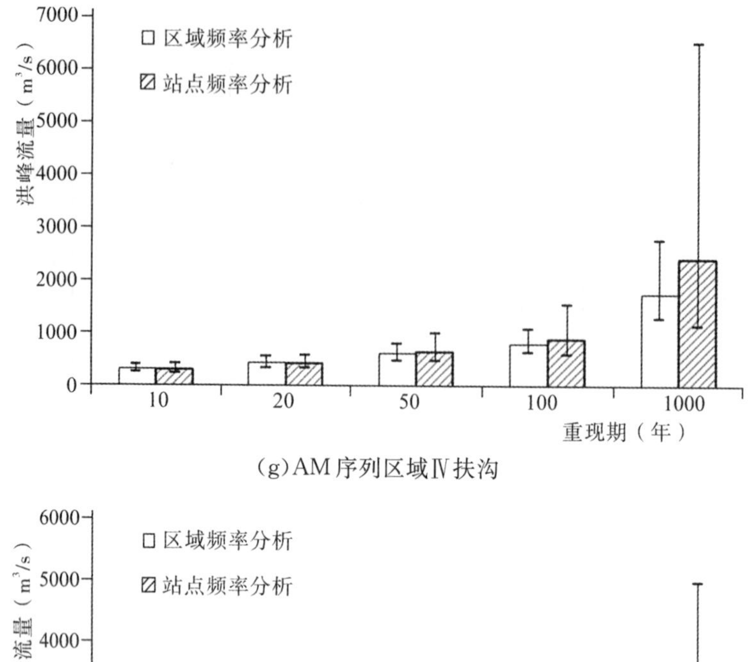

(g)AM 序列区域Ⅳ扶沟

(h)POT2 序列区域Ⅳ沈丘扶沟

图 3.14　不同重现期下基于站点频率分析和区域频率分析的分位数估计的 95%置信水平的误差界

分位数估计不确定性的量化指标 ARIL 的计算结果如表 3.10 所示。从表中可知，无论是 AM 序列还是 POT2 序列，基于区域频率分析的 ARIL 均小于基于站点频率分析的结果。同时，无论是区域频率分析方法还是站点频率分析方法，基于 POT2 序列的 ARIL 均小于基于 AM 序列的 ARIL。因此，分位数估计的 95%置信水平的误差界和确定性的量化指标 ARIL 的分析结果均表明区域频率分析的不确定性比站点频率分析的不确定性小，区域频率分析的结果更加稳健。基于 POT2 序列的分位数估计的不确定性比基于 AM 序列的分位数估计的不确定性小。

通过以上分析可得，区域频率分析方法比站点频率分析方法准确性高，不确定性小，这与 González 等和 Ngongondo 等的研究结论一致。由于洪水区域频率分析方法基于区域化方法利用了更多的信息，因此与单站点的洪水频率分析方法相比较，区域洪水频率方法对分位数估计具有更高的准确性和更小的不确定性。因此，要进一步比较基于区域频率分析的

AM 和 POT2 序列在重现期为 50 年时各站点分位数估计的准确性和不确定性(图 3.15)。

表 3.10 不同重现期下基于站点频率分析和区域频率分析的分位数估计的区域平均相对宽度

洪峰序列	频率分析方法	不同重现期下的 ARIL				
		10 年	20 年	50 年	100 年	1000 年
AM	区域频率分析	0.37	0.39	0.42	0.45	0.59
	站点频率分析	0.41	0.46	0.57	0.69	0.85
POT2	区域频率分析	0.25	0.26	0.30	0.35	0.54
	站点频率分析	0.28	0.33	0.47	0.62	0.81

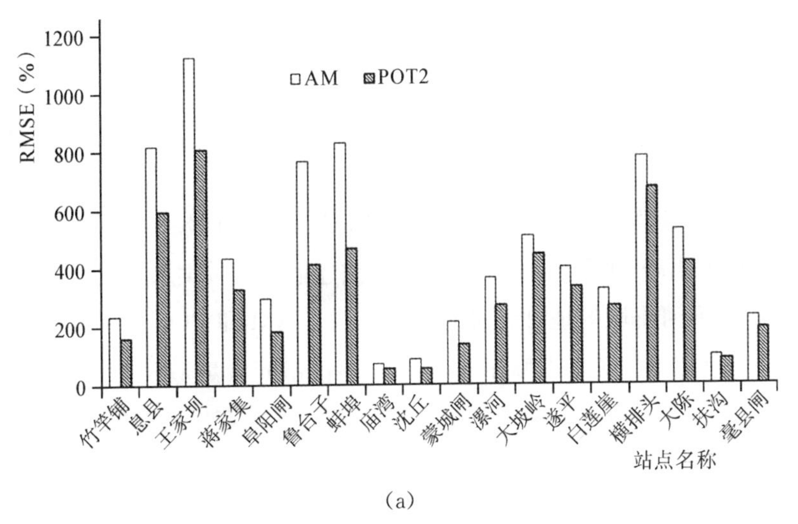

(a)

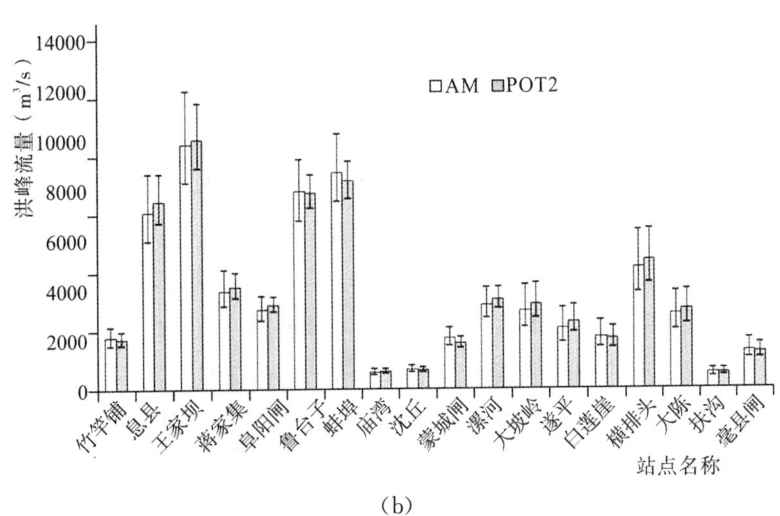

(b)

图 3.15 区域频率分析 AM 和 POT2 洪峰极值序列各站点分位数估计的(a)准确性和(b)不确定性

从图 3.15 可分析出，在 50 年一遇的重现水平下，各站点 POT2 序列估算的洪峰的

RMSE 均小于 AM 序列估算的,表明基于 POT2 序列估算的洪峰比基于 AM 序列估算的准确性高。同时,在 50 年一遇的重现水平下,基于 POT2 序列估算的洪峰与基于 AM 序列估算的相差不大,但是由 AM 序列估算的洪峰的误差界比 POT2 序列估算的大,表明 AM 序列的分位数估计的不确定性较 POT 序列的大。因此,与 AM 序列相比,POT 序列能更好地描述淮河流域的洪峰极值事件。

3.5 本章小结

本章基于线性矩理论和方法,对淮河流域洪水极值事件的 AM 和 POT 洪峰、洪量和历时进行了站点频率分析;选用洪峰 AM 和 POT2 序列,通过划分水文相似区、一致性检验、均匀性检验、选择最优区域分布、分位数估计,对洪峰极值事件进行了区域频率分析,并将区域频率分析和站点频率分析进行了比较,分析了基于区域频率分析和站点频率分析的分位数估计的准确性和不确定性。主要结论如下:

(1)通过对淮河流域洪水极值事件的 AM 和 POT 洪峰、洪量和历时的站点频率分析得出,采用 AM 和 POT 洪峰、洪量、洪水历时序列来描述淮河流域洪水极值事件的时空变化特征是合理的,均符合淮河流域的地理特征和洪水特性。AM 和 POT 序列在不同重现期下,洪水要素的空间变化相似。对于洪峰序列,淮河干流的洪峰流量最大,干流和各支流的洪峰从上游往下逐渐增大,淮河右岸淮南山区的洪峰流量比淮河左岸的洪峰流量大。对于洪量和历时序列,淮河干流和各支流的洪量和历时从上游往下逐渐增大,与控制流域面积呈现较好的相关性,控制流域面积越大,洪量和历时相应越大(越长)。

(2)淮河流域所划分的 4 个子区域均通过了水文一致性检验和均匀性检验,可以被认为是相似区域。利用 Z 值拟合优度检验和 L—偏度至 L—峰度关系图,发现在采用的五种极值分布中(GEV、GLO、GNO、GPD 和 PE3),对于 AM 序列,GPD、GPD、GNO、GEV 分布分别能更好地描述淮河流域子区域Ⅰ、Ⅱ、Ⅲ、Ⅳ的洪峰极值事件;对于 POT 序列,GNO、GPD、GPD、GPD 分布分别能更好地描述淮河流域子区域Ⅰ、Ⅱ、Ⅲ、Ⅳ的洪峰极值事件。

(3)淮河流域洪峰极值的区域频率分析的结果表明,在不同的重现期水平下,洪峰的空间分布具有一定的相似性,均呈现淮河干流的洪峰流量最大,干流和支流从上游往下洪峰流量逐渐增大,淮河右岸支流的洪峰流量大于左岸支流的洪峰流量。

(4)通过区域频率分析和站点频率分析的比较以及分位数估计的准确性和不确定性分析得出,对于区域频率分析,分位数估计的误差随着重现期的增加而增加,当重现期大于 100 年时,分位数估计变得不可靠。相比较站点频率分析,区域频率分析的准确性较高,不确定性较小,尤其是在高分位数估计时。相比较 AM 序列,POT 序列能够更好地描述淮河流域洪峰极值事件。

第四章 流域洪水极值事件的多变量频率分析

洪水极值事件是由洪峰、洪量、洪水历时等多方面的特征属性构成的，单变量频率分析方法无法全面描述这些特征变量的联合分布关系和变量之间的相关结构，然而多变量水文频率分析方法可以解决这一问题。因此，本章利用Copula函数构建洪水极值事件变量之间的多元统计模型，分析洪水极值事件发生的重现期，同时考虑气象要素对洪水极值事件进行多变量频率分析，初步探索气候变化对洪水极值事件的影响。

4.1 研究方法

1959年，Sklar将Copula引入统计学，指出k个变量的联合概率分布可以分解为k个边缘分布和一个Copula函数，并提出了Sklar理论。Genest等和Joe进一步发展了Copula函数理论，Joe和Frees等对Copula函数理论以及相关性结构作了详细的叙述和总结。Nelsen在《An Introduction to Copulas》一书中系统详细地介绍了Copula函数的定义、性质、构建方法及其在研究领域应用的主要成果等。在国内，史道济在《实用极值统计方法》一书中对多元统计模型作了详细介绍。宋松柏等撰写了《Copula函数及其在水文中的应用》全面详细地介绍了Copula函数理论方法及其在水文频率分析中的应用。

由于Copula函数能够全面地描述水文事件特征变量之间的相关性及其统计规律，能够克服传统多变量联合分布构建的缺点，因此Copula函数广泛应用于多变量水文频率计算中，如暴雨、洪水、干旱等极端水文事件的联合分布的分析。Favre等将Copula函数用于构建洪峰和洪量的联合分布模型，进而研究水文频率分析中的组合风险。Zhang等采用Copula函数分别构建了洪峰和洪量，洪量和洪水历时的两变量频率分布，并与两变量正态分布和Gumbel混合分布进行了比较，发现基于Copula函数的分布在适线法频率估计中优于其他分布。Grimaldi等和Zhang等采用Copula函数构建了洪峰、洪量和洪水历时的三变量频率分布，分析了其联合频率以及条件重现期。Kao等基于Copula函数研究了无资料地区的洪水频率分析。Chen等采用Copula函数研究了洪水遭遇风险问题。熊立华等介绍了Copula函数在多变量水文频率分析中的应用。郭生练等综述了Copula函数的基本理论方法及其在多变量水文频率分析计算中的应用。欧阳资生等基于Copula方法进行了极值洪水的频率与风险分析。

接下来主要介绍 Copula 函数的定义与性质，变量间的相依性度量，Copula 函数的尾部相关性，Copula 函数的参数估计，Copula 函数的选取以及重现期分析。

4.1.1 Copula 函数的定义与性质

Copula 是定义在 [0,1] 区间上均匀分布的联合分布函数。令 H 是边缘分布为 F_1，$F_2,\cdots,F_n$ 的一个 n 维分布函数，则存在一个 n-Copula 函数 C，使得对任意 $x \in R^n$：

$$H(x_1,x_2,\cdots,x_n)=C_\theta[F_1(x_1),F_2(x_2),\cdots,F_n(x_n)] \tag{4.1-1}$$

式中：θ 为 Copula 函数的参数。

若 $F_1,F_2,\cdots,F_n$ 连续，则 C 是唯一的，相反地，若 C 是一个 n-Copula 函数，$F_1,F_2,\cdots,F_n$ 为分布函数，则上式中函数 H 是一个边缘分布为 $F_1,F_2,\cdots,F_n$ 的 n 维联合分布函数。

以二维 Copula 函数为例说明 Copula 函数的性质。边缘分布函数分别为 u,v，二维 Copula 函数 $C(u,v)$ 是 $[0,1]\times[0,1]\rightarrow[0,1]$ 的映射，满足如下性质：

(1)对于 [0,1] 上任意 u,v：

$$C(u,0)=C(0,v)=0 \tag{4.1-2}$$

$$C(u,1)=u,C(1,v)=v \tag{4.1-3}$$

(2)对于 [0,1] 上 $u_1\leqslant u_2,v_1\leqslant v_2$：

$$C(u_2,v_2)-C(u_2,v_1)-C(u_1,v_2)+C(u_1,v_1)\geqslant 0 \tag{4.1-4}$$

(3)当 $u=F_1(x_1),v=F_2(x_2)$ 相互独立时，其乘积 Copula 为：

$$C(u,v)=uv \tag{4.1-5}$$

(4)对于 [0,1] 上任意 u,v，$C(u,v)$ 满足：

$$\max(u+v-1,0)\leqslant C(u,v)\leqslant \min(u,v) \tag{4.1-6}$$

二维 Copula 分布和密度函数表示为：

$$C(u,v)=F(F_1^{-1}(u),F_2^{-1}(v)),u=F_1(x_1),v=F_2(x_2) \tag{4.1-7}$$

$$c(u,v)=\frac{\partial^2 C(u,v)}{\partial u\partial v}=\frac{f(x_1,x_2)}{f_1(x_1)f_2(x_2)} \tag{4.1-8}$$

4.1.2 Copula 函数的分类

Copula 函数种类较多，常用于水文频率分析中的有 Archimedean Copula、meta-elliptical Copula、Plackette Copula 函数等。下面介绍本章研究使用的 Copula 函数。

(1)Archimedean Copula 函数

Archimedean Copula 函数由于函数构造简单，只有一个参数，求解比较容易，被广泛地应用于水文多变量频率计算，常见的 Archimedean Copula 函数及其参数 θ 与 Kendall 秩相关系数 τ 的关系如表 4.1 所示(以二维 Archimedean Copula 为例)。

表 4.1 Archimedean Copula 函数及其参数 θ 与 Kendall 秩相关系数 τ 的关系

Copula 函数	分布函数	参数范围	参数 θ 与 τ 的关系
Gumbel-Hougaard	$C(u,v)=\exp\{-[(-\ln u)^{\theta}+(-\ln v)^{\theta}]^{1/\theta}\}$	$\theta\in[1,\infty)$	$\tau=1-\frac{1}{\theta}$
Clayton	$C(u,v)=(u^{-\theta}+v^{-\theta}-1)^{-1/\theta}$	$\theta\in(0,\infty)$	$\tau=\frac{\theta}{2+\theta}$
Frank	$C(u,v)=-\frac{1}{\theta}\ln\left[1+\frac{(e^{-\theta u}-1)(e^{-\theta v}-1)}{e^{-\theta}-1}\right]$	$\theta\in\mathbf{R}$	$\tau=1+\frac{4}{\theta}\left[\frac{1}{\theta}\int_{0}^{\theta}\frac{t}{\exp(t)-1}dt-1\right]$

其中,Gumbel-Hougaard Copula 函数的上尾相关系数为 $2-2^{1/\theta}$,下尾相关系数为 0,适合描述具有上尾相关性的水文变量,如洪水事件中洪峰和洪量、洪量与洪水历时等的联合分布;Clayton Copula 函数的上尾相关系数为 0,下尾相关系数为 $2^{-1/\theta}$,适合描述具有下尾相关性的水文变量,如枯水事件;Frank Copula 函数的上下尾相关系数都为 0,适用于描述不存在尾部相关性的变量。

(2)meta-elliptical Copula 函数

meta-elliptical Copula 函数是从 elliptical 分布推导而来的,Fang 等首次提出了 meta-elliptical Copula 函数,Kotz 等和 Nadarajah 等给出了 meta-elliptical Copula 函数的一些计算方法,Genest 等总结了 meta-elliptical Copula 函数的性质、计算步骤以及拟合优度检验。本章的研究采用的是 meta-elliptical Copula 函数中常用于水文频率分析的 meta-student t Copula 函数,其密度函数如下所示(以二维 Copula 函数为例)。

$$C(u_1,u_2;\sum\nolimits_2,v)=T_{\sum_2,v}[T_v^{-1}(u_1),T_v^{-1}(u_2)]$$

$$=\int_{-\infty}^{T_v^{-1}(u_1)}\int_{-\infty}^{T_v^{-1}(u_2)}\frac{\Gamma\left(\frac{v+2}{2}\right)}{\Gamma\left(\frac{v}{2}\right)}\frac{1}{\pi v\left|\sum_2\right|^{\frac{1}{2}}}\left(1+\frac{w^{\mathrm{T}}\sum_2^{-1}w}{v}\right)^{-\frac{v+2}{2}}dw \quad (4.1\text{-}9)$$

$$c(u_1,u_2;\sum\nolimits_2,v)=\frac{\Gamma\left(\frac{v+2}{2}\right)}{\Gamma\left(\frac{v}{2}\right)}\frac{\left(1+\frac{\zeta^{\mathrm{T}}\sum_2^{-1}\zeta}{v}\right)^{-\frac{v+2}{2}}}{\pi v\left|\sum_2\right|^{\frac{1}{2}}t_v(b_1)t_v(b_2)} \quad (4.1\text{-}10)$$

式中:$T_{\sum_2,v}[T_v^{-1}(u_1),T_v^{-1}(u_2)]$ 为具有相关系数矩阵 $\sum_2$ 和自由度 v 的标准多元 student t 分布;T_v^{-1} 为自由度 v 的 student t 分布函数;$\sum_2$ 为相关系数矩阵,$\sum_2=\begin{bmatrix}1 & \rho_{12}\\ \rho_{21} & 1\end{bmatrix}$;$w$ 为被积函数变量矩阵,$w=[w_1,w_2]^{\mathrm{T}}$;$\zeta=[T_v^{-1}(u_1),T_v^{-1}(u_2)]^{\mathrm{T}}$;$b_1=T_v^{-1}(u_1)$,$b_2=T_v^{-1}(u_2)$。

meta-student t Copula 函数的上下尾相关系数均为 $2t_{v+1}\left(-\sqrt{\frac{(v+1)(1-\rho)}{1+\rho}}\right)$，适用于描述同时具有上下尾相关性的变量。

4.1.3 变量间的相依性度量

变量间的相依性度量方法有 Pearson 相关系数 r_n 、Spearman 相关系数 ρ_n 、Kendall 相关系数 τ 、Chi 图和 K 图 5 种方法。

设 $\{(x_1,y_1),(x_2,y_2),\cdots\cdots,(x_n,y_n)\}$ 为连续随机向量 (X,Y) 的观测样本，则 Pearson 相关系数 r_n 、Spearman 相关系数 ρ_n 、Kendall 相关系数 τ 的样本计算公式分别如下：

$$r_n=\frac{\sum_{i=1}^{n}(x_i-\bar{x})(y_i-\bar{y})}{(n-1)\sqrt{S_x^2S_y^2}} \tag{4.1-11}$$

$$\rho_n=\frac{\sum_{i=1}^{n}(R_i-\bar{R})(S_i-\bar{S})}{\sqrt{\sum_{i=1}^{n}(R_i-\bar{R})^2\sum_{i=1}^{n}(S_i-\bar{S})^2}}=\frac{12}{n(n+1)(n-1)}\sum_{i=1}^{n}R_iS_i-3\frac{n+1}{n-1} \tag{4.1-12}$$

$$\tau_n=\frac{2}{n(n-1)}\sum_{i=1}^{n-1}\sum_{j=i+1}^{n}\operatorname{sgn}((x_i-x_j)(y_i-y_j)) \tag{4.1-13}$$

式中：n 为样本长度；$\bar{x}$ 和 $\bar{y}$ 分别为 x_i 和 y_i 序列的均值；S_x^2 和 S_y^2 分别为 x_i 和 y_i 序列的方差；R_i 为 x_i 在 $x_1,\cdots,x_n$ 的秩；S_i 为 x_i 在 $y_1,\cdots,y_n$ 的秩；$\bar{R}=\frac{1}{n}\sum_{i=1}^{n}R_i=\frac{n+1}{2}=\frac{1}{n}\sum_{i=1}^{n}S_i=\bar{S}$；$\operatorname{sgn}(x)=\begin{cases}1 & x>0\\ 0 & x=0\\ -1 & x<0\end{cases}$；$\tau_n$ 为 τ 的样本计算值。

设 $H_i=\frac{1}{n-1}\#\{j\neq i:x_j\leqslant x_i,y_j\leqslant y_i\}$，$F_i=\frac{1}{n-1}\#\{j\neq i:x_j\leqslant x_i\}$，$G_i=\frac{1}{n-1}\#\{j\neq i:y_j\leqslant y_i\}$，则：

$$\chi_i=\frac{H_i-F_iG_i}{\sqrt{F_i(1-F_i)G_i(1-G_i)}} \tag{4.1-14}$$

$$\lambda_i=4\operatorname{sgn}(\tilde{F}_i,\tilde{G}_i)\max(\tilde{F}_i^{\,2},\tilde{G}_i^{\,2}) \tag{4.1-15}$$

式中：$\tilde{F}_i=F_i-\frac{1}{2}$；$\tilde{G}_i=G_i-\frac{1}{2}$，为了避免离群点，采用满足下式的 (χ_i,λ_i) 绘制 Chi 图。

$$\lambda_i \leqslant 4\left(\frac{1}{n-1}-\frac{1}{2}\right)^2 \tag{4.1-16}$$

当 (x_i, y_i) 为来自独立的连续随机变量 X 和 Y 的样本时，λ_i 服从 $[-1,1]$ 上的均匀分布；但当 X 和 Y 存在相关关系时，λ_i 的取值就会呈现出一定的聚集特点。在 Chi 图上绘制两条水平控制线 $\chi = \pm c_p/\sqrt{n}$，作为测度变量 X 和 Y 相依性的置信区间。当 p 取值为 0.90、0.95 和 0.99 时，相应的 c_p 分别为 1.54、1.78 和 2.18，它们表示取适当的 c_p 值，使得约 $100p\%$ 的 (χ_i, λ_i) 落在这两条水平线之间时判定变量 X 和 Y 独立，则此时的置信概率为 $100p\%$。

K 图也可以描述变量间的相依性，其基本思想是绘制数据对$((W_{i:n}, H_{(i)}), i \in \{1,\cdots, n\})$，其中 $H_{(1)} < \cdots < H_{(n)}$ 是与 $H_1 < \cdots < H_n$ 相联系的序次统计量，即 $H_i = \frac{1}{n-1}\#\{j \neq i: x_j \leqslant x_i, y_j \leqslant y_i\}$，$W_{i:n}$ 是样本容量为 n，U 和 V 独立假设下，随机变量 $W=C(U,V)=H(X,Y)$ 第 i 个序次统计的数学期望，如下式计算可得。

$$W_{i:n} = n\begin{pmatrix} n-1 \\ i-1 \end{pmatrix}\int_0^1 wk_0(w)\{K_0(w)\}^{i-1}\{1-K_0(w)\}^{n-1}\mathrm{d}w \tag{4.1-17}$$

式中：$K_0(w)=P(UV\leqslant w)=\int_0^1 P\left(U\leqslant \frac{w}{v}\right)\mathrm{d}v=\int_0^w 1\mathrm{d}v+\int_w^1 \frac{w}{v}\mathrm{d}v=w-w\ln(w)$，$k_0(w)=-\ln(w)$。

在 K 图中，若变量 X 和 Y 之间存在相依关系，则所有点据 $(W_{i:n}, H_{(i)})$ 均将落在 $W_{i:n}$ 与 $K_0(w)$ 的关系曲线和对角线围成的带状区域内，并且点据分布越靠近曲线，表示相应的变量相依程度越高。

4.1.4 Copula 函数的尾部相关性

频率计算的主要目的是分析极值事件发生的频率，结果是否合理依赖于公式的外延性，对于多变量的频率分析，外延性很大程度上取决于变量间的尾部相关性。本章的研究采用尾部相关系数来描述变量间的尾部相关性。设 X 和 Y 为具有边际分布 $F(x)$ 和 $F(y)$ 的随机变量，则 X 和 Y 的上、下尾相关系数 λ_U 和 λ_L 分别为：

$$\lambda_U = \lim_{u\to 1^-} P\{X > F_X^{-1}(u) \mid Y > F_Y^{-1}(u)\} \tag{4.1-18}$$

$$\lambda_L = \lim_{u\to 0^+} P\{X < F_X^{-1}(u) \mid Y < F_Y^{-1}(u)\} \tag{4.1-19}$$

尾部相关系数是通过求条件概率的极限求得，根据条件概率与 Copula 函数的关系，λ_U 和 λ_L 可写成：

$$\lambda_U = \lim_{u\to 1^-} P\{X > F_X^{-1}(u) \mid Y > F_Y^{-1}(u)\} = \frac{\lim\limits_{u\to 1^-} P\{X > F_X^{-1}(u) \mid Y > F_Y^{-1}(u)\}}{P\{Y > F_Y^{-1}(u)\}}$$
$$= \lim_{u\to 1^-}\frac{1-2u+C(u,u)}{1-u} \tag{4.1-20}$$

$$\lambda_L = \lim_{u \to 0^+} P\{X < F_X^{-1}(u) | Y < F_Y^{-1}(u)\} = \frac{\lim_{u \to 0^+} P\{X < F_X^{-1}(u) | Y < F_Y^{-1}(u)\}}{P\{Y < F_Y^{-1}(u)\}} = \lim_{u \to 0^+} \frac{C(u,u)}{u} \tag{4.1-21}$$

其中，$C(u,u)$ 为经验 Copula 函数，定义为：

$$C_n(u,u) = \frac{1}{n}\sum_{i=1}^{n} I\left(\frac{R_i}{n+1} \leqslant u, \frac{S_i}{n+1} \leqslant u\right) \tag{4.1-22}$$

式中：I 为示性函数，R_i 为 x_i 在 $x_1,\cdots,x_n$ 的秩；S_i 为 x_i 在 $y_1,\cdots,y_n$ 的秩。

经验尾部相关系数可以通过非参数估计方法求解，主要有 LOG 法、SEC 法和 CFG 法等，本章的研究采用应用效果较好的 LOG 法。

$$\lambda_U{}^{\mathrm{LOG}} = 2 - \frac{\ln C_n\left(\frac{n-k}{n}, \frac{n-k}{n}\right)}{\ln\left(\frac{n-k}{n}\right)}, 0 < k < n \tag{4.1-23}$$

$$\lambda_L{}^{\mathrm{LOG}} = 2 - \frac{\ln\left(1 - 2\frac{n-k}{n}\right) + C_n\left(\frac{n-k}{n}, \frac{n-k}{n}\right)}{\ln\left(1 - \frac{n-k}{n}\right)}, 0 < k < n \tag{4.1-24}$$

式中：门限值 k 采用 Poulin 等提出的选择步骤：① $\lambda(k)$ 曲线用带宽为 $b \in N$ 的核平滑，即 $2b+1$ 个 $\lambda(1),\cdots,\lambda(n)$ 的均值产生一个新的曲线 $\overline{\lambda_1},\cdots,\overline{\lambda}_{n-2b}$；②矢量 $p_k = \overline{\lambda_k},\cdots,\overline{\lambda}_{k+m-1}$，$k=1,\cdots,n-2b+m-1$ 调整到长度为 $m=[\sqrt{n-2b}]$ 的稳定段，只要 P_k 稳定段满足条件，即可终止计算。

$$\sum_{i=k+1}^{k+m-1} |\overline{\lambda}_i - \overline{\lambda}_k| \leqslant 2\delta \tag{4.1-25}$$

式中：δ 为 $\overline{\lambda_1},\cdots,\overline{\lambda}_{n-2b}$ 的标准差。尾部相关系数则为平稳段的算术平均值：

$$\lambda(k) = \frac{1}{m}\sum_{i=1}^{m} \overline{\lambda}_{k+i-1} \tag{4.1-26}$$

若不满足上述终止条件，则尾部相关系数为 0。分析出变量间的尾部相关性有助于选择合适的 Copula 函数来描述变量间的相依性结构。

4.1.5 Copula 函数的参数估计

本章的研究中 Copula 函数参数估计采用以下三种方法：相关性指标法（moment-like method of inversion of association measures，MOM），半参数估计法（semi-parametric approach，又称为伪极大似然估计法，maximum pseudolikelihood technique involving the ranks of the data，MPL），边际函数推断法（inference function for marginal method，IFM）。

（1）相关性指标法（MOM）

相关性指标法是运用 Copula 函数的参数 θ 与 Kendall 相关系数 τ 或 Spearman 相关系

数 ρ_n 之间的关系来间接计算参数 θ 。Kendall 相关系数 τ 或 Spearman 相关系数 ρ_n 可以用 Copula 函数表示如下：

$$\tau = 4\int_{[0,1]^2} C(u,v)\mathrm{d}C(u,v) - 1 \tag{4.1-27}$$

$$\rho = 12\int_{[0,1]^2} C(u,v)\mathrm{d}u\mathrm{d}v - 3 \tag{4.1-28}$$

根据式(4.1-26)和式(4.1-27)可以通过计算 Kendall 相关系数 τ 或 Spearman 相关系数 ρ_n ，进而求得 Copula 函数的参数 θ 。

(2)半参数估计法(MPL)

设$(X_1,\cdots,X_d)$为 d 维分布随机变量；X_{jt} 为 X_j 的第 t 个样本观测值，$i=1,\cdots,n$，n 为样本长度，边际分布采用经验分布：

$$F_j(x) = \frac{1}{n+1}\sum_{t=1}^{n} I(X_{jt} \leqslant x), j = 1,\cdots,d \tag{4.1-29}$$

建立 Copula 对数似然函数：

$$L(\alpha_1,\cdots,\alpha_d;\theta) = \sum_{t=1}^{n} \ln c[F(x_{1t};\alpha_1),\cdots,F(x_{dt};\alpha_d);\theta] \tag{4.1-30}$$

将式(4.1-28)带入式(4.1-29)，使对数似然函数最大，可求解 Copula 参数 θ 。

(3)边际函数推断法(IFM)

边际函数推断法也称为两阶段法，由 Joe 和 Xu 提出。IFM 参数估计方法首先求解边际分布参数 α_i ，其次求解 Copula 参数 θ 。其步骤为：

建立边际分布对数似然函数：

$$L(\alpha_i) = \sum_{t=1}^{n} \ln f(x_{it};\alpha_i), i = 1,\cdots,d \tag{4.1-31}$$

α_i 通过 $\alpha_i = \mathrm{argmax}L(\alpha_i)$ 计算，即：

$$\frac{\partial L(\alpha_i)}{\partial(\alpha_i)} = 0 \tag{4.1-32}$$

然后建立 Copula 对数似然函数：

$$L(\alpha_1,\cdots,\alpha_d;\theta) = \sum_{t=1}^{n} \ln c[F(x_{1t};\alpha_1),\cdots,F(x_{dt};\alpha_d);\theta] \tag{4.1-33}$$

通过最大化式，使 $\theta_{\mathrm{IFM}} = \mathrm{argmax}L(\theta)$ ，即：

$$\frac{\partial L(\theta)}{\partial(\theta)} = 0 \tag{4.1-34}$$

以上三种参数估计方法中，IFM 方法需要指定边缘分布，MOM 和 MPL 方法不需要指定边缘分布。MPL 和 IFM 方法都是通过包含了经验和计算的边际概率的极大似然函数获得的，两者在概念上比较相同，但是当边际分布未知的情况下 MPL 方法优于 IFM 方法。

4.1.6 Copula 函数的选取

Copula 函数的选取依据 Copula 函数的拟合优度检验，本章的研究采用 AIC 和 OLS 准则进行拟合优度检验，进而选取最优的 Copula 函数。

AIC 准则(akaike information criteria，AIC)：

$$AIC = n\ln(MSE) + 2m \tag{4.1-35}$$

$$MSE = \frac{1}{n-m}\sum_{i=1}^{n}[p_c(i) - p_o(i)]^2 \tag{4.1-36}$$

OLS 准则(the root mean square error，RMSE)，即均方根误差法：

$$RMSE = \sqrt{\frac{1}{n}\sum_{i=1}^{n}[P_c(i) - P_o(i)]^2} \tag{4.1-37}$$

AIC、RMSE 越小，表明 Copula 函数拟合效果越好，它们的最小值对应的 Copula 函数为选择的最优 Copula 函数。

4.1.7 重现期分析

以二维 Copula 函数为例，说明 Copula 函数的联合概率、条件概率以及相应的重现期的计算。设 $F(x_1,x_2)=P(X_1\leqslant x_1,X_2\leqslant x_2)=C(u,v)$，则二维联合概率、联合重现期和同现重现期分别为：

$$P(X_1>x_1,X_2>x_2)=1-F_{X_1}(x_1)-F_{X_2}(x_2)+C(u,v) \tag{4.1-38}$$

$$T(X_1>x_1\cup X_2>x_2)=\frac{1}{P(X_1>x_1\cup X_2>x_2)}=\frac{1}{1-C(u,v)} \tag{4.1-39}$$

$$T(X_1>x_1\cap X_2>x_2)=\frac{1}{P(X_1>x_1\cap X_2>x_2)}=\frac{1}{1+C(u,v)-u-v} \tag{4.1-40}$$

当 $X_1=x_1$，事件 $X_2>x_2$ 的条件概率和相应的条件重现期为：

$$\begin{aligned}F(X_2>x_2|X_1=x_1)&=P(X_2>x_2|X_1=x_1)=1-C(V\leqslant v|U=u)\\&=1-\lim_{\Delta u_1\to 0}\frac{C(u+\Delta u,v)}{\Delta u}=1-\frac{\partial}{\partial u}C(u,v)|_{U=u}\end{aligned} \tag{4.1-41}$$

$$T(X_2>x_2|X_1=x_1)=\frac{1}{F(X_2>x_2|X_1=x_1)}=\frac{1}{1-C(V\leqslant v|U=u)} \tag{4.1-42}$$

同理，可以推导出以下条件概率和相应的条件重现期：

$$F(X_2>x_2|X_1\leqslant x_1)=1-C(V\leqslant v|U\leqslant u)=1-\frac{C(u,v)}{u} \tag{4.1-43}$$

$$T(X_2>x_2|X_1\leqslant x_1)=\frac{1}{1-C(V\leqslant v|U\leqslant u)} \tag{4.1-44}$$

4.2 洪水极值事件的两变量分析

为了能够全面反映淮河流域不同地形、地貌和气象条件下不同干支流的洪水极值事件的变化过程和统计特征，本章的研究选取 9 个典型水文站点(淮河干流:大坡岭、王家坝、蚌埠;沙河:漯河;颍河:阜阳闸;洪河:庙湾;汝河:遂平;涡河:蒙城闸;淠河:横排头)来分析淮河流域洪水极值事件的多变量统计特征。基于 Copula 函数，采用以上 9 个站点 1956—2010 年的洪水极值事件的 AM 序列进行洪峰、洪量，洪峰、洪水历时，洪量、洪水历时的两变量频率分析。根据第三章的 AM 序列的站点频率分析的研究，得出各个序列的最优拟合分布如表 4.2 所示，构建 Copula 函数的边缘分布采用各个序列的最优拟合分布。

表 4.2　　淮河流域 AM 洪峰、洪量、历时序列的最优拟合分布

站点名称	洪峰	洪量	历时
大坡岭	PE3	GNO	GNO
王家坝	GPD	GNO	GLO
蚌埠	GEV	GNO	GLO
漯河	GPD	EXP	PE3
阜阳闸	GPD	GPD	GUM
庙湾	PE3	PE3	GLO
遂平	GEV	GLO	GEV
蒙城闸	GLO	GPD	GUM
横排头	GEV	GNO	GNO

4.2.1 序列的相依性度量

根据以上 9 个典型站点的 AM 洪峰、洪量和洪水历时序列，计算各个站点洪峰、洪量、洪水历时序列两两之间的 Pearson 相关系数 r 、Spearman 相关系数 ρ 和 Kendall 相关系数 τ (表 4.3)。

表 4.3　　淮河流域典型站点两变量间的相依性度量

站点名称	洪峰和洪量			洪峰和历时			洪量和历时		
	τ	ρ	γ	τ	ρ	γ	τ	ρ	γ
大坡岭	0.73	0.88	0.76	**0.10**	**0.16**	**0.05**	**0.21**	**0.29**	**0.25**
王家坝	0.77	0.92	0.85	**0.12**	**0.16**	**0.17**	**0.22**	**0.31**	**0.48**
蚌埠	0.71	0.88	0.75	0.61	0.69	0.63	0.76	0.91	0.92
漯河	0.80	0.95	0.91	0.60	0.63	0.63	0.62	0.64	0.61

续表

站点名称	洪峰和洪量			洪峰和历时			洪量和历时		
	τ	ρ	γ	τ	ρ	γ	τ	ρ	γ
阜阳闸	0.81	0.95	0.85	0.61	0.72	0.73	0.61	0.78	0.80
庙湾	0.68	0.83	0.74	**0.24**	**0.38**	**0.21**	**0.47**	0.67	0.70
遂平	0.75	0.89	0.96	**0.15**	**0.21**	**0.29**	**0.23**	**0.33**	**0.36**
蒙城闸	0.77	0.91	0.89	0.63	0.65	0.71	0.66	0.70	0.78
横排头	0.60	0.77	0.90	**0.14**	**0.18**	**0.15**	**0.37**	0.50	**0.38**

注：表中黑体表示相关系数小于0.6。

从表4.3可以看出，蚌埠、漯河、阜阳闸和蒙城闸四个站点洪峰、洪量，洪峰、历时，洪量、历时的相关系数均在0.60以上，说明这些站点的洪峰、洪量、历时两两之间具有良好的相关性，为使用Copula函数描述两者之间的相依性结构提供了前提和可能。对于其他站点，洪峰和洪量之间的相关关系较好，但是洪峰、历时以及洪量、历时的相关关系不好，因此对于相关关系不好的序列，则不采用Copula函数进行分析。总的来看，对于以上9个站点，洪峰、洪量的相关关系比洪量、洪水历时的相关关系好，洪量、洪水历时的相关关系比洪峰、洪水历时的相关关系好。因此，采用Copula函数来描述以上9个典型站点的洪峰洪量的相依性以及蚌埠、漯河、阜阳闸和蒙城闸四个站点洪峰、历时，洪量、历时的相依性结构。

此外，还采用秩相关散点图、Chi图和K图来度量各站点两变量之间的相依性，下面以蚌埠站的洪峰、洪量序列，洪峰、历时，洪量、历时为例进行详细分析(图4.1)。

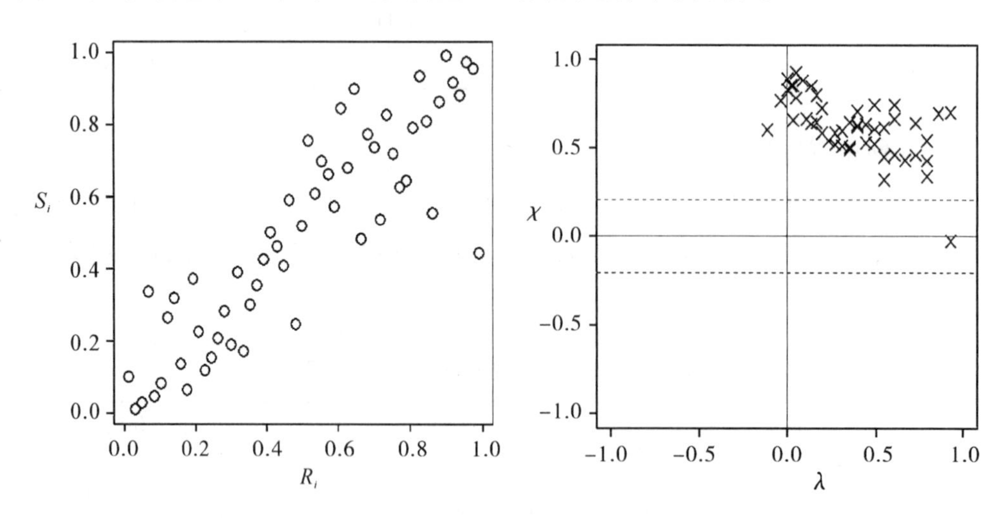

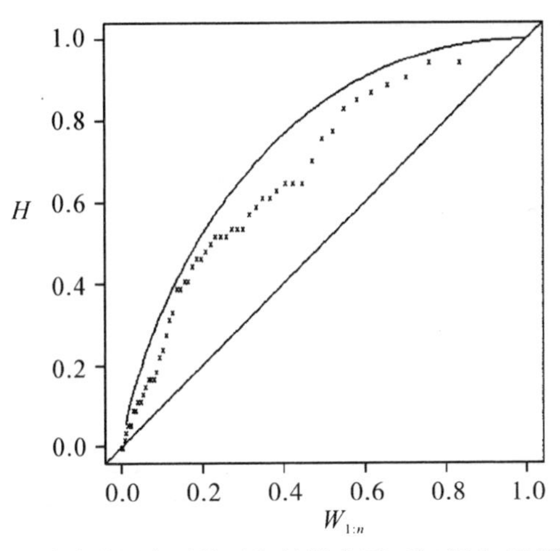

(a)洪峰洪量序列的秩相关散点图、Chi 图和 K 图

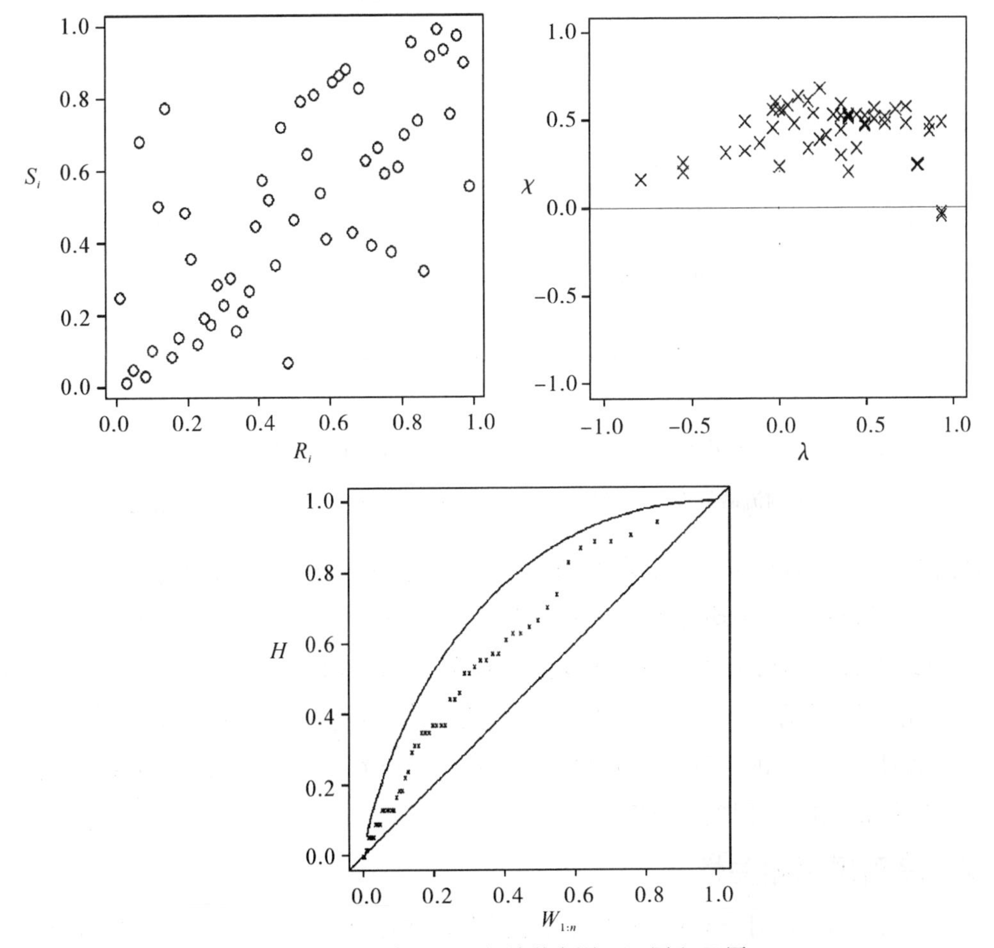

(b)洪峰历时序列的秩相关散点图、Chi 图和 K 图

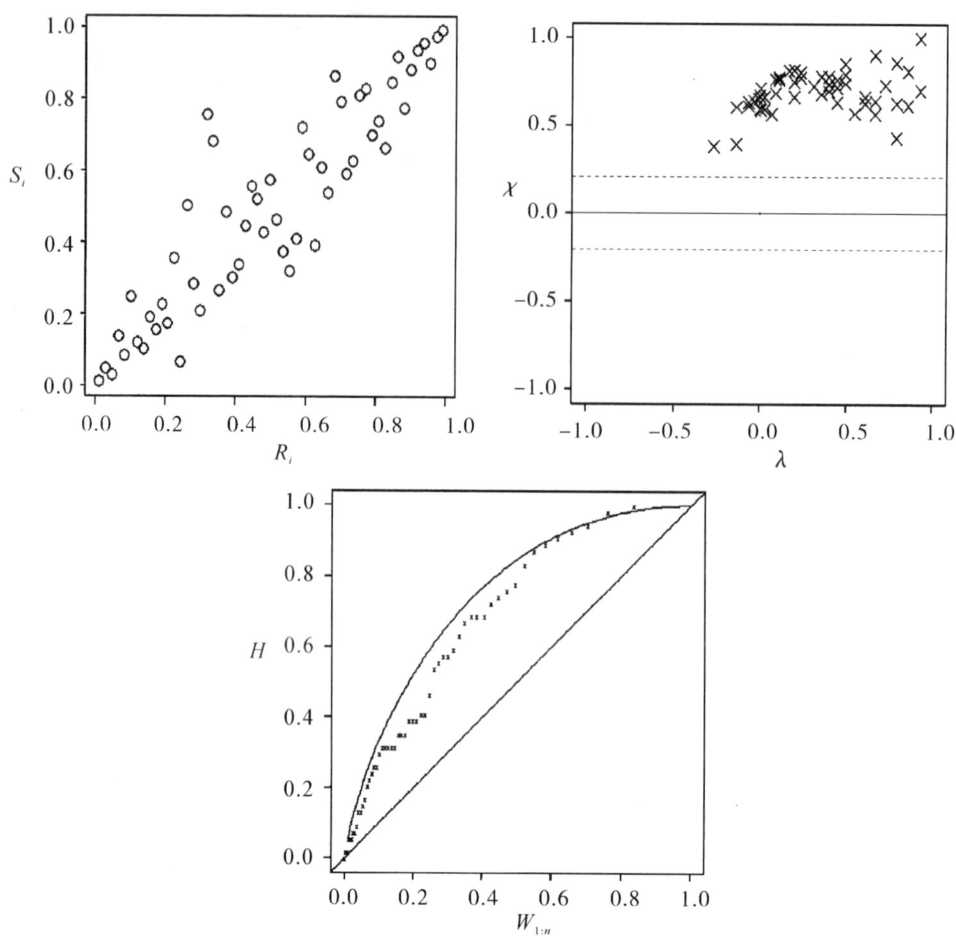

(c)洪量历时序列的秩相关散点图、Chi 图和 K 图

图 4.1 淮河流域蚌埠 AM 洪峰、洪量和洪水历时两两变量之间的相依性度量

从图 4.1(a)中可以看出,秩相关散点图中点据 (R_i, S_i) 分布在对角线附近,Chi 图中除一个点以外,其余所有点据均落在虚线置信区间外,K 图中所有点据都落在 $W_{i:n}$ 与 $K_0(w)$ 的关系曲线和对角线围成的带状区域内,且点据分布与曲线较为接近,以上均表明蚌埠站 AM 洪峰和洪量之间存在较强的相依性。此外,从 Chi 图中还可以发现,几乎所有的 χ_i 均大于 0,由此说明蚌埠站 AM 洪峰和洪量之间存在正象限相关关系。蚌埠站 AM 洪峰、历时和洪量、历时序列的相关性同理可分析。

4.2.2 序列尾部相关性

序列的尾部相关性对于 Copula 函数的选择十分重要,如果 Copula 函数选择恰当,能够很好地描述变量间的尾部相关性结构,就可以大幅提高极端事件的模拟精度。因此,基于 Poulin 等提出的方法选取门限值 k,采用 LOG 方法对洪峰、洪量和历时序列两两之间的尾部相关性进行具体分析。根据 Poulin 等的研究,在带宽 $b=1$ 下,LOG 方法取得较好的估算效果，因此本章研究选取带宽 $b=1$，尾部相关系数估算结果如表 4.4 所示。

表 4.4 淮河流域典型站点洪峰、洪量、历时序列两两之间的尾部相关性分析

站点名称	洪峰和洪量				洪峰和历时				洪量和历时			
	k_U	λ_U	k_L	λ_L	k_U	λ_U	k_L	λ_L	k_U	λ_U	k_L	λ_L
大坡岭	4	0.54	4	0.78	—	—	—	—	—	—	—	—
王家坝	3	0.66	23	0.88	—	—	—	—	—	—	—	—
蚌埠	5	0.48	4	0.38	11	0.67	7	0.64	13	0.83	30	0.75
漯河	15	0.51	10	0.55	9	0.41	14	0.55	12	0.69	6	0.19
阜阳闸	8	0.80	7	0.82	6	0.72	9	0.46	17	0.72	16	0.53
庙湾	5	0.72	11	0.69	—	—	—	—	—	—	—	—
遂平	1	0.88	9	0.86	—	—	—	—	—	—	—	—
蒙城闸	15	0.66	5	0.71	18	0.47	9	0.62	6	0.51	7	0.67
横排头	18	0.75	17	0.56	—	—	—	—	—	—	—	—

从淮河流域典型站点洪峰、洪量、历时序列两两之间的尾部相关性分析中可以看出，对于以上序列的尾部相关性，有的同时显示出较强的上下尾相关性，如阜阳闸洪峰、洪量序列；有的显示出较强的上尾相关性，如横排头洪峰、洪量序列；有的显示出较强的下尾相关性，如大坡岭洪峰、洪量序列；有的显示出上下尾相关性均不强，如漯河洪峰、历时序列。因此本章研究中同时考虑了三种 Archimedean Copula 函数和 Student-t Copula 函数，它们分别能描述具有不同尾部相关性的序列。

4.2.3 Copula 函数的选择

基于尾部相关性的考虑，本章研究采用 Gumbel Copula，Clayton Copula，Frank Copula 和 Student-t Copula 函数分别描述以上 9 个典型站点的洪峰、洪量、历时序列两两之间的相依性结构。为了选出表现较好的参数估计方法，考虑矩估计法（MOM），伪似然估计法（MPL）和边际函数推断法（IFM）三种参数估计方法对 Copula 函数进行参数估计，结果如表 4.5 至表 4.7 所示。其中，Student-t Copula 函数取自由度 $v=5$。

表 4.5 洪峰洪量序列的 Copula 函数的参数估计及拟合优度检验

Copula	大坡岭洪峰洪量			王家坝洪峰洪量			蚌埠洪峰洪量		
	q	AIC	RMSE	q	AIC	RMSE	q	AIC	RMSE
Gumbel，MOM	3.653	−387.426	0.029	4.352	−442.077	0.017	3.486	−403.439	0.025
Gumbel，MPL	2.695	−356.576	0.038	3.584	−414.466	0.022	2.763	−371.685	0.033
Gumbel，IFM	2.842	−362.924	0.036	3.854	−425.6	0.02	2.799	−336.218	0.046
Clayton，MOM	5.305	−431.425	0.019	6.704	−424.242	0.021	4.973	−414.595	0.022

续表

Copula	大坡岭洪峰洪量			王家坝洪峰洪量			蚌埠洪峰洪量		
	q	AIC	RMSE	*q*	AIC	RMSE	*q*	AIC	RMSE
Clayton,MPL	4.674	−422.026	0.021	4.156	−380.49	0.031	2.637	−347.997	0.041
Clayton,IFM	**5.531**	**−433.731**	**0.019**	4.156	−351.804	0.04	3.734	−359.715	0.037
Frank,MOM	12.722	−402.96	0.025	15.568	−439.32	0.018	**12.041**	**−422.876**	**0.021**
Frank,MPL	11.699	−397.952	0.026	14.23	−431.673	0.019	11.572	−418.778	0.022
Frank,IFM	12.456	−401.811	0.025	14.23	−369.736	0.034	11.59	−364.866	0.035
Student-t,MOM	0.909	−404.024	0.025	**0.936**	**−451.564**	**0.016**	0.9	−412.83	0.023
Student-t,MPL	0.899	−399.581	0.026	0.924	−439.209	0.018	0.873	−395.645	0.027
Student-t,IFM	0.904	−401.835	0.025	0.93	−445.666	0.017	0.887	−403.812	0.025
Gumbel,MOM	4.846	−432.417	0.019	5.197	−443.951	0.017	3.047	−417.538	0.022
Gumbel,MPL	3.69	−400.702	0.025	3.404	−388.169	0.029	2.554	−392.047	0.028
Gumbel,IFM	3.416	−389.741	0.028	4.036	−413.114	0.023	2.607	−395.467	0.027
Clayton,MOM	7.693	−429.37	0.02	8.394	−440.811	0.018	4.094	−388.658	0.028
Clayton,MPL	4.396	−379.073	0.031	4.283	−379.042	0.031	2.781	−361.265	0.036
Clayton,IFM	4.278	−356.616	0.038	4.961	−394.186	0.027	2.481	−352.543	0.039
Frank,MOM	**17.571**	**−443.537**	**0.017**	18.986	−449.305	0.016	10.229	−407.906	0.024
Frank,MPL	16.02	−437.105	0.018	17.165	−441.161	0.018	9.249	−400.316	0.026
Frank,IFM	17.125	−441.941	0.018	17.241	−441.553	0.018	9.477	−402.248	0.025
Student-t,MOM	0.948	−438.187	0.018	**0.955**	**−456.162**	**0.015**	**0.87**	**−420.456**	**0.021**
Student-t,MPL	0.933	−424.821	0.02	0.929	−427.573	0.02	0.846	−408.926	0.024
Student-t,IFM	0.929	−421.171	0.021	0.947	−447.35	0.017	0.847	−409.215	0.024
Gumbel,MOM	4.019	−397.809	0.026	4.107	−350.74	0.04	2.32	−421.661	0.021
Gumbel,MPL	3.977	−396.814	0.026	3.664	−352.871	0.039	2.287	−418.418	0.022
Gumbel,IFM	4.137	−398.121	0.026	3.85	−351.114	0.04	**2.483**	**−435.558**	**0.019**
Clayton,MOM	6.038	−390.125	0.028	6.214	−354.829	0.039	2.641	−369.64	0.034
Clayton,MPL	3.093	−357.391	0.038	2.996	−359.364	0.037	1.053	−311.038	0.058
Clayton,IFM	4.396	−379.475	0.031	2.996	−359.364	0.037	1.631	−338.353	0.045
Frank,MOM	14.216	−385.82	0.029	14.574	−346.028	0.042	7.156	−410.057	0.023
Frank,MPL	12.571	−382.574	0.03	13.336	−347.815	0.041	6.986	−407.437	0.024
Frank,IFM	13.329	−384.333	0.03	13.336	−347.815	0.041	7.699	−416.992	0.022
Student-t,MOM	**0.925**	**−407.988**	**0.024**	**0.928**	**−360.029**	**0.037**	0.779	−410.352	0.023
Student-t,MPL	0.916	−405.794	0.024	0.916	−357.616	0.038	0.761	−402.463	0.025
Student-t,IFM	0.928	−347.399	0.041	0.916	−313.418	0.056	0.785	−413.202	0.023

表 4.6　　洪峰历时序列的 Copula 函数的参数估计及拟合优度检验

Copula	蚌埠洪峰历时			漯河洪峰历时			阜阳闸洪峰历时			蒙城闸洪峰历时		
	q	AIC	RMSE	q	AIC	RMSE	q	AIC	RMSE	q	AIC	RMSE
Gumbel, MOM	2.112	−406.992	0.024	1.705	−408.086	0.024	**2.143**	**−424.087**	**0.021**	1.719	−357.5	0.038
Gumbel, MPL	1.849	−385.998	0.029	1.569	−404.216	0.025	1.925	−415.856	0.022	1.692	−359.88	0.037
Gumbel, IFM	1.837	−384.681	0.029	1.445	−390.847	0.028	2.037	−422.079	0.021	1.697	−359.509	0.037
Clayton, MOM	2.223	−401.155	0.025	1.409	−376.942	0.032	2.286	−376.716	0.032	1.438	−365.884	0.035
Clayton, MPL	1.481	−373.527	0.033	1.051	−374.612	0.032	1.136	−349.994	0.04	**1.025**	**−386.484**	**0.029**
Clayton, IFM	1.745	−386.499	0.029	0.96	−372.144	0.033	1.326	−358.724	0.037	1.117	−382.273	0.03
Frank, MOM	6.238	−408.138	0.024	**4.347**	**−409.127**	**0.024**	6.379	−403.442	0.025	4.418	−350.146	0.04
Frank, MPL	5.948	−405.444	0.024	4.254	−409.596	0.023	6.157	−403.969	0.025	4.377	−350.926	0.04
Frank, IFM	5.716	−402.612	0.025	4.166	−409.87	0.023	6.277	−403.74	0.025	4.643	−345.941	0.042
Student-t, MOM	**0.736**	**−419.556**	**0.021**	0.606	−401.187	0.025	0.743	−415.852	0.022	0.611	−364.68	0.035
Student-t, MPL	0.707	−411.097	0.023	0.599	−401.275	0.025	0.72	−414.161	0.023	0.616	−310.831	0.058
Student-t, IFM	0.714	−413.265	0.023	0.552	−399.249	0.026	0.741	−415.799	0.022	0.622	−310.164	0.058

表 4.7　洪量历时序列的 Copula 函数的参数估计及拟合优度检验

Copula	蚌埠洪量历时			漯河洪量历时			阜阳闸洪量历时			蒙城闸洪量历时		
	q	AIC	RMSE	q	AIC	RMSE	q	AIC	RMSE	q	AIC	RMSE
Gumbel,MOM	4.087	−440.784	0.018	**1.668**	**−418.932**	**0.022**	**2.574**	**−444.026**	**0.017**	2.062	−341.194	0.044
Gumbel,MPL	4.01	−439.793	0.018	1.548	−417.197	0.022	2.338	−435.057	0.019	2.087	−340.057	0.044
Gumbel,IFM	3.827	−436.693	0.018	1.544	−416.973	0.022	2.546	−443.533	0.017	2.087	−340.061	0.044
Clayton,MOM	6.175	−397.32	0.026	1.336	−376.36	0.032	3.148	−395.506	0.027	2.124	−355.222	0.039
Clayton,MPL	4.28	−380.697	0.031	1.047	−376.987	0.032	1.66	−359.39	0.037	**1.856**	**−364.42**	**0.035**
Clayton,IFM	3.987	−376.262	0.032	1.201	−377.44	0.031	2.08	−375.47	0.032	1.856	−364.42	0.035
Frank,MOM	14.494	−413.598	0.023	4.167	−408.985	0.024	8.246	−423.423	0.021	6.017	−337.158	0.045
Frank,MPL	13.444	−411.212	0.023	4.095	−409.595	0.023	7.538	−421.692	0.021	5.887	−338.624	0.045
Frank,IFM	12.662	−408.623	0.024	4.163	−409.022	0.024	8.019	−423.244	0.021	5.887	−338.624	0.045
Student-t,MOM	**0.927**	**−445.843**	**0.017**	0.588	−406.666	0.024	0.82	−443.056	0.017	0.724	−350.216	0.04
Student-t,MPL	0.925	−445.124	0.017	0.592	−406.467	0.024	0.798	−438.523	0.018	0.707	−353.858	0.039
Student-t,IFM	0.919	−442.922	0.017	0.612	−405.002	0.024	0.825	−443.569	0.017	0.707	−353.858	0.039

注：黑体标示即为选择的最优的 Copula 函数及其参数估计方法。

基于AIC和RMSE值选择最优的Copula函数,AIC和RMSE值越小,表明拟合优度越好。表4.5至表4.7中黑体即为选择的最优的Copula函数。从表4.5至表4.7中分析可知,对于矩估计法(MOM),伪似然估计法(MPL)和边际函数推断法(IFM)三种参数估计方法,MOM方法表现最好,MPL和IFM方法估计的结果相差不大,比较接近。以王家坝站洪峰洪量序列为例,说明Copula函数的选择过程。首先,对王家坝站的洪峰洪量序列进行边缘分布拟合,选出最优边缘分布(详见第三章),王家坝站的洪峰、洪量序列的最优边缘分布分别为GPD和GNO分布,拟合效果如图4.2所示。

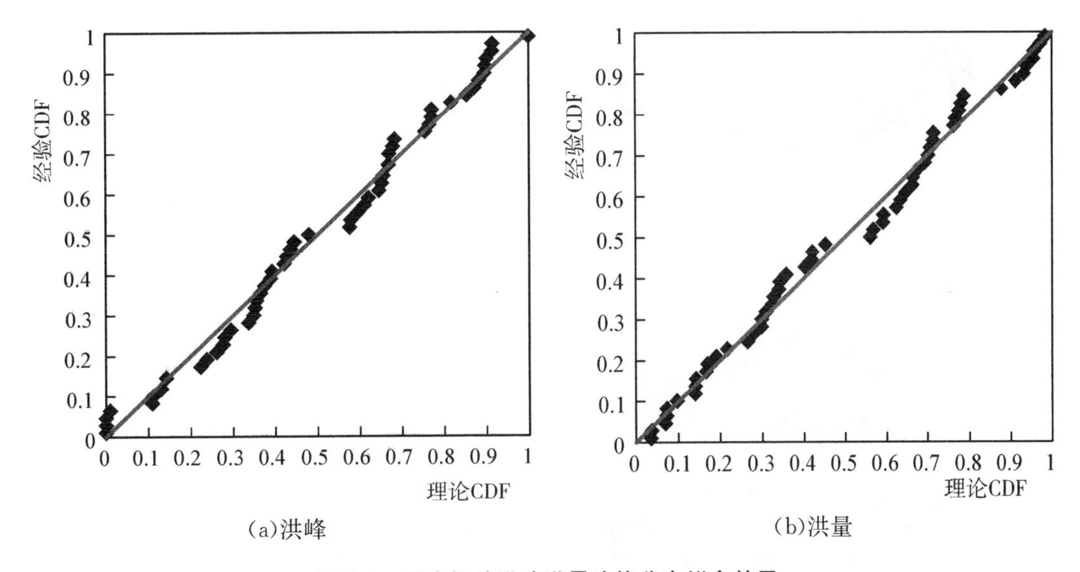

图4.2 王家坝站洪峰洪量边缘分布拟合效果

从图4.2可以看出,GPD和GNO分布分别能较好地拟合王家坝站洪峰、洪量序列。接下来分别建立王家坝站洪峰洪量序列的Gumbel Copula,Clayton Copula,Frank Copula和Student-t Copula函数,然后对于每一种Copula函数,再分别采用矩估计法(MOM),伪似然估计法(MPL)和边际函数推断法(IFM)估计相应的Copula函数的参数,最后进行拟合优度检验,基于AIC和RMSE值选择最优的Copula函数。对于王家坝站的洪峰、洪量序列,采用MOM方法估计参数的Student-t Copula函数的AIC和RMSE值最小,说明Student-t Copula函数为最优选择,MOM方法为最佳的参数估计方法。Student-t Copula函数能够很好地描述王家坝站的洪峰洪量序列的上下尾相关性特征,与前文序列的尾部相关性分析相符合。其余站点的洪峰、洪量、历时序列两两之间建立的Copula函数的选择过程同理可分析。

4.2.4 序列的重现期分析

基于以上各个站点的洪峰、洪量和洪水历时两两之间的最优的Copula函数,绘制相应的联合概率分布图和联合重现期等值线图(重现期分别为2年、5年、10年、20年、50年和

100 年)，如图 4.3 至图 4.5 所示。从图 4.3 至图 4.5 淮河流域 9 个典型站点洪水极值事件两变量的重现期分析可知，淮河流域干流比支流，流域出口比上游更容易遭受长历时和峰高量大的洪水事件。

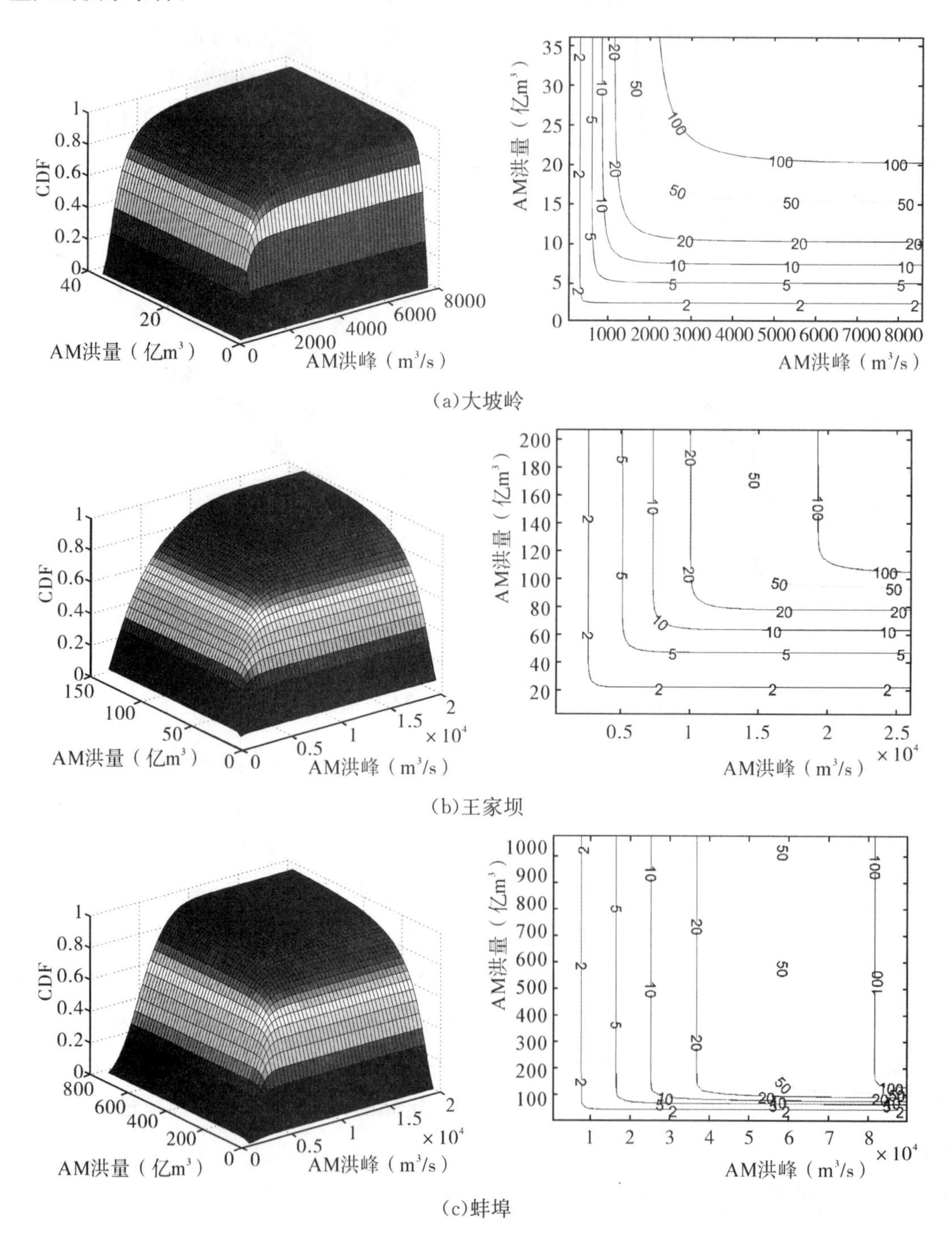

(a)大坡岭

(b)王家坝

(c)蚌埠

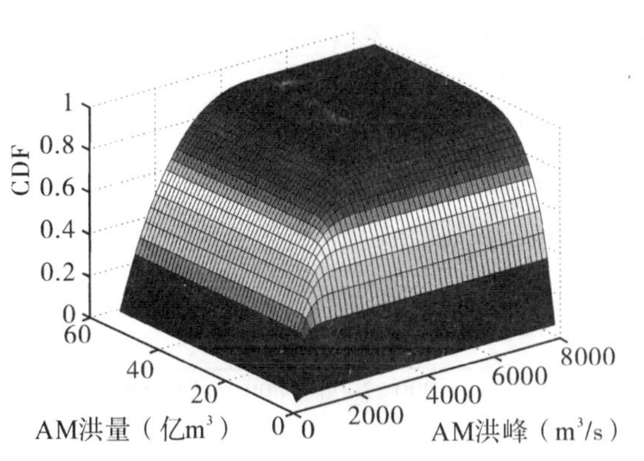
CDF
1
0.8
0.6
0.4
0.2
0
60
40
20
0
AM洪量（亿m³）
0
2000
4000
6000
8000
AM洪峰（m³/s）

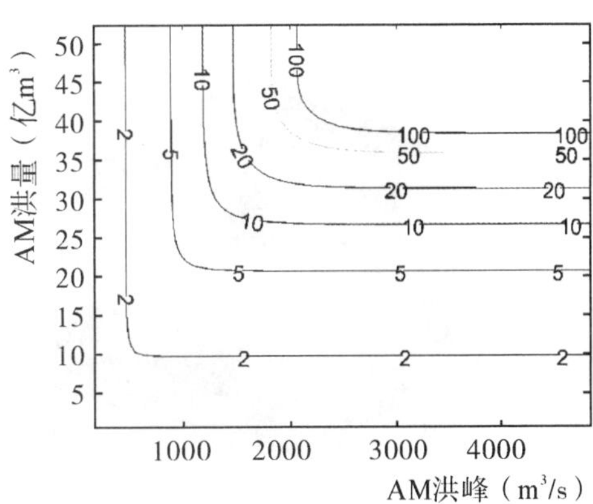
AM洪量（亿m³）
50
45
40
35
30
25
20
15
10
5
1000
2000
3000
4000
AM洪峰（m³/s）
2
5
10
20
50
100

(d)漯河

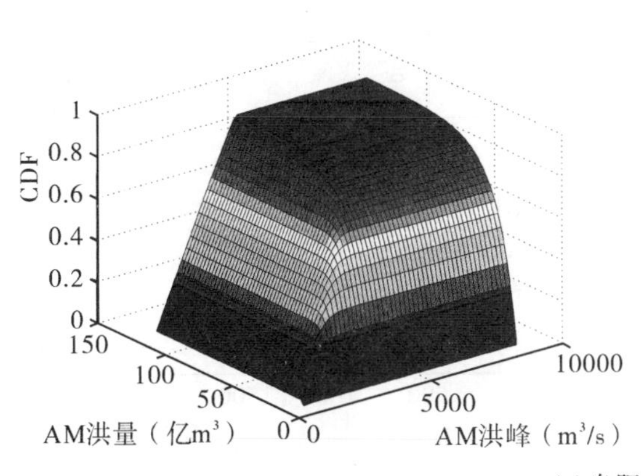
CDF
1
0.8
0.6
0.4
0.2
0
150
100
50
0
AM洪量（亿m³）
0
5000
10000
AM洪峰（m³/s）

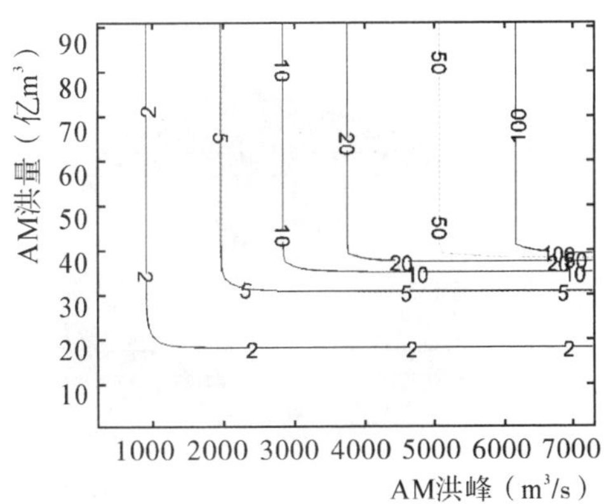
AM洪量（亿m³）
90
80
70
60
50
40
30
20
10
1000 2000 3000 4000 5000 6000 7000
AM洪峰（m³/s）
2
5
10
20
50
100

(e)阜阳闸

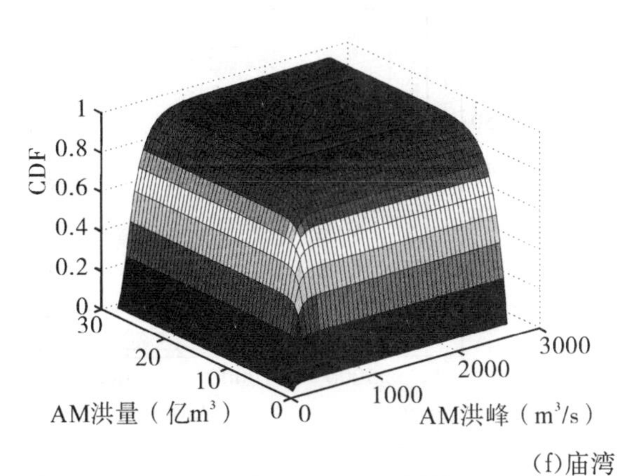
CDF
1
0.8
0.6
0.4
0.2
0
30
20
10
0
AM洪量（亿m³）
0
1000
2000
3000
AM洪峰（m³/s）

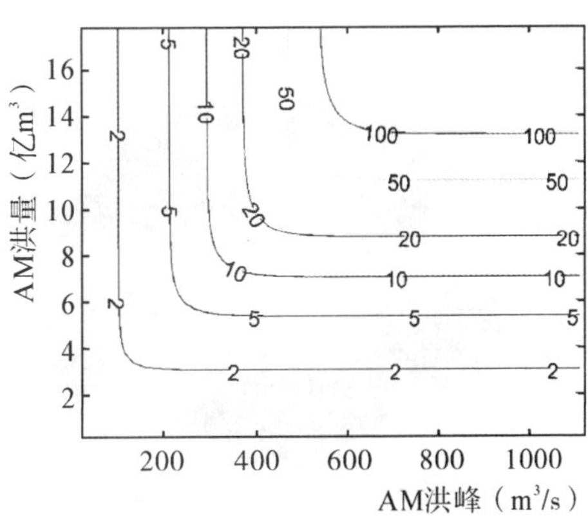
AM洪量（亿m³）
16
14
12
10
8
6
4
2
200
400
600
800
1000
AM洪峰（m³/s）
2
5
10
20
50
100

(f)庙湾

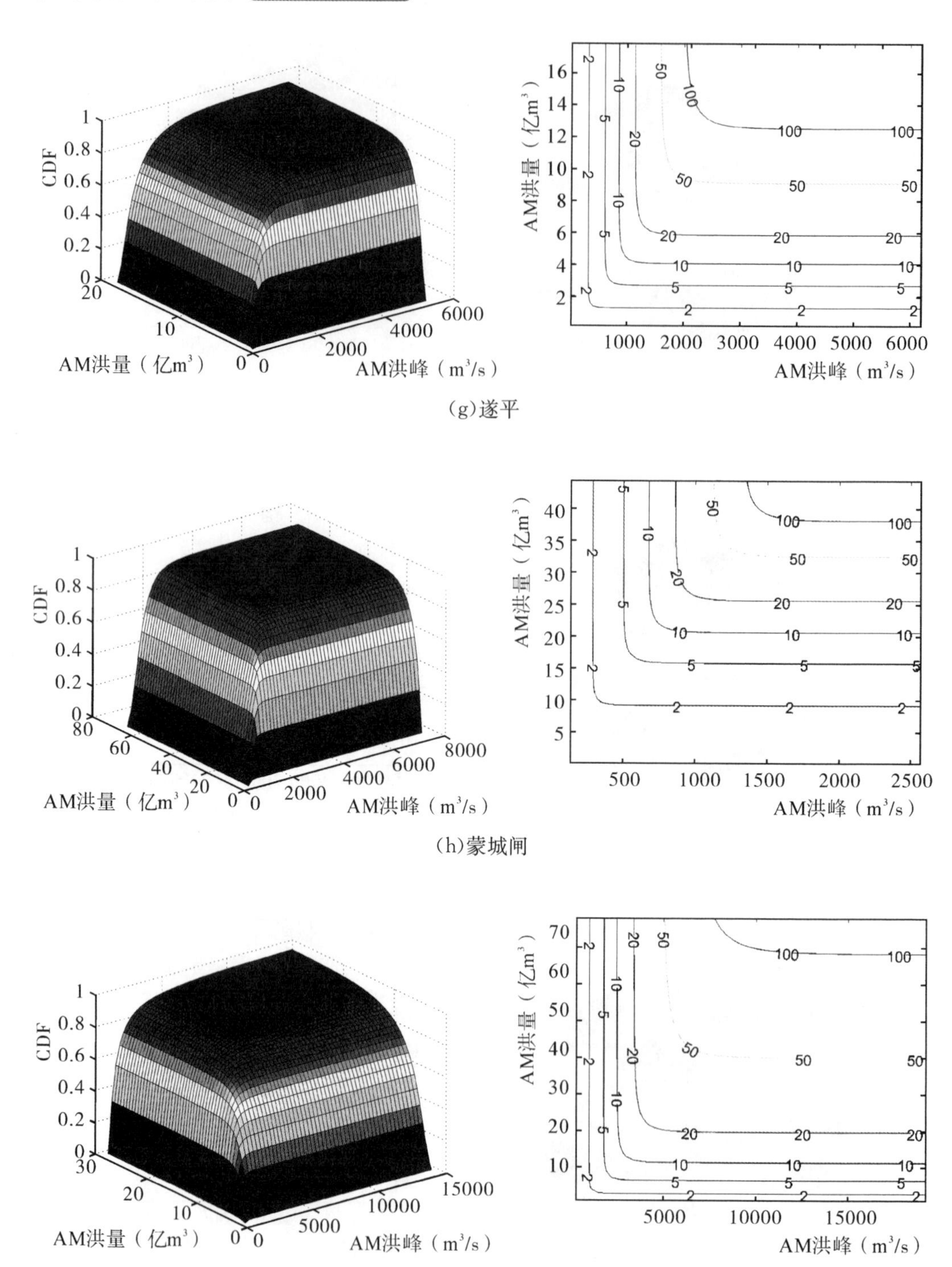

(g)遂平

(h)蒙城闸

(i)横排头

图 4.3 淮河流域各个站点洪峰洪量两变量联合概率分布和联合重现期

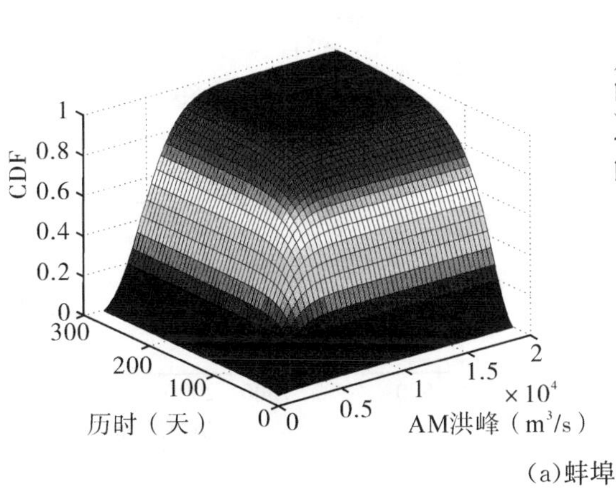
CDF
历时（天）
AM洪峰（m³/s）
×10⁴
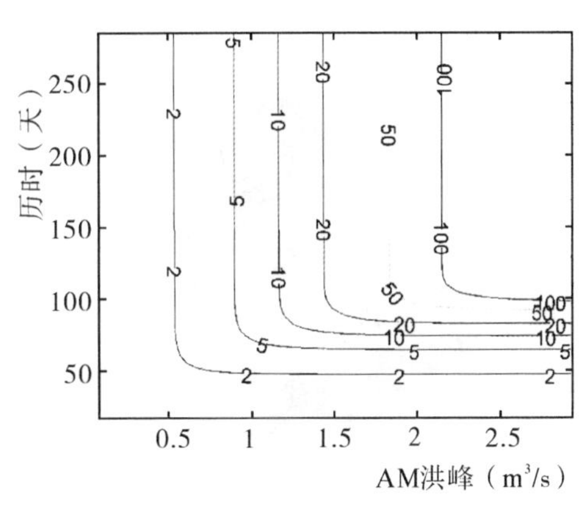
历时（天）
AM洪峰（m³/s）

(a)蚌埠

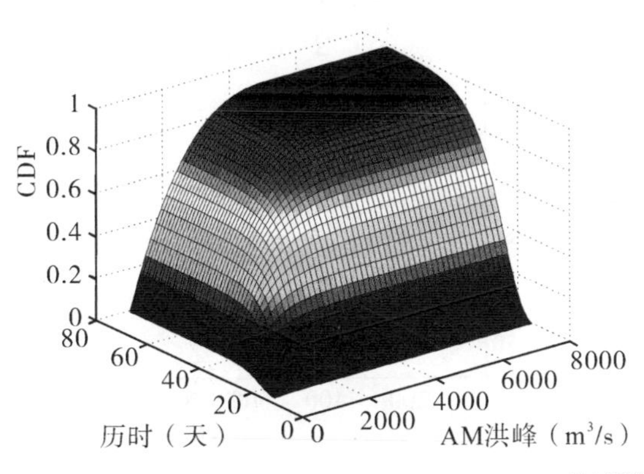
CDF
历时（天）
AM洪峰（m³/s）
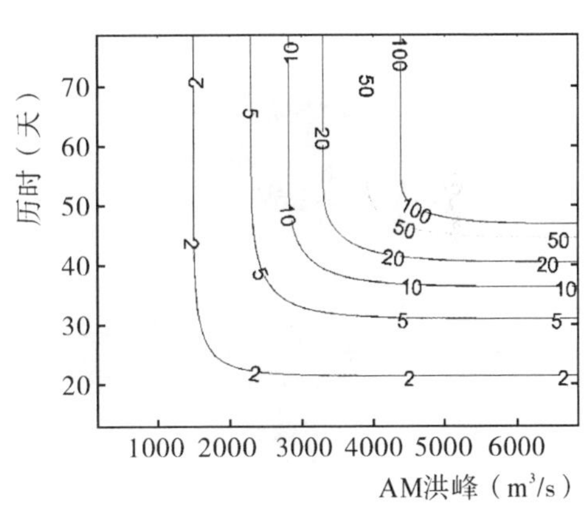
历时（天）
AM洪峰（m³/s）

(b)漯河

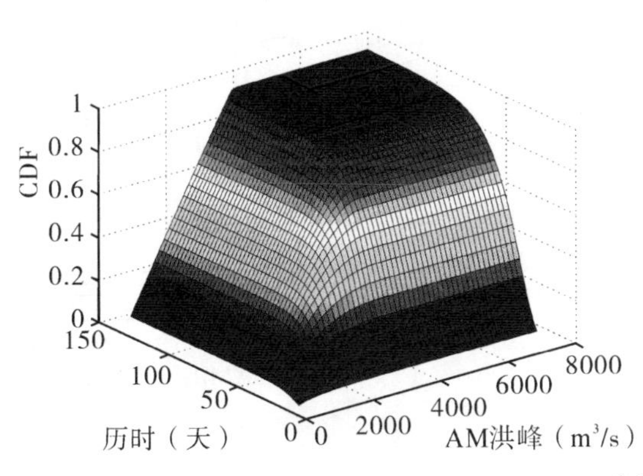
CDF
历时（天）
AM洪峰（m³/s）
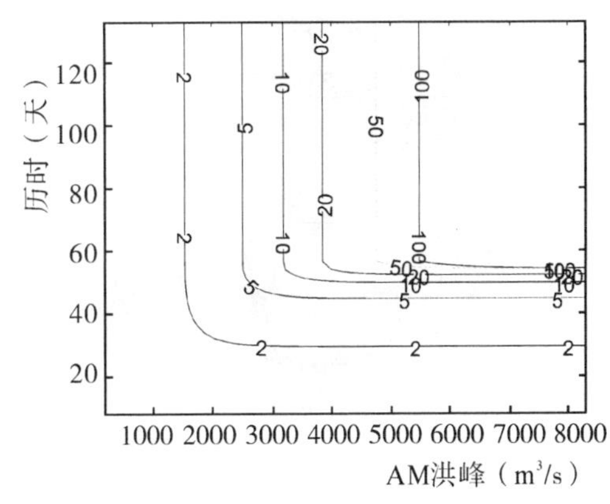
历时（天）
AM洪峰（m³/s）

(c)阜阳闸

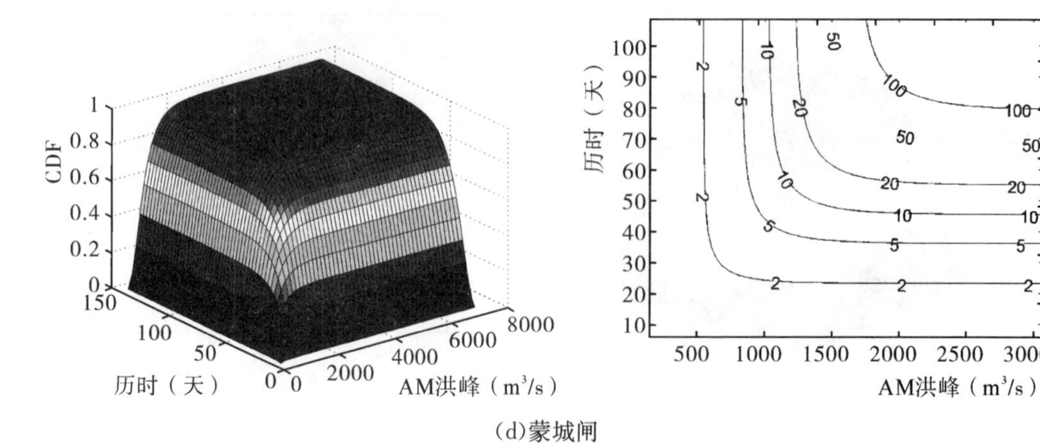

(d)蒙城闸

图 4.4　淮河流域各个站点洪峰历时两变量联合概率分布和联合重现期

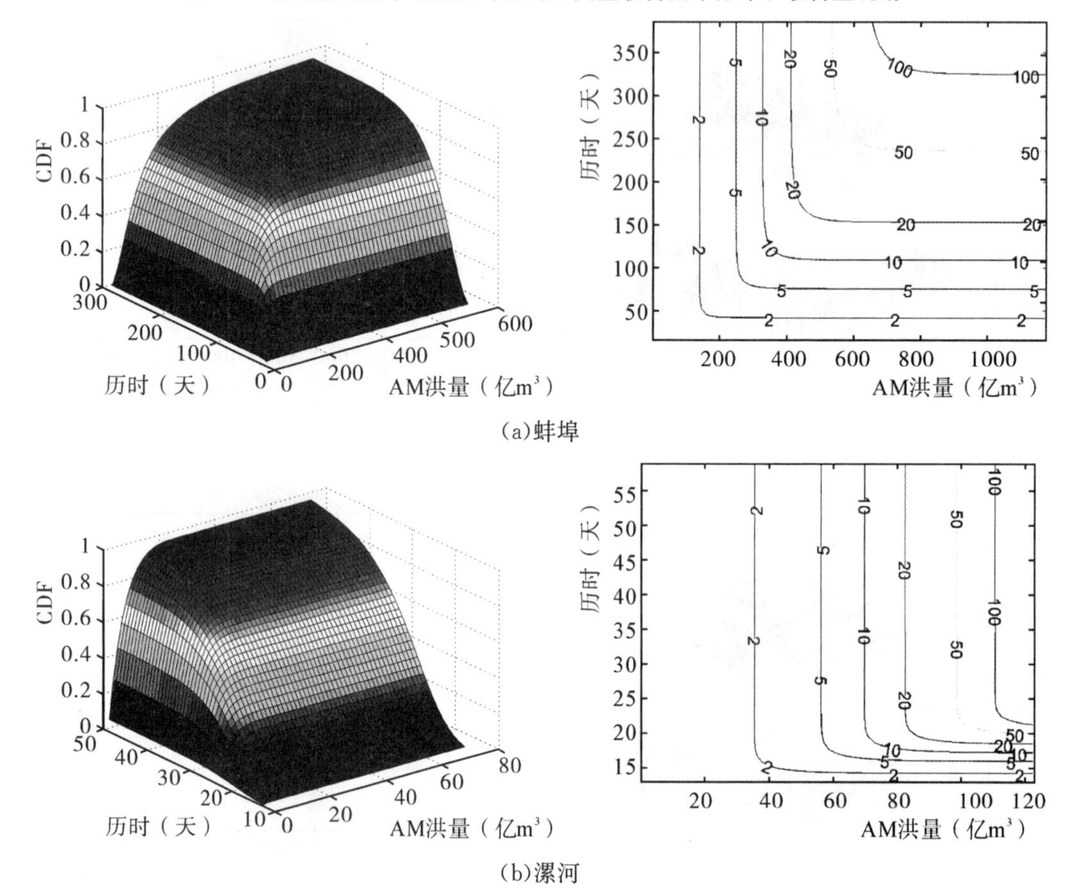

(a)蚌埠

(b)漯河

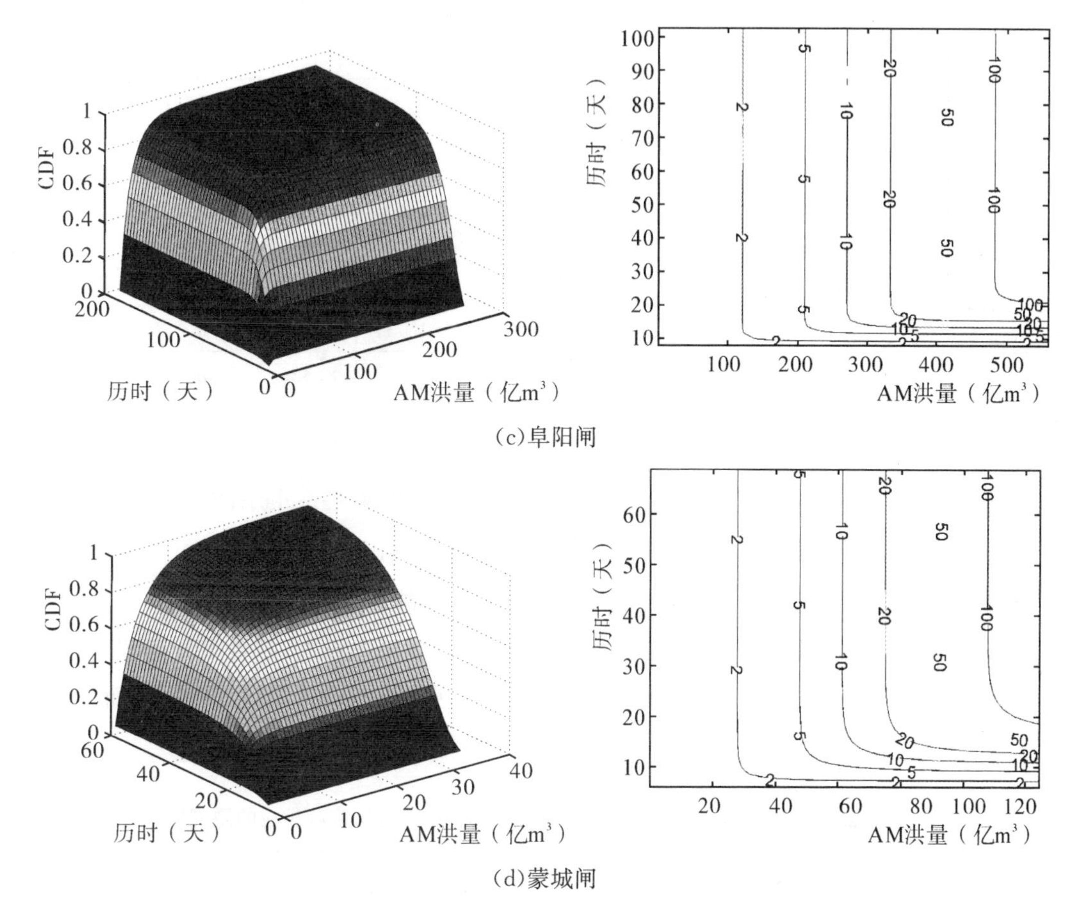

(c)阜阳闸

(d)蒙城闸

图 4.5 淮河流域各个站点洪量历时两变量联合概率分布和联合重现期

4.3 洪水极值事件的洪峰、洪量、历时三变量分析

为了进一步全面准确地描述淮河流域洪水极值事件，接下来基于 Archimedean Copula 函数，采用表现较好的 MOM 方法进行参数估计，通过建立三变量的多元统计模型对淮河流域洪水极值事件进行洪峰、洪量、历时三变量分析。Copula 函数的参数估计结果和拟合优度检验如表 4.8 所示，表中黑体表示最优 Copula 函数对应的 AIC 和 RMSE 值。

表 4.8 洪峰、洪量和历时联合概率分布的参数估计结果和拟合优度检验

站点名称	Gumbel			Clayton			Frank		
	q	AIC	RMSE	*q*	AIC	RMSE	*q*	AIC	RMSE
大坡岭	2.0125	−331.722	0.0477	**2.0249**	**−348.253**	**0.041**	5.215	−343.418	0.0429
王家坝	2.2287	−341.58	0.0436	2.4573	−323.142	0.0516	6.044	**−342.893**	**0.0431**
蚌埠	**3.2285**	**−396.66**	**0.026**	4.457	−385.674	0.029	10.924	−391.711	0.028

续表

站点名称	Gumbel			Clayton			Frank		
	q	AIC	RMSE	q	AIC	RMSE	q	AIC	RMSE
漯河	2.7396	−400.333	0.026	3.479	−381.57	0.03	8.695	**−405.286**	**0.024**
阜阳闸	**3.3047**	**−423.026**	**0.021**	4.609	−374.609	0.032	11.2	−411.023	0.023
庙湾	2.0337	−371.717	0.033	2.0674	−376.29	0.032	**5.6419**	**−385.174**	**0.029**
遂平	2.0894	−369.083	0.034	2.1789	−368.479	0.034	**5.402**	**−370.586**	**0.033**
蒙城闸	2.6294	−330.814	0.048	3.259	−321.588	0.052	**8.336**	**−336.275**	**0.046**
横排头	1.6691	−365.432	0.035	1.3381	−356.681	0.038	**3.9218**	**−365.863**	**0.035**

基于以上各个站点洪峰、洪量和洪水历时三变量的最优的 Copula 函数，分别选取各个站点洪水特征变量的最大值，计算各个站点的洪水特征变量在取最大值情况下的联合概率、同现概率和相应的联合重现期、同现重现期(表 4.9)。从表中可见，对于同一个站点，与同现概率和同现重现期相比较，洪峰、洪量和历时三变量的联合概率较大，联合重现期较小，说明洪水特征变量中至少有一个变量超过实测最大值的洪水事件发生的可能性较大，而洪水特征三个变量同时超过实测最大值的洪水事件发生的可能性较小。

表 4.9　各个站点最大洪峰、洪量和历时组合下的联合概率、重现概率和相应的重现期

站点名称	洪峰 (m^3/s)	洪量 (亿 m^3)	历时 (天)	联合概率	同现概率	联合重现期	同现重现期
大坡岭	3580	6.18	55	0.028449	0.000024	35.15	41591.60
王家坝	16000	106.26	127	0.020217	0.002751	49.46	3635.36
蚌埠	9410	575.99	236	0.019023	0.005964	52.57	167.66
漯河	3860	22.56	49	0.034101	0.000990	29.32	1009.98
阜阳闸	3280	61.02	83	0.029761	0.010674	33.60	93.69
庙湾	612	7.84	77	0.058622	0.001301	17.06	768.61
遂平	4180	7.91	40	0.016925	0.000016	59.08	64056.70
蒙城闸	2070	24.37	59	0.030252	0.000140	33.06	7417.29
横排头	9221	18.10	71	0.027664	0.000246	36.15	4069.05

4.4　考虑气象要素的洪水极值事件多变量频率分析

目前对于洪水极值事件的多变量频率分析，大多只考虑了洪水极值事件本身，比如洪峰、洪量、洪水历时之间的联合分布。然而，在气候变化背景下，分析气象要素(如降水、气温等)变化时,洪水极值事件可能发生的概率变化十分重要且必要。因此,需要建立联系气象要素和洪水极值事件的多变量统计模型,以描述和分析气象要素变化下洪水极值事件发生的概率变化情况。本章的研究在洪水极值事件多变量频率分析的基础上,选取研究流域淮河流域的出口站蚌埠站为对象,建立降水和洪水极值事件特征变量之间的二维 Copula 模型,研究不同降水条件下发生洪水极值事件概率的联合重现期和同现重现期,为分析未来气候变化背景下,洪水极值事件发生概率变化提供科学基础和技术支撑。

4.4.1 蚌埠站控制流域降水、气温和洪水变化趋势

选取蚌埠水文站为研究流域出口站,其控制流域面积为 12 万 km^2,流域内水系及气象站等如图 4.6 所示。

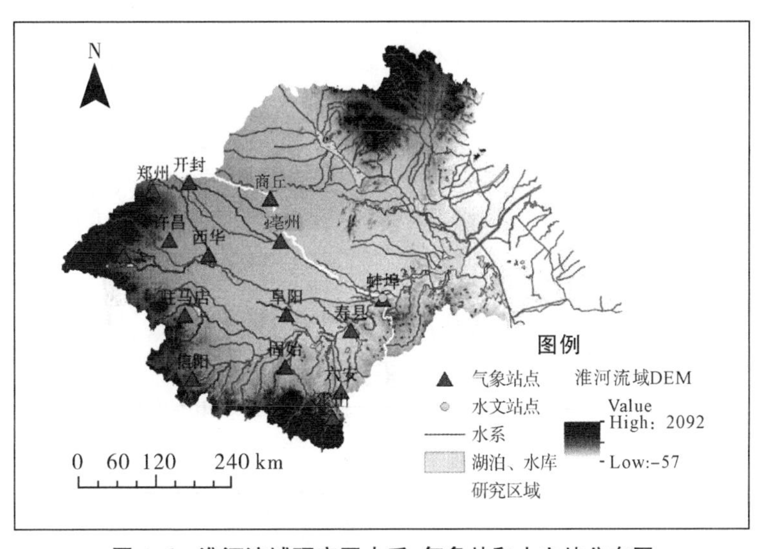

图 4.6 淮河流域研究区水系、气象站和水文站分布图

由本书第二章对淮河流域蚌埠站控制流域各气象站点多年平均降水量及年降水量变化趋势以及淮河流域面平均年降水量的变化趋势的分析可得:淮河流域年降水量的空间分布总体趋势是东南部分多,西北部分少,由流域西北部向东南部降水量逐渐增大。近 55 年来淮河流域年降水量以 7.89mm/10a 的速度呈现不显著的增加趋势。

从淮河流域蚌埠站控制流域各气象站的年平均气温的变化趋势分析(图 4.7)可知,15 个气象站点的年平均气温均呈现出上升趋势,其中许昌、宝丰和霍山站的年均气温上升趋势不显著,其余 12 个站点年平均气温均呈现出显著的上升趋势。从淮河流域研究区年平均气温变化分析可知(图 4.8),近 55 年来淮河流域研究区年均气温以 0.19℃/10a 的速度呈现显著的增加趋势。

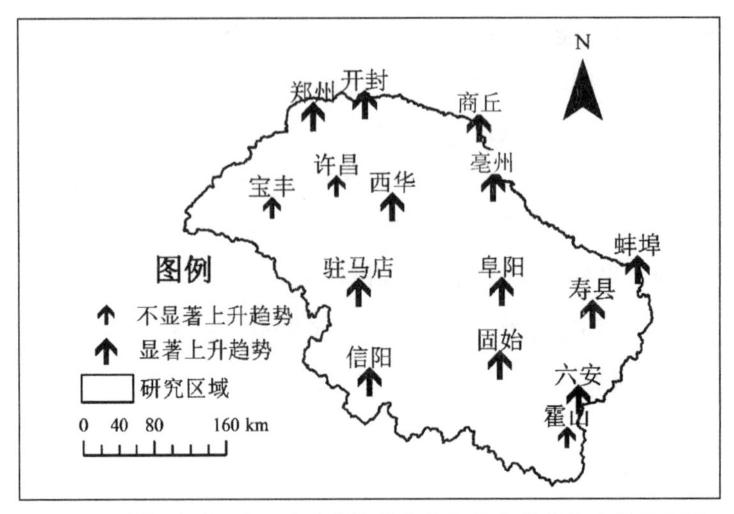

图 4.7 淮河流域研究区各个气象站年均气温变化趋势空间分布图

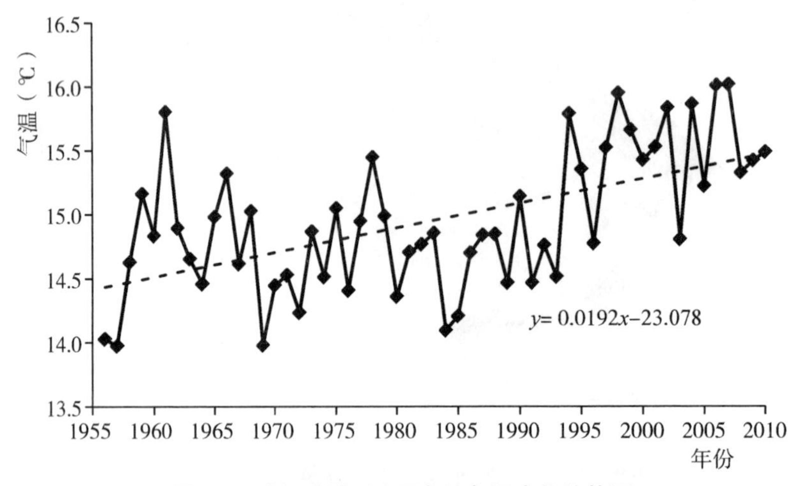

图 4.8 淮河流域研究区年均气温变化趋势图

本书第二章基于 500 年旱涝资料对蚌埠站的洪涝灾害的频次、变化趋势和周期分析进行了详细分析。此处，基于蚌埠水文站 1956—2010 年的洪水资料，对蚌埠站近 55 年来的洪水变化趋势作进一步分析。

采用 M-K 趋势检验法对蚌埠水文站 1956—2010 年的 AM 洪峰、洪量、历时序列进行趋势检验(图 4.9)，淮河流域蚌埠水文站的年最大洪峰以 68.11m^3/(s·10a)的速度呈现不显著的上升趋势($Z=0.35$)，年最大洪峰对应的洪量以 6.10 亿 m^3/10a 的速度呈现不显著的下降趋势($Z=-0.14$)，相应的洪水历时以 5.30d/10a 呈现不显著的下降趋势($Z=-0.72$)。

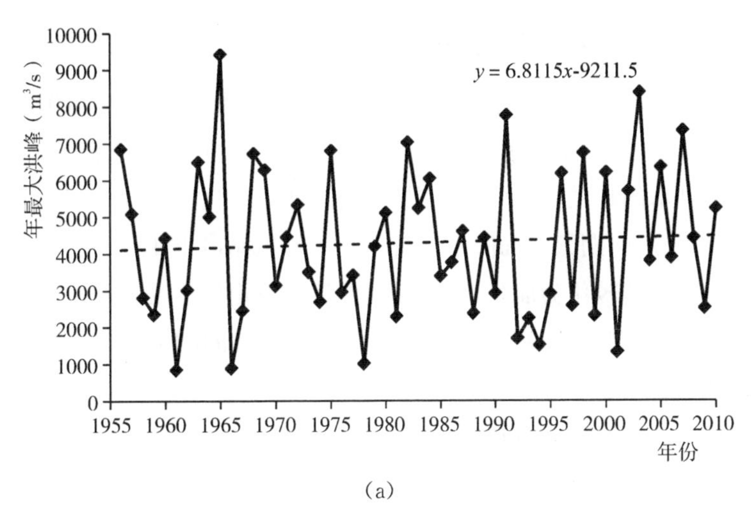

（a）

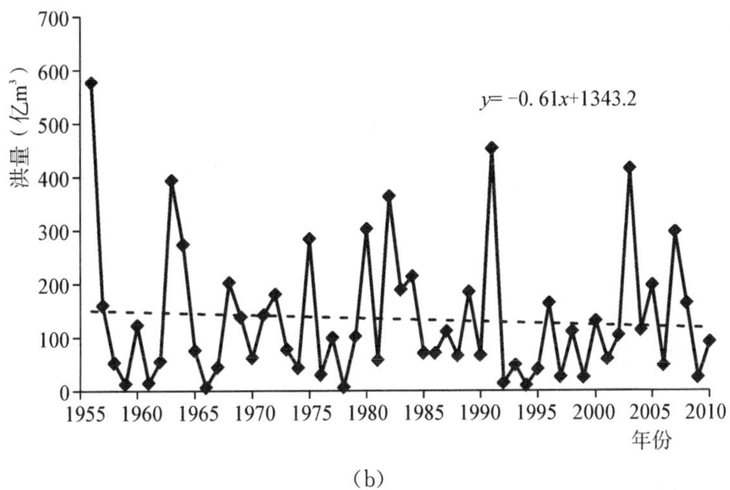

（b）

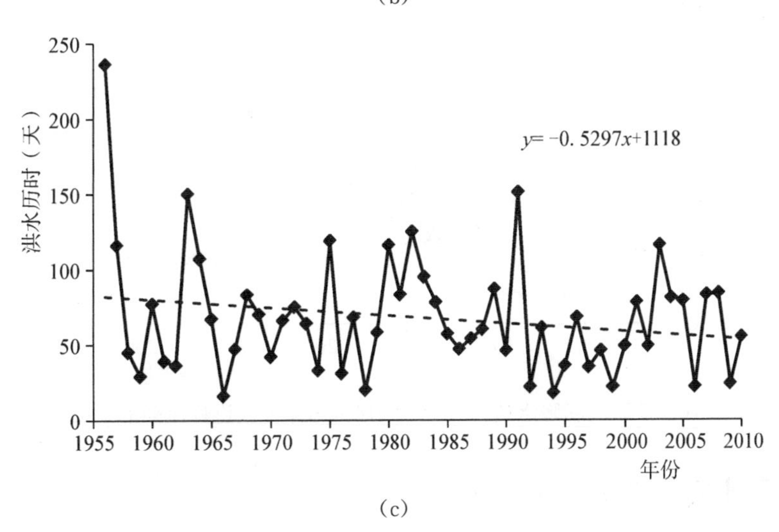

（c）

图 4.9 淮河流域蚌埠站(a)AM 洪峰、(b)洪量和(c)洪水历时的变化趋势

4.4.2 变量序列样本选取和边缘分布

采用年最大值法(AM)选出蚌埠站的年最大洪峰序列作为洪水极值事件的洪峰序列。基于 Copula 函数描述气候因子降水和洪水极值事件的相依性关系，在降水选样的时候不仅要充分考虑降水和洪水的相关性，而且要考虑降水和径流在物理成因上的关系。因此在选取降水序列的时候，采用前期累积面降水。首先基于蚌埠站以上 15 个气象站点的点降水资料使用泰森多边形法将其转化为面降水量序列，然后计算由发生最大洪峰的时间起往前推，N 天的累积降水量(包括最大洪峰发生当日)与年最大洪峰的相关关系，取相关系数最高的 N 值作为选取降水量序列的基础。

前期累积降水量($N=1,2,\cdots$)和年最大洪峰的相关关系如图 4.10 所示。当 $N=19$ 天时，前期累积降水和年最大洪峰之间的相关性最好，相关系数达到 0.65，因此选择 $N=19$ 天的前期累积降水量序列和年最大洪峰序列构建两者的 Copula 函数，描述其相依性结构。

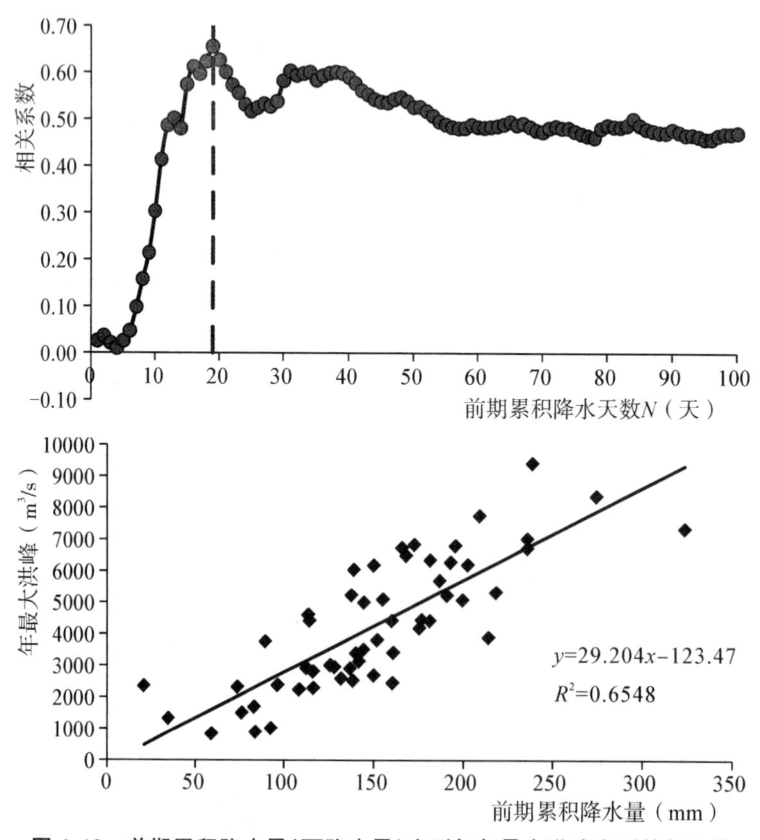

图 4.10 前期累积降水量(面降水量)序列与年最大洪峰序列的相关性

4.4.3 多变量模型的构建及分析

基于 Copula 函数构建多元统计模型，首先确定变量序列的边缘分布。由第三章的研究可知，蚌埠水文站年最大洪峰序列的最优极值分布为 GEV 分布，同理采用 7 种极值分布

(GEV,GLO,GNO,GPD,PE3,EXP 和 GUM 分布)对前期累积降水序列进行站点频率分析,采用 L—矩法进行参数估计,采用 K-S 检验法进行分布的拟合优度检验。结果表明,在 95%的置信水平下,GLO 分布能够最优地描述前期累积降水量的统计特征,K-S 检验值为 0.0548。从蚌埠站年最大洪峰序列和前期累积降水量序列边缘分布的拟合结果可见(图 4.11),GEV 和 GLO 分布分别可以很好地描述蚌埠站年最大洪峰序列和前期累积降水量序列,因此年最大洪峰序列和前期累积降水量序列边缘分布分别采用 GEV 和 GLO 分布。

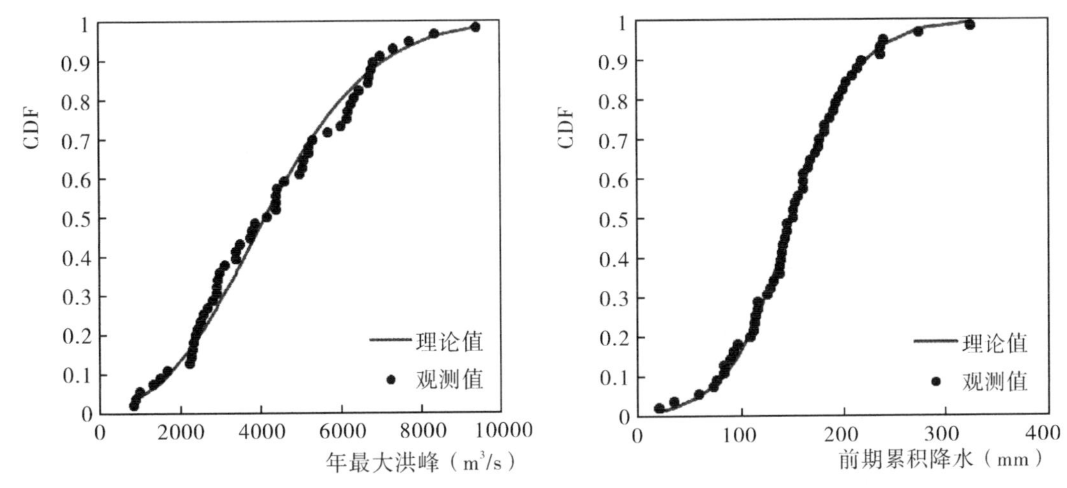

图 4.11 蚌埠站年最大洪峰序列和前期累积降水量序列边缘分布的曲线拟合图

年最大洪峰序列和前期累积降水量序列的边缘分布确定后,采用 Kendall 秩相关系数、Spearman 相关系数和 Pearson 古典相关系数来度量它们之间的相关性,得出三种相关系数分别为 0.65,0.83,0.81,可知变量间具有较好的相关性,可以采用 Copula 函数来构造二者之间的联合分布。采用 Poulin 等提出的方法估计序列的尾部相关性,得出上尾和下尾的门限值 k 分别为 6 和 13,上尾和下尾相关系数分别为 0.5834 和 0.6709,同样考虑 Gumbel Copula,Frank Copula,Clayton Copula 和 Student-t Copula 函数,采用 MOM 方法估计 Copula 函数的参数,基于 AIC 和 RMSE 选择最优 Copula 函数,结果如表 4.10 所示。从表中可知,自由度为 5 的 Student t-Copula 为最优的 Copula 函数,同时能描述前期累积降水和年最大洪峰序列之间的上下尾相关性。

表 4.10 Copula 函数的参数估计及拟合优度检验

Copula 函数	参数估计	拟合优度检验	
		AIC	RMSE
Gumbel	2.823	−437.693	0.0182
Frank	9.295	−445.403	0.017
Clayton	3.646	−423.28	0.0207

续表

Copula 函数	参数估计	拟合优度检验	
		AIC	RMSE
Student-t(v=2)	0.8492	−446.297	0.0168
Student-t(v=3)	0.8492	−449.39	0.0163
Student-t(v=4)	0.8942	−450.746	0.0162
Student-t(v=5)	0.8942	−451.471	0.0161

利用建立的前期累积降水量和年最大洪峰之间的联合分布，可以计算在降水量达到一定值 P_0 时，年最大洪峰≥x 的概率，即 $P_r(\text{Peak} \geqslant x \mid P=P_0)$。参考《流域性洪水定义及量化指标研究》，以洪峰流量为洪水极值事件的特征变量，按照重现期分为以下 4 个量级（表 4.11）。

表 4.11　蚌埠水文站洪峰量级划分

洪水量级	洪峰流量(m^3/s)
小洪水(重现期<5 年)	<6028.321
中等洪水(重现期=5～20 年)	6028.321～8042.925
大洪水(重现期=20～50 年)	8042.925～9101.106
特大洪水(重现期>50 年)	>9101.106

进一步可以计算在降水量取一定值条件下，各个量级洪水发生的概率。具体的计算过程如下：

$$P(X_1 \leqslant x_1 \mid X_2=x_2)=C(U_2 \leqslant u_2 \mid U_1=u_1)$$
$$=\frac{\partial C(u_1,u_2)}{\partial u_1}\Big|_{U_1=u_1}=T_{v+1}\left[\frac{T_v^{-1}(u_2)-\rho_{12}T_v^{-1}(u_1)}{\sqrt{\frac{v+T_v^{-1}(u_1)^2}{v+1}(1-\rho_{12}{}^2)}}\right] \tag{4.4-1}$$

$$P(a \leqslant X_1 \leqslant b \mid X_2=x_2)=P(X_1 \leqslant b \mid X_2=x_2)-P(X_1 \leqslant a \mid X_2=x_2) \tag{4.4-2}$$

$$P(X_1 > x_1 \mid X_2=x_2)=C(U_2 > u_2 \mid U_1=u_1)=1-\frac{\partial C(u_1,u_2)}{\partial u_1}\Big|_{U_1=u_1} \tag{4.4-3}$$

由此，可以比较在不同的前期累积降水量条件下，各个量级的洪水发生的可能性，结果如 4.12 所示。从图 4.12(a)可以看出，随着前期累积降水量的不断增加，不论洪水重现期的取值，发生 $P(X_1 > x_1 \mid X_2=x_2)$ 均呈现出不断增加的趋势，这与实际情况相符合，即随着降水量的增加，发生洪水的可能性逐渐增大。从图 4.12(b)中可以看出，随着前期累积降水量的不断增加，发生各量级洪水的概率变化是不相同的，发生小洪水的概率随着前期累积降水量的不断增加而逐渐减小，而发生特大洪水的概率随着前期累积降水量的不断增加而逐渐增大。发生中等洪水和大洪水的概率是随着前期累积降水量的不断增加，呈现出先增加后减小的变化的。

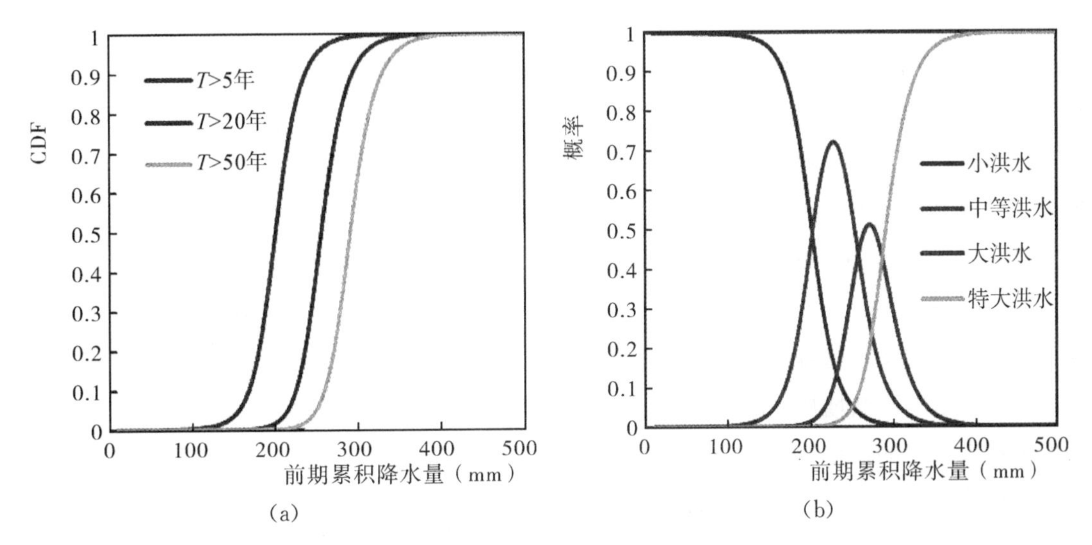

图 4.12 前期累积降水量取一定值时，(a)发生不同重现期洪水的概率变化图、(b)发生各量级洪水事件的概率变化图

4.5 本章小结

本章采用 Copula 函数分析淮河流域洪水极值事件的多元统计特征，从变量的相依性、尾部相关性等方面做了具体分析和研究，不仅构建了洪水极值事件的洪峰、洪量和洪水历时两两变量之间的二维 Copula 函数，同时构建了洪水极值事件的洪峰、洪量和洪水历时三变量的三维 Copula 函数，分析了相应的重现期变化情况。进一步建立了气象要素同年最大洪峰之间的多元统计模型，研究了气象因子的改变可能引起洪水极值事件发生概率的变化情况。本章的具体结论如下：

(1)采用淮河流域 9 个典型水文站点的 AM 洪峰、洪量和历时序列，构建二维 Copula 函数对洪水极值事件的洪峰洪量、洪峰历时和洪量历时进行分析。Kendall 秩相关系数、Spearman 相关系数和 Pearson 古典相关系数均表明洪峰和洪量之间具有较好的相关性，然而洪峰历时相关性、洪量历时相关性仅在蚌埠、漯河、阜阳闸和蒙城闸较好，其他站点洪峰历时相关性、洪量历时相关性不好。分析其原因，从物理成因上讲，洪峰受降雨强度和降雨重心的影响，洪量受降雨总量和前期土壤含水量的影响，历时受单位线底宽和降水时段数的影响，所以洪峰历时相关性、洪量历时相关性不一定呈现出较好的结果，再加上淮河流域受人类活动影响严重，造成了一些站点的洪峰历时相关性、洪量历时相关性不佳。通过拟合优度检验选取最优的Copula函数，发现采用矩估计法(MOM)进行参数估计效果最好，同时最优的Copula函数能够较好地描述相应序列及其尾部相关性，与尾部相关性分析的结果相符合。通过重现期分析，发现淮河流域干流比支流，下游比上游更容易遭受长历时和峰高量大的洪水事件。

(2)建立了淮河流域洪峰、洪量和历时的三维Copula函数，对淮河流域洪水极值事件进行全面描述，进一步分析了取各变量最大值情况下三变量的联合概率、同现概率和相应的重现期。结果表明，洪水极值事件三个特征变量中至少有一个变量超过实测最大值的洪水事件发生的可能性较大，而三个特征变量同时超过实测最大值的洪水事件发生的可能性较小。

(3)以淮河流域出口水文站蚌埠站为例，构建了气候因子(前期累积降水量)同年最大洪峰之间的二维Copula函数，结果表明，Student t-Copula为最优Copula函数，能够较好地描述二者之间的关系。随着前期累积降水量的不断增加，发生洪水的可能性逐渐增大；随着前期累积降水量的不断增加，发生小洪水的概率随着前期累积降水量的不断增加而逐渐减小，而发生特大洪水的概率随着前期累积降水量的不断增加而逐渐增大。发生中等洪水和大洪水的概率是随着前期累积降水量的不断增加，呈现出先增加后减小的变化。

第五章　气候变化背景下的流域洪水极值事件分析

在气候变化和人类活动的影响下，水资源在时间和空间分布上发生了变化，洪水极值事件发生的频率和强度也可能发生变化。因此，本章分别基于统计途径和成因途径来研究气候变化背景下淮河流域洪水极值事件发生的频率和强度，对淮河流域洪水极值事件进行非一致性频率分析，进一步分析未来气候变化对淮河流域洪水极值事件的发生可能产生的影响。

5.1　研究方法

本章采用的研究方法主要有两种：基于统计途径的方法，即参数时变的统计模型(GAMLSS模型)；基于成因途径的方法，即时变增益(TVGM)水文模型及未来气候模式。

5.1.1　GAMLSS 模型

GAMLSS模型是一种半参数回归模型，它克服了将广义可加模型和广义线性模型的局限性，不仅将被解释变量的指数分布假设放宽为更广义的分布族，包括一系列高偏度和高峰度的连续和离散分布，而且可以描述随机变量序列的统计参数与解释变量之间的线性或非线性关系。因此，GAMLSS模型在经济学、医学等研究领域得到了广泛应用，近年来国内外学者也已经开始应用该模型对非一致性水文序列进行分析。

在GAMLSS模型中，假设随机变量的观测值 y_i 服从概率密度函数 $f(y_i \mid \theta^i)$，$\theta^i = (\mu_i, \sigma_i, \upsilon_i, \tau_i)$ 为分布参数向量，其中 μ_i, σ_i 分别为位置参数和尺度参数，表示分布的均值和标准差，υ_i, τ_i 为分布的形状参数，分别表示峰度和偏度。通过单调函数 $\boldsymbol{g}_k(\cdot)$，可以表示出分布参数 θ_k 与解释变量 $\boldsymbol{X}_k$ 之间的关系：

$$\boldsymbol{g}_k(\theta_k) = \boldsymbol{\eta}_k = \boldsymbol{X}_k\boldsymbol{\beta}_k + \sum_{j=1}^{j_k} \boldsymbol{Z}_{jk}\gamma_{jk} \tag{5.1-1}$$

式中：$\boldsymbol{\eta}_k$ 是长度为 n 的列向量；$\boldsymbol{\beta}_k = (\beta_{1k}, \beta_{2k}, \cdots, \beta_{jkk})$ 为长度为 j_k 的回归参数列向量；$\boldsymbol{Z}_{jk}$ 为 $n \times q_{jk}$ 阶的设计矩阵；$\boldsymbol{X}_k$ 为 $n \times j_k$ 阶的解释变量矩阵；γ_{jk} 为 q_{jk} 阶的服从正态分布 $\gamma_{jk} \sim N_{qjk}(0, G_{jk}^{-1})$ 的随机变量。

若不考虑随机效应对分布参数的影响，令 $j_k = 0$，则 GAMLSS 模型成为一个全参数模型：

$$g_k(\theta_k) = \eta_k = X_k\beta_k \tag{5.1-2}$$

若假定随机变量 Y 服从三参数概率分布，那么 GAMLSS 模型为：

$$\begin{aligned} g_1(\mu) &= \boldsymbol{X}_1\beta_1 \\ g_2(\sigma) &= \boldsymbol{X}_2\beta_2 \\ g_3(\mu) &= \boldsymbol{X}_3\beta_3 \end{aligned} \tag{5.1-3}$$

研究随机变量分布的参数变化与时间 t 的关系，解释变量矩阵为：

$$\boldsymbol{X}_k = \begin{bmatrix} 1 & t & \cdots & t^{I_k-1} \\ 1 & t & \cdots & t^{I_k-1} \\ \vdots & & & \vdots \\ 1 & t & \cdots & t^{I_k-1} \end{bmatrix} \tag{5.1-4}$$

将式(5.1-4)带入式(5.1-3)，得到分布参数与时间变量之间的函数关系：

$$\begin{aligned} \boldsymbol{g}_1(\mu_t) &= \beta_{11} + \beta_{21}t + \cdots + \beta_{I_1 1}t^{I_1-1} \\ \boldsymbol{g}_2(\sigma_t) &= \beta_{12} + \beta_{22}t + \cdots + \beta_{I_2 2}t^{I_2-1} \\ \boldsymbol{g}_3(\mu_t) &= \beta_{13} + \beta_{23}t + \cdots + \beta_{I_3 3}t^{I_3-1} \end{aligned} \tag{5.1-5}$$

GAMLSS 模型的回归参数 β 的似然函数为：

$$L(\beta_1,\beta_2,\beta_3) = \prod_{t=1}^{n} f(y_t \mid \beta_1,\beta_2,\beta_3) \tag{5.1-6}$$

采用 RS 算法，以似然函数最大为目标函数，求解回归参数 β 的最优值。

采用全局拟合偏差(global deviation，GD)初步评价 GAMLSS 模型的拟合效果：

$$\mathrm{GD} = -2\ln L(\beta_1,\beta_2,\beta_3) \tag{5.1-7}$$

式中：$\ln L(\beta_1,\beta_2,\beta_3)$ 为回归参数估计值的对数似然函数。进一步采用 AIC(akaike information criterion)和 SBC(schwarz bayes criterion)准则判断模型的拟合效果，以防止模型过度拟合：

$$\begin{aligned} \mathrm{AIC} &= \mathrm{GD} - 2\mathrm{d}f \\ \mathrm{SBC} &= \mathrm{GD} + \log(n)\mathrm{d}f \end{aligned} \tag{5.1-8}$$

式中：$\mathrm{d}f$ 为模型的整体自由度，AIC 和 SBC 值越小，表明拟合效果越好。

同时，分析模型的残差分布状况，判断模型的拟合效果和模型的分布类型是否合理。因此，首先对模型的残差序列进行正态标准化：

$$r_i = \Phi^{-1}(u_i) \tag{5.1-9}$$

式中：r_i 为正态标准化的残差；Φ^{-1} 为累积标准正态分布函数的反函数。

接着，采用概率点据相关系数检验 r_i 序列是否服从标准正态分布。首先计算服从标准正态分布 $N(0,1)$ 的顺序统计值 M_i：

$$M_i = \Phi^{-1}\left(\frac{i-0.375}{n+0.25}\right) \tag{5.1-10}$$

然后计算概率点据相关系数 R：

$$R=\frac{\sum(r_i-\bar{r})(M_i-\overline{M})}{\sqrt{\sum(r_i-\bar{r})^2(M_i-\overline{M})^2}} \tag{5.1-11}$$

其中：$\bar{r}$ 和 $\overline{M}$ 分别为 r_i 序列和 M_i 序列的均值。概率点据相关系数 R 越接近 1，表明残差序列越接近 $N(0,1)$ 。

通过绘制 (M_i,r_i) 点据构成反映理论残差和实际残差的正态 QQ 图，也可以分析出模型的残差分布状况。点据 (M_i,r_i) 与 45°直线越接近，表明理论残差和实际残差越接近，模型的拟合效果越好。

5.1.2 时变增益(TVGM)水文模型

水文非线性系统的时变增益模型（TVGM）是夏军教授提出和发展的一种水文非线性系统模型，该模型简单实用，且具有与 Volterra 泛函级数等价同构的非线性理论基础，能够模拟表达的复杂水文非线性过程。由于 TVGM 在洪水过程模拟和预报方面应用效果良好，更能从宏观上把握洪水现象的本质，尤其适用受季风影响的半湿润、半干旱地区和中小流域，该模型已经在我国东部季风区流域得到了较为广泛的应用。

TVGM 主要由流域产流模块和汇流模块两部分组成。

在水文线性系统理论中，径流系数（即系统的增益）一般假定为常数。例如，总径流模型的系统增益因子定义如下：

$$G=\int Y(t)\mathrm{d}t\Big/\int X(t)\mathrm{d}t \tag{5.1-12}$$

Xia 通过对全球不同气候区 60 多个流域的长序列实测水文资料进行分析，发现水文系统的径流增益因子与土壤湿度、流域下垫面及气候特征等要素有关，表现出一定的指数关系。其关系可以表达为与流域土壤前期影响雨量 API(t)之间的非线性关系如下：

$$G(t)=g_1 API^{g_2}(t) \tag{5.1-13}$$

将式(5.1-13)进行泰勒展开，去掉其高阶项，简化如下：

$$G(t)=g_1+g_2\mathrm{API}(t) \tag{5.1-14}$$

式中：g_1 和 g_2 是与流域下垫面特性有关的时变增益产流参数；土壤前期影响雨量 API(t)计算如下：

$$\mathrm{API}(t)=\int_0^t U_0(\sigma)X(t-\sigma)\mathrm{d}\sigma=\int_0^t\frac{\exp\left(-\dfrac{\sigma}{K_e}\right)}{K_e}X(t-\sigma)\mathrm{d}\sigma \tag{5.1-15}$$

式中：K_e 是与流域蒸发和土壤水力特征相关的参数，一般为与流域面积、流域坡度等有关的系统记忆长度 m 的某个倍数。

在传统 TVGM 基础之上，万蕙等增加了地下径流模块，发展并提出了多水源时变增益模型。其中，产流量分为地表产流量 R_s 和地下产流量 R_g 两部分。地表产流量 R_s 仍采用地表时变增益因子 G_s 与毛雨量 X 之积表示：

$$R_s(t)=G_s(t)X(t) \tag{5.1-16}$$

其中：

$$G_s(t)=g_1+g_2\mathrm{API}(t) \tag{5.1-17}$$

由于 API 在一定程度上代表土壤含水量。因此，地下产流量 R_g 采用地下增益因子 G_g 与土壤前期影响雨量 API 之积表示：

$$R_g(t)=G_g(t)\mathrm{API}(t) \tag{5.1-18}$$

因此，总产流量 R 即为地表产流量 R_s 与地下产流量 R_g 之和：

$$R(t)=R_s(t)+R_g(t)=G_s(t)X(t)+G_g(t)\mathrm{API}(t)=(g_1+g_2\mathrm{API}(t))X(t)+g_3\mathrm{API}(t) \tag{5.1-19}$$

地表汇流采用 Nash 瞬时单位线进行汇流计算，Nash 瞬时单位线的公式为：

$$u(0,t)=\frac{1}{k\Gamma(n)}\left(\frac{1}{k}\right)^{n-1}\mathrm{e}^{-t/k} \tag{5.1-20}$$

式中：n 为反映流域调蓄能力的参数；k 为线性水库的蓄泄系数；$\Gamma(n)$ 为 Γ 函数，即 $\Gamma(n)=\int_0^{\infty}x^{n-1}\mathrm{e}^{-x}\mathrm{d}x$ 。

由于地下水的水面比降较为平缓，可认为其涨落洪泄蓄关系相同，则可采用线性水库地下汇流计算公式：

$$Q_{g,2}=R_{g,2}(1-\mathrm{kkg})+Q_{g,1}\mathrm{kkg} \tag{5.1-21}$$

式中：$Q_{g,1}$，$Q_{g,2}$ 分别为时段初、末地下径流出流量；$R_{g,2}$ 为本时段地下产流量；kkg 为地下汇流参数。

为了评价 TVGM 模型对淮河流域径流过程的拟合效果和该模型在淮河流域径流模拟的适用性，采用 Nash-Sutcliffe 效率系数 NSE 和水量平衡系数 WBE 两个指标评价模型在研究区的适应性。Nash-Sutcliffe 效率系数 NSE 和水量平衡系数 WBE，越接近于 1，表明模拟效果越好。其表达式为：

$$\mathrm{NSE}=\left[1-\frac{\sum_i(Q_i-\hat{Q}_i)^2}{\sum_i(Q_i-\overline{Q}_i)^2}\right] \tag{5.1-22}$$

$$\mathrm{WBE}=\frac{\sum_i\hat{Q}_i}{\sum_i Q_i} \tag{5.1-23}$$

式中：Q_i，$\hat{Q}_i$ 分别为实测和模拟流量；$\overline{Q}_i$ 为实测流量的平均值。

5.1.3 未来气候模式与降尺度技术

全球气候系统模式是进行过去气候模拟和未来气候变化情景预估的重要工具，也是研究气候变化的有效途径。IPCC第四次评估报告(IPCC Fourth Assessment Report，IPCC AR4)收集了23个复杂的全球气候系统模式(表5.1)和9种不同排放情景下的预估结果。其中，注重经济增长的区域发展情景(A2，高排放)、注重经济增长的全球共同发展情景(A1B，中等排放)和注重经济、社会和环境可持续发展的全球协调发展情景(B1，低排放)被确定为主要的未来气候变化情景。但是由于气候变化的复杂性、多样性和计算分析的困难性，全球气候模式(GCMs)结果存在较大的不确定性，因此增加了对未来预测的不确定性。研究表明，多模式集合是减少模式结果不确定性的方法之一，其预估结果往往优于任何单个模式的预估结果。尤其对于中国未来的极端降水事件，模式集合模拟的误差百分率比大部分单个模式的误差百分率小，说明在进行中国未来降水尤其是极端降水事件的总体预估时，采用模式集合是相对可靠的。因此，本章采用国家气候中心对参与IPCC第四次评估报告的20多个不同分辨率的全球气候系统模式的模拟结果进行多模式集合平均，并通过插值计算统一到同一分辨率(1°×1°)，对其在东亚地区的模拟效果进行检验，发现多模式集合平均在一定程度上可以减小气候模拟结果的不确定性。

表5.1　　IPCC公布的23个气候模式

模式	国家	大气模式	海洋模式	海冰模式	陆面模式
BCC-CM1	中国	T63L16 1.875°×1.875°	T63L30 1.875°×1.875°	热力学	L13
BCCR_BCM2_0	挪威	ARPEGE V3 T63 L31	NERSC-MICOM V1L35 1.5°×0.5°	NERSC 海冰模式	ISBA ARPEGE V3
CCCMA_3 (CGCMT47)	加拿大	T47L31 3.75°×3.75°	L29 1.85°×1.85°		
CNRMCM3	法国	Arpege-Climatv3 T42L45 (2.8°×2.8°)	OPA8.1 L31	Gelato 3.10	
CSIRO_MK3	澳大利亚	T63L18 1.875°×1.875°	MOM2.2 L31 1.875°×0.925°		
GFDL_CM2_0	美国	AM2N45L24 2.5°×2.0°	OM3 L50 1.0°×1.0°	SIS	LM2
GFDL_CM2_1	美国	AM2.1M45L24 2.5°×2.0°	OM3.1L50 1.0°×1.0°	SIS	LM2
GISS_AOM	美国	L12 4°×3°	L16	L4	L4-5
GISS_E_H	美国	L20 5°×4°	L16 2°×2°		
GISS_E_R	美国	L20 5°×4°	L13 5°×4°		
IAP_FGOALS1.0	中国	GAMIL T42L30 2.8°×3°	LICOM1.0	NCAR CSIM	
IPSL_CM4	法国	L19 3.75°×2.5°	L19(1°—2°)×2°		

续表

模式	国家	大气模式	海洋模式	海冰模式	陆面模式
INMCM3	俄罗斯	L20 5°×4°	L33 2°×2.5°		
MIROC3	日本	T42 L20 2.8°×2.8°	L44(0.5°—1.4°)×1.4°		
MIROC3_H	日本	T106L56 1.125°×1°	L47 0.2812°×0.1875°		
MIUB_ECHO_G	德国	ECHAM4 T30L19	HOPE-G T42 L20	HOPE-G	
MPI_ECHAM5	德国	ECHAM5 T63 L32(2°×2°)	OM L41 1.0°×1.0°	ECHAM5	
MRI_CGCM2	日本	T42 l30 2.8°×2.8°	L23 (0.5°—2.5°)×2°		SIB L3
NCAR_CCSM3	美国	CAM3 T85L26 1.4°×1.4°	POP1.4.3 L40 (0.3°—1.0°)×1.0°	CSIM5.0 T85	CLM3.0
NCAR_PCM1	美国	CCM3.6.6 T42L18 (2.8°×2.8°)	POP1.0 L32 (0.5°—0.7°)×0.7°	CICE	LSM1 T42
UKMO_HADCM3	英国	L19 2.5°×3.75°	L20 1.25°×1.25°		MOSES1
UKMO_HADGEM	英国	N96L38 1.875°×1.25°	(1°—0.3°)×1.0°		MOSES2

由于采用日尺度的降雨资料作为输入，基于TVGM水文模型模拟预测未来气候变化不同情景下的径流过程，因此还需要对多模式集合的结果进行降尺度。降尺度技术一般分为动力降尺度方法、统计降尺度方法和统计与动力相结合的降尺度方法。动力降尺度方法尽管具有较强的物理机制，但由于其计算的复杂性，目前应用并不广泛。相反，统计降尺度方法能够在一定程度上得到与动力降尺度相近的结果且计算简便而得到广泛的应用。统计降尺度方法概括起来主要有3种：转换函数法、环境分型技术和天气发生器。本章采用的是中国天气发生器BCCRCG-WG 3.00。Liao等研究发现，对于中国广大地区，通过该天气发生器降尺度模拟的日降水量序列的统计特征值，如年平均降水量、各月平均降水日数等与实测日降水量序列的统计特征值非常接近，具有较好的相关关系。首先将气候模式的格点月数据插值到淮河流域15个气象站点上，然后利用天气发生器将站点月数据生成日数据。

5.2 基于统计途径的洪水极值事件非一致性频率分析

基于1956—2010年淮河流域极端洪水事件的年最大洪峰和对应的洪量序列，采用

GAMLSS 模型，从统计途径对年最大洪峰和对应的洪量序列进行非一致性频率分析。从本书第二章对淮河流域蚌埠闸以上研究区域 20 个水文站的年最大洪峰序列（1956—2010 年）的时间序列分析结果可知，年最大洪峰序列有显著趋势的站点有大陈（↓）和扶沟（↓），年最大洪峰序列有显著跳跃（突变）的站点有班台（1967↑）、扶沟（1971↓）和阜阳闸（1985↓）。对年最大洪峰对应的洪量序列，横排头呈现显著增加趋势，大陈呈现显著减少趋势，阜阳闸在 1985 年发生向下突变，亳县闸在 1979 年发生向下突变。由此可以认为以上站点的年最大洪峰序列或对应的洪量序列是具有非一致性的非稳态序列，用稳态的分布不能很好地描述以上序列。因此，采用参数时变的 GAMLSS 模型来对以上站点的年最大洪峰序列或对应的洪量序列进行非一致性频率分析。

5.2.1 概率分布类型选择

选取 5 种三参数概率分布模型作为备选分布函数来描述以上站点的最大洪峰序列：广义逆高斯分布（GIG），幂指数分布（PE），正态分布族（NOF），t 分布族（TF），广义伽马分布（GG）。其具体描述如表 5.2 所示。

表 5.2 概率分布函数类型

分布名称	概率密度函数
广义逆高斯分布	$f(x\|\mu,\sigma,\nu)=\dfrac{\exp\left[-\dfrac{ax^2+\sigma}{2x}\right]x^{-1+\nu}\left(\dfrac{a}{\sigma}\right)^{\frac{\nu}{2}}}{2K(\sqrt{a\sigma})},a=\dfrac{\sigma}{\mu^2}$ K 为第三类修正贝塞尔函数 $0<x<+\infty,-\infty<\mu<+\infty,\sigma>0,\nu$ 为实数
幂指数分布	$f(x\|\mu,\sigma,\nu)=\dfrac{\nu\exp\left[-\left(\dfrac{z}{c}\right)^{\nu}\right]}{zc\sigma\Gamma\left(\dfrac{1}{\nu}\right)},z=\dfrac{x-u}{\sigma},c=\sqrt{\Gamma\left(\dfrac{1}{\nu}\right)\left[\Gamma\left(\dfrac{3}{\nu}\right)\right]^{-1}}$ $-\infty<x<+\infty,-\infty<\mu<+\infty,\sigma>0,\nu>0$
正态分布族	$f(x\|\mu,\sigma,\nu)=\dfrac{1}{\sqrt{2\pi}\sigma\|\mu\|^{\frac{\nu}{2}}}\exp\left[-\dfrac{(x-\mu)^2}{2\sigma^2\|\mu\|^{\nu}}\right],$ $-\infty<x<+\infty,-\infty<\mu<+\infty,\sigma>0,-\infty<\nu<+\infty$
t 分布族	$f(x\|\mu,\sigma,\nu)=\dfrac{\Gamma\left(\dfrac{\nu+1}{2}\right)}{\sigma\Gamma\left(\dfrac{1}{2}\right)\Gamma\left(\dfrac{\nu}{2}\right)\nu^{\frac{1}{2}}}\left[1+\dfrac{(x-\mu)^2}{\nu\sigma^2}\right]^{-\frac{\nu+1}{2}},$ $-\infty<x<+\infty,-\infty<\mu<+\infty,\sigma>0,\nu>0$
广义伽马分布	$f(x\|\mu,\sigma,\nu)=\dfrac{\|\nu\|\theta^{\theta}z^{\theta}\exp(-\theta z)}{\Gamma(\theta)x},z=\left(\dfrac{x}{\mu}\right)^{\nu},\theta=\dfrac{1}{\sigma^2\nu^2}$ $0<x<\infty,0<\mu<\infty,\sigma>0,-\infty<\nu<+\infty,\nu\neq 0$

首先假设水文序列满足一致性，即分布的参数为常数，分别用以上五种分布拟合 AM 洪峰序列和对应的洪量序列。选取出 GD 最小的分布作为该序列的最优拟合分布(表 5.3，黑体标示的是最优分布的全局拟合偏差值)，可以看出，GIG 分布在大多数站点表现较好，GG 和 PE 分布在个别站点表现较好。

表 5.3　各站点不同分布的全局拟合偏差(GD)

序列	站点	GIG	PE	NOF	TF	GG
AM 洪峰	班台	870.606	870.938	884.918	883.592	**866.843**
	大陈	**837.066**	872.020	881.169	870.835	839.079
	扶沟	**642.072**	678.108	713.751	667.142	642.347
	阜阳闸	897.769	**882.863**	902.377	901.427	892.143
AM 洪量	横排头	**268.100**	290.454	303.938	291.847	269.195
	大陈	**208.469**	239.106	246.203	236.34	210.334
	阜阳闸	**400.509**	443.228	460.821	441.484	402.888
	亳县闸	199.789	209.100	282.412	203.892	**194.901**

5.2.2　统计参数的线性时变分析

各个站点的 AM 洪峰及洪量序列采用由全局拟合偏差 GD 最小选取的相应的最优拟合分布进行模拟，接下来进行统计参数的线性趋势分析，拟合优度采用 AIC 和 SBC 准则判断，它们的值越小，表明模型拟合效果越好。具体的分析按照以下过程进行：由于水文序列的所有的分布参数均可能发生趋势变化，因此考虑参数为常数和所有分布参数随时间变化的组合。若考虑某个分布参数具有线性趋势时，模型的拟合效果明显优于不考虑该分布参数的线性趋势，就可认为该分布参数具有显著的线性趋势。最后根据广义 AIC 准则从中选出使模型拟合效果达到最优的组合。各个站点的 AM 洪峰及洪量序列的统计参数的线性时变分析结果如表 5.4 所示。

表 5.4 基于 GAMLSS 模型的统计参数线性趋势分析

时变参数	班台 AM 洪峰 GG			大陈 AM 洪峰 GIG			扶沟 AM 洪峰 GIG			阜阳闸 AM 洪峰 PE		
	GD	AIC	SBC	GD	AIC	SBC	GD	AIC	SBC	GD	AIC	SBC
参数为常数	866.843	872.843	878.865	837.066	843.066	849.088	642.072	648.072	654.094	882.863	888.863	894.885
μ	864.436	872.436	880.465	**832.790**	**840.790**	**848.819**	623.534	631.534	639.563	879.236	887.236	895.265
σ	866.844	874.844	882.873	837.041	845.041	853.070	633.393	641.393	649.422	881.399	889.399	897.428
ν	866.775	874.775	882.805	834.036	842.036	850.066	635.669	643.669	651.668	—	—	—
μ,σ	863.911	873.911	883.911	832.255	842.255	852.291	620.273	630.273	640.310	**874.568**	**884.568**	**894.605**
μ,ν	863.664	873.664	883.701	830.301	840.301	850.338	623.533	633.533	643.569	—	—	—
σ,ν	866.395	876.395	886.432	834.037	844.037	854.074	633.191	643.191	653.228	881.561	891.561	901.598
μ,σ,ν	863.659	875.659	887.703	829.084	841.084	853.128	617.956	629.956	642.000	874.933	886.933	898.977
参数为常数	268.100	274.100	280.122	208.469	214.469	220.491	400.509	406.509	412.531	194.901	200.901	206.923
μ	266.674	274.674	282.704	**202.194**	**210.194**	**218.223**	397.050	405.050	413.079	189.292	197.292	205.321
σ	268.049	274.049	284.078	207.496	215.496	223.526	400.506	408.506	416.535	193.599	201.599	209.629
ν	266.204	274.204	282.234	207.067	215.067	223.096	400.127	408.127	416.156	177.024	185.024	193.054
μ,σ	266.580	276.580	286.616	202.176	212.176	222.213	396.968	406.968	417.005	188.653	198.653	208.689
μ,ν	264.828	274.828	284.865	201.789	211.789	221.825	396.749	406.749	416.786	—	—	—
σ,ν	266.050	276.050	286.087	206.550	216.550	226.586	399.893	409.893	419.930	**162.447**	**172.447**	**182.484**
μ,σ,ν	264.816	276.816	288.860	201.655	213.655	225.699	396.735	408.735	420.779	162.401	174.401	186.445

从表 5.4 中分析，对于 AM 洪峰序列，班台站包括位置参数 μ 时变的组合的模型比参数为常数时的 GD 减少量不超过 3.184(考虑所有参数时变的模型)，减少幅度非常有限，改进程度不明显。根据 AIC 准则，只有参数 μ 时变的模型的 AIC 比参数为常数时的略减少，减少量为 0.407，不超过 0.5；根据 SBC 准则，考虑参数时变的模型比参数为常数时的模型的 SBC 还有所增大，因此班台站年最大洪峰序列所有统计参数的线性趋势不显著，所有参数为常数的模型对 AM 洪峰序列的拟合最优。对于大陈站的 AM 洪峰序列，含有位置参数 μ 时变的模型的 GD 比参数为常数时最大减少了 7.982，根据 AIC 准则，位置参数 μ 和形状参数 ν 同时时变组合的模型的 AIC 最小，比参数为常数时减少了 2.765；根据 SBC 准则，只有仅考虑位置参数 μ 时变的模型的 SBC 比参数为常数时减少了 0.269，其余情况均比参数为常数时的模型的 SBC 有所增加，因此大陈站的 AM 洪峰序列的位置参数的线性趋势比较显著，其他统计参数的线性趋势不显著。对于扶沟站，三种参数均时变的模型比参数为常数时的 GD 减少量最大，为 24.166，改进效果十分显著。同时，根据 AIC 准则，三种参数均时变的模型的 AIC 最小，比参数为常数时减少了 18.116，同时 SBC 也减少了 12.094。因此，扶沟站 AM 洪峰序列的所有参数均有显著的线性趋势，所有参数均时变的模型对 AM 洪峰序列的拟合最优。同理可分析出阜阳闸站 AM 洪峰序列的位置参数 μ 和尺度参数 σ 有显著的线性趋势。对于 AM 洪量序列，同理分析可得：横排头站和阜阳闸站的 AM 洪量序列的所有统计参数的线性趋势不明显，大陈站的 AM 洪量序列的位置参数 μ 具有显著的线性趋势，亳县闸站的 AM 洪量序列的尺度参数 σ 和形状参数 ν 具有显著的线性趋势。

基于 GAMLSS 模型得到的年最大洪峰和年最大洪量序列统计参数的最优拟合结果如表 5.5 所示。根据参数的计算结果做出各个序列的分位数曲线图(图 5.1)，然后统计落在每条分位数曲线下方实测点据的频率(表 5.6)。

表 5.5　　分布参数线性变化趋势最优拟合结果

水文序列	站点	分布类型	位置参数 μ	尺度参数 σ	形状参数 ν
AM 洪峰	班台	GG	7.559	−1.010	8.090
	大陈	GIG	39.768−0.0137t	0.254	0.803
	扶沟	GIG	56.266−0.0259t	112.449−0.0564t	−123.141+0.0610t
	阜阳闸	PE	23456−11t	22.406−0.00796t	12.140
AM 洪量	横排头	GIG	1.590	−0.176	0.02723
	大陈	GIG	37.4803−0.0184t	0.073	0.7438
	阜阳闸	GIG	2.681	0.4425	0.3607
	亳县闸	GG	0.7688	56.858−0.0290t	−493.367+0.2512

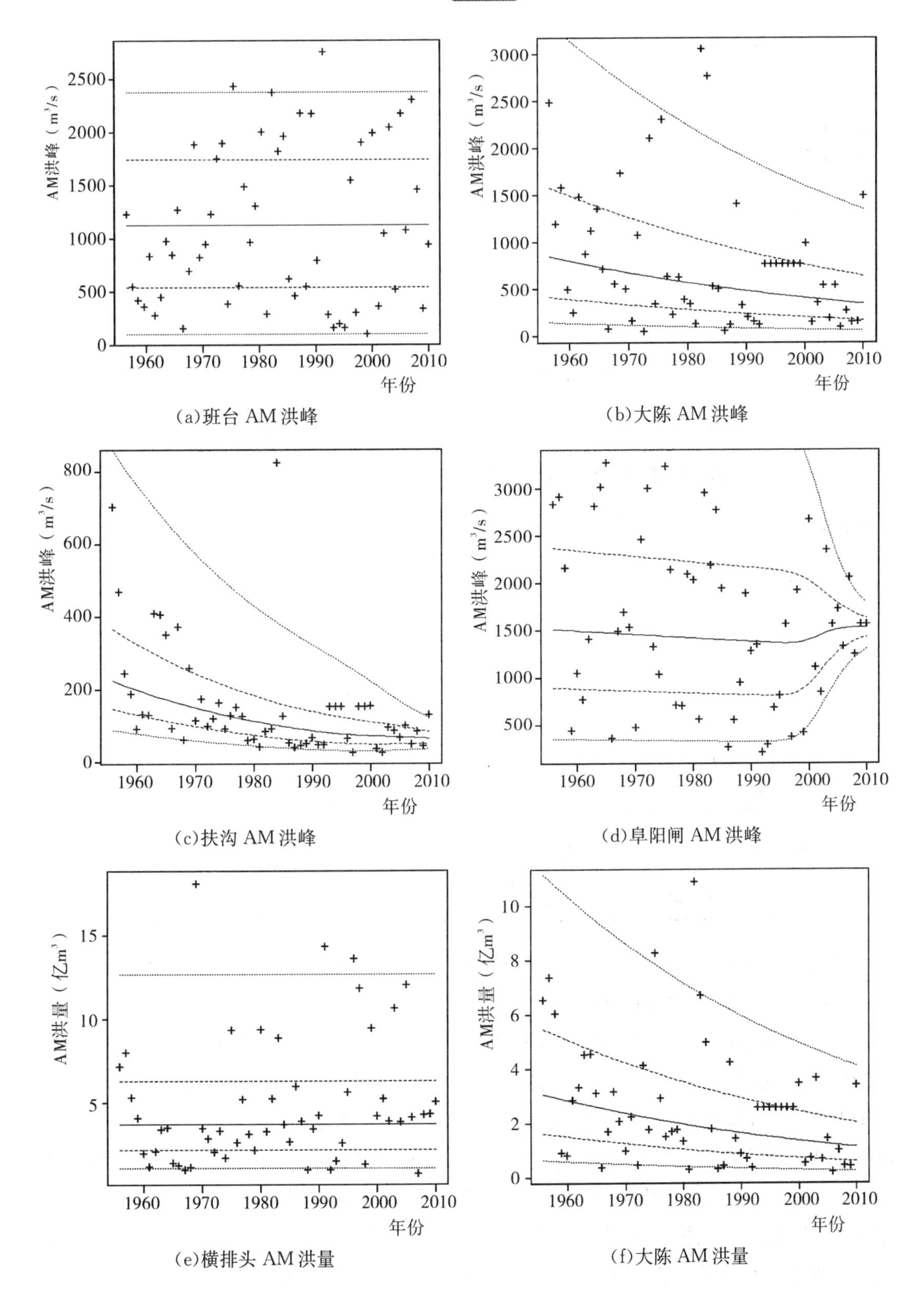

(a)班台 AM 洪峰

(b)大陈 AM 洪峰

(c)扶沟 AM 洪峰

(d)阜阳闸 AM 洪峰

(e)横排头 AM 洪量

(f)大陈 AM 洪量

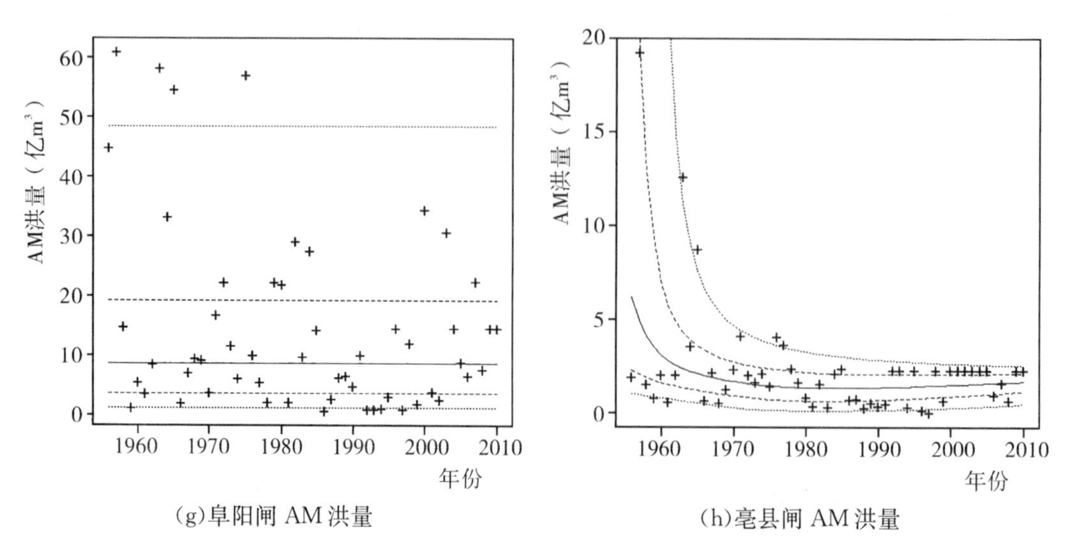

(g)阜阳闸 AM 洪量　　(h)亳县闸 AM 洪量

图 5.1　各研究站点年最大洪峰和年最大洪量序列分位数曲线图

表 5.6　实测点据频率与理论分位数曲线概率比较

水文序列	站点	分位数曲线(%)				
		5	25	50	75	95
AM 洪峰	班台	0	30.901	58.182	70.901	96.364
	大陈	5.455	27.273	49.091	78.182	94.546
	扶沟	3.636	29.091	50.901	70.901	96.364
	阜阳闸	5.455	29.091	47.273	72.727	96.364
AM 洪量	横排头	7.273	25.455	47.273	78.182	94.545
	大陈	7.273	25.455	49.091	72.727	96.364
	阜阳闸	7.273	25.455	47.273	74.545	92.727
	亳县闸	7.273	32.727	43.636	63.636	92.727

以实测点据的频率和理论概率之间的偏差小于 5%为判断标准，若满足标准，则表明统计参数的线性分析结果合理。从图 5.1 和表 5.6 中分析可得，对于 AM 洪峰序列，大陈、扶沟站和阜阳闸满足标准，对于 AM 洪量序列，横排头、大陈和阜阳闸满足标准。以大陈 AM 洪峰序列为例进行说明，从图 5.1 中可知，大陈站的落在各分位数曲线下方的 AM 洪峰实测点据的频率和相应的理论频率比较接近，两者间最大相差不超过 3.2%，表明大陈站的 AM 洪峰序列的统计参数的线性分析结果较合理。然而，班台的 AM 洪峰序列和亳县闸站的 AM 洪量序列的分位数曲线图中可见，实测点据分布不太合理，其频率和相应的理论频率偏差较大，超过了 5%的标准，最大的达到了 11.364%，表明这两个站点的序列的统计参数的线性分析结果不合理，因此接下来应进一步考虑统计参数的非线性时变分析。

5.2.3 统计参数的非线性时变分析

对于班台的 AM 洪峰序列和亳县闸站的 AM 洪量序列，采用单一的线性趋势来描述其统计参数的变化出现了较大的偏差，说明采用统计参数的线性趋势来描述这两个站点序列不太合适。因此，采用灵活性较强的多项式来描述序列的统计参数的非线性变化趋势。为防止描述序列统计参数的方程过于复杂，令多项式最高次数为三次。因为在水文统计中，位置参数(均值)是最重要的统计参数，其次是尺度参数和形状参数。因此，首先采用多项式来拟合序列的位置参数，从中选取最优模型，在此基础上再采用多项式来拟合尺度参数和形状参数，结果如表 5.7 所示，表中黑体表示最优的统计参数非线性时变组合。

表 5.7 基于多项式回归的统计参数的非线性时变分析

时变参数	班台 AM 洪峰 GG			亳县闸 AM 洪量 GG		
	GD	AIC	SBC	GD	AIC	SBC
参数为常数	866.843	872.843	878.865	194.901	200.901	206.923
μ 一次	864.436	872.436	880.465	189.292	197.292	205.321
μ 两次	**852.788**	**862.788**	**872.724**	163.734	173.734	183.771
μ 三次	851.966	863.966	876.010	161.627	173.627	185.671
μ 两次 σ 一次	852.185	864.185	876.229	**157.618**	**169.618**	**181.662**
μ 两次 ν 一次	852.664	864.664	876.708	175.543	187.543	199.587
μ 两次 σ,ν 一次	853.534	867.534	881.585	—	—	—
μ 两次 σ 两次	—	—	—	157.152	171.152	185.203

由表 5.7 可知，对于班台站 AM 洪峰序列，与参数为常数的情况相比，基于统计参数非线性趋势的 GAMLSS 模型的拟合效果具有显著改善，首先依次考虑位置参数为一次、两次和三次多项式回归时，可知当位置参数为二次多项式回归时，GAMLSS 模型为最优模型。再继续考虑尺度参数和形状参数的非线性时变，发现模型拟合结果并没有得到进一步改善。因此，当位置参数为二次多项式回归时，GAMLSS 模型最终确定为描述班台站 AM 洪峰序列的最优模型。最优模型的 GD 比参数为常数时减少了 14.055，AIC 和 SBC 也显著减少。同理，对于亳县闸站的 AM 洪量序列，依次考虑位置参数为一次、两次和三次多项式回归时，可知当位置参数为二次多项式回归时 GAMLSS 模型拟合效果最佳。在此基础上再继续考虑尺度参数和形状参数的非线性时变，发现考虑尺度参数模型效果得到了改善，然而考虑形状参数模型拟合结果没有得到改善，反而效果变差。故进一步考虑尺度参数的非线性时变，发现当尺度参数为一次多项式回归时效果优于二次多项式回归，说明没有必要继续考虑尺度参数的三次多项式回归。因此，当位置参数为二次多项式回归、尺度参数为一次多项式回归时，GAMLSS 模型最终确定为描述亳县闸站 AM 洪量序列的最优模型。

班台 AM 洪峰序列的 GG 分布的参数非线性时变的多项式回归方程如下：

$$\mu_t = 7.272 + 1.182t - 1.215t^2$$
$$\sigma_t = -2.681 \quad (5.2\text{-}1)$$
$$\nu_t = 223.800$$

亳县闸 AM 洪量序列的 GG 分布的参数非线性时变的多项式回归方程如下：

$$\mu_t = 1.470 - 4.879t + 2.454t^2$$
$$\sigma_t = -19.451 - 0.0111t \quad (5.2\text{-}2)$$
$$\nu_t = 162.200$$

根据模型参数的回归方程可作出相应的分位数曲线图(图 5.2)，从图中可见，点据分布与图 5.1 相比更为合理，同时从表 5.8 中可分析出，实测点据的频率与相应的理论概率更加接近，偏差都在 5%以内，满足要求，说明基于多项式回归的班台站 AM 洪峰序列和亳县闸站 AM 洪量序列合理，统计参数为非线性变化趋势的 GAMLSS 模型能够较好的描述班台站 AM 洪峰序列和亳县闸站 AM 洪量序列。

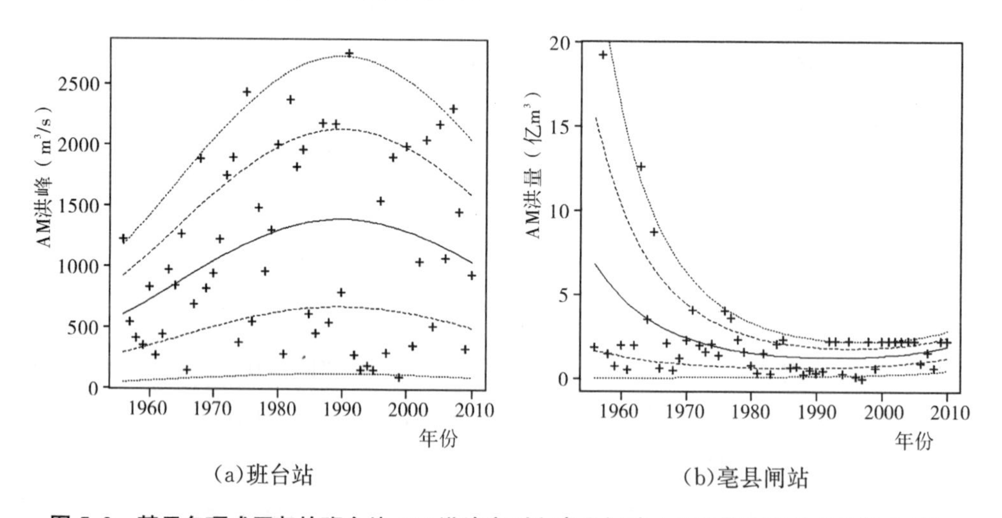

图 5.2 基于多项式回归的班台站 AM 洪峰序列和亳县闸站 AM 洪量序列的分位数曲线图

表 5.8 **实测点据频率与理论分位数曲线概率比较**

水文序列	站点	分位数曲线(%)				
		5	25	50	75	95
AM 洪峰	班台	1.182	25.455	54.545	74.545	92.727
AM 洪量	亳县闸	2.041	28.571	54.545	75.510	91.837

5.2.4 模拟效果分析(残差分析)

为了检验前面对各个站点的 AM 洪峰和 AM 洪量序列确定的 GAMLSS 模型是否合理，接下来对 GAMLSS 模型进行残差分析，以评价模型的模拟效果。首先对前面建立的统计参数线性和非线性变化的 GAMLSS 模型产生的残差序列进行正态标准化处理，然后计算该序列的统计参数(表 5.9)。同时，为了直观地反映残差分布情况，作出残差的正态 QQ 图(图 5.3)。从表 5.9 中可以看出，各个模型的理论残差和实际残差的概率点据相关系数 R 均在 0.98 以上，说明两残差序列具有较好的相关性。从图 5.3 可见，各个模型的正态 QQ 分布图的点据分布与理论直线很接近，说明各个 GAMLSS 模型对相应的序列有较好的拟合效果。

表 5.9　　残差分析结果统计

水文序列	水文站点	分布类型	参数时变类型	均值	均方差	偏态系数	R
AM 洪峰	班台	GG	多项式回归	−0.0159	1.006	0.518	0.986
	大陈	GIG	线性	0.00150	1.021	−0.0511	0.995
	扶沟	GIG	线性	−0.0325	0.969	0.116	0.989
	阜阳闸	PE	线性	−0.0786	1.351	0.177	0.986
AM 洪量	横排头	GIG	线性	0.0009	1.020	0.00543	0.992
	大陈	GIG	线性	0.00131	1.023	−0.0655	0.992
	阜阳闸	GIG	线性	0.00143	1.025	−0.0456	0.993
	亳县闸	GG	多项式回归	0.0954	1.322	0.273	0.980

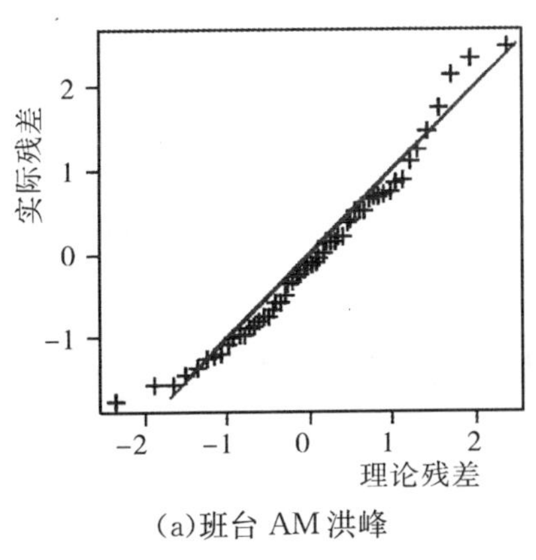

(a)班台 AM 洪峰

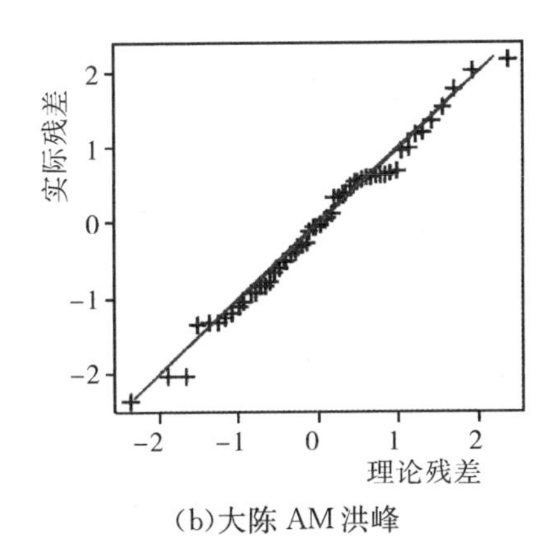

(b)大陈 AM 洪峰

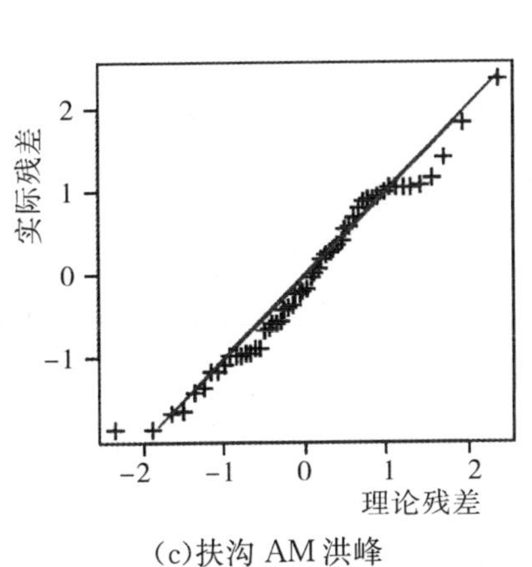

(c)扶沟 AM 洪峰

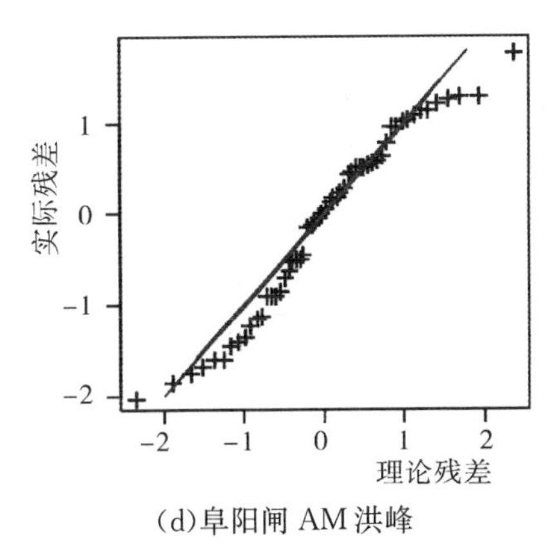

(d)阜阳闸 AM 洪峰

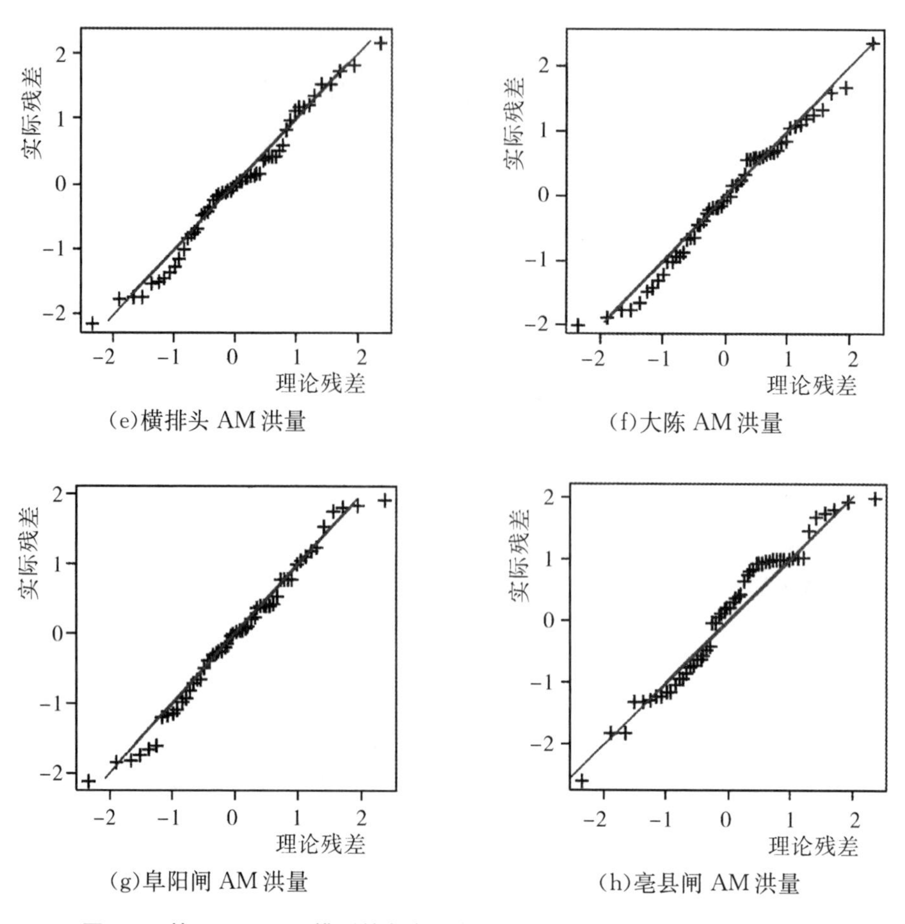

图 5.3 基于 GAMLSS 模型的各个站点 AM 洪峰和洪量序列的正态 QQ 图

5.3 基于成因途径的洪水极值事件的情景预估

5.3.1 淮河流域时变增益模型的构建

(1)数据准备与处理

本研究中主要使用的数据有:降水数据包括来自淮河流域水利委员会 2001—2010 年淮河流域 177 个雨量站日降水数据以及来自中国气象数据共享中心的 1956—2010 年 15 个气象站的日降水数据;径流数据包括 1956—2010 年淮河流域 20 个水文站日流量数据;流域数字化信息数据包括流域 100m×100m 的数字高程模型 DEM 数据,数字化水系河网数据,雨量站、气象站及水文站的空间分布矢量数据等,如图 5.4 所示。

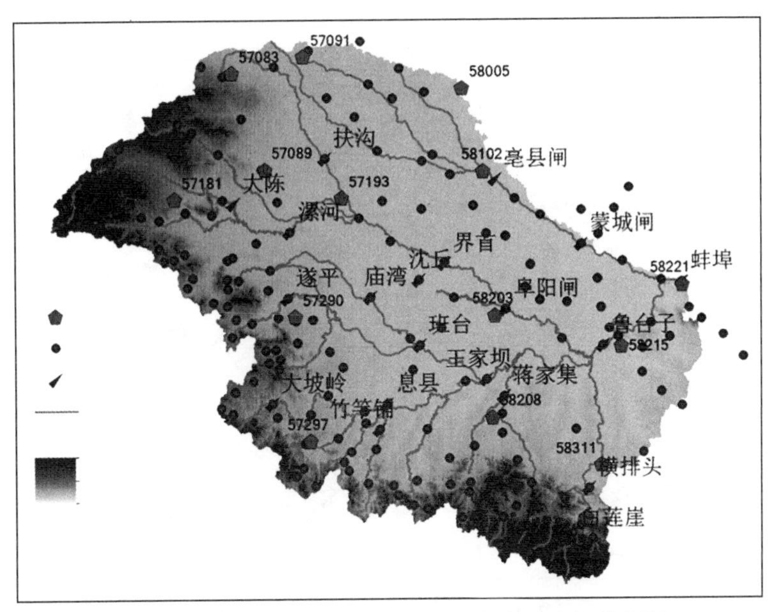

图 5.4 淮河流域水文站、雨量站及气象站空间分布图

采用 ArcGIS 对淮河流域进行流域数字化信息提取，获取每个水文站控制的集水区域相关信息等如图 5.5 所示。运用淮河流域蚌埠闸以上 177 个雨量站点采用泰森多边形进行空间插值(图 5.6)，得到淮河流域各个水文站对应的雨量站降水权重，从而计算各个水文站控制流域面积上的面平均降水序列，为水文模拟提供数据输入基础。

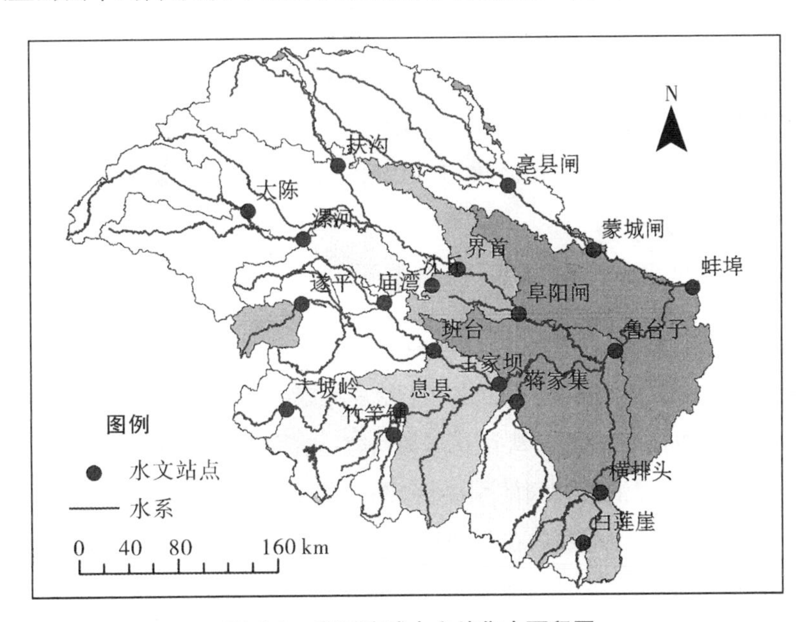

图 5.5 淮河流域水文站集水面积图

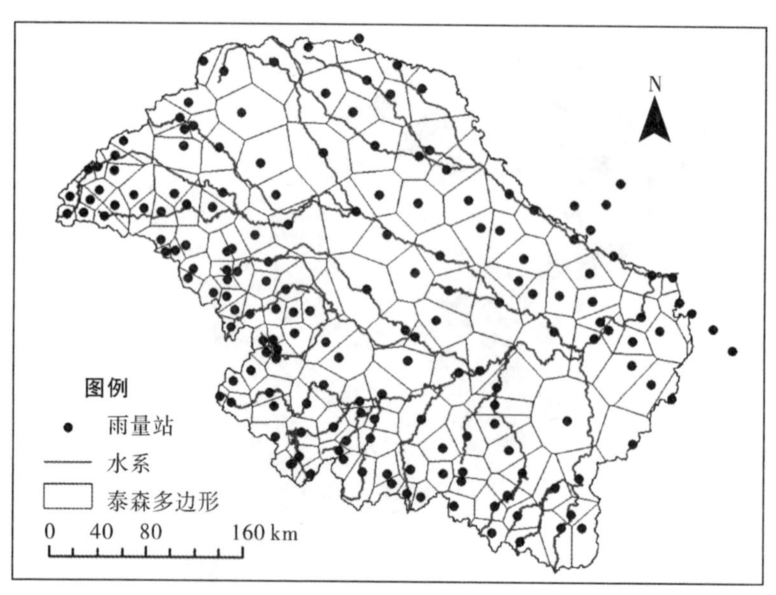

图 5.6 淮河流域雨量站泰森多边形

(2)模型构建

利用淮河流域各水文站点处理的2000—2010年平均面降水及实测径流日过程数据,基于万蕙等改进的多水源时变增益模型,模拟各个水文站的日径流过程,利用2000—2006年数据用于模型率定,2007—2010年数据用于模型检验。模型产流参数通过最小二乘法拟合计算,汇流参数采用SCE-UA优化算法优选得到。模型评价采用水量平衡系数及Nash-Sutcliffe效率系数进行检验,模型效率主要取决于Nash-Sutcliffe效率系数,Nash-Sutcliffe效率系数越接近于1.0,表明模型效率越高。水量平衡系数可以评价总实测值与总模拟值之间的偏离程度,反映水量平衡的模拟效果,其值越接近1.0,水量平衡模拟效果越好。

5.3.2 模型率定及检验

(1)模型的率定

利用2000—2006年数据,通过模型参数优选,得到各水文站对应的模型参数(表5.10),从结果可以看出,g1大部分都小于0,反映了土壤缺水对地表产流的负效应,而g2都大于0,反映了降水对地表产流的正效应。从记忆长度与集水面积的关系可见存在较好的线性关系,反映了记忆长度与流域汇流时间的相关性(图5.7)。地下产流系数ratio普遍在0.3以下。kkg在干流附近都在0.8左右,在其他地区在0.9左右。

从模型效果来看(表5.11),在率定期内,大部分站点模型效果比较好,水量平衡系数在1.25以内,即水量平衡误差控制在25%以内,仅在蒋家集、界首和大陈站点水量平衡误差稍大;而Nash-Sutcliffe效率系数,除在遂平、大陈、横排头、白莲崖四个站点外,都在0.7以上,其中在息县、王家坝、鲁台子、蚌埠效率系数均在0.8以上,模拟效果较优。图5.8至图5.16

为代表性站点的实际流量日过程与模拟流量日过程对比图。

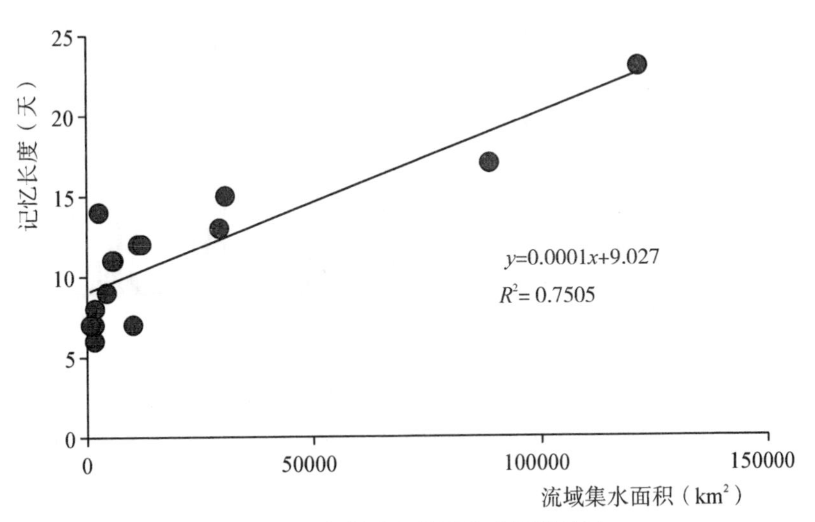

图 5.7 记忆长度与流域集水面积关系

表 5.10 **淮河流域各水文站模型率定参数**

编号	名称	记忆长度	g1	g2	ratio	n	k	kkg
1	大坡岭	6	−0.031	0.046	0.282	1.1	1.1	0.80
2	息县	7	−0.032	0.046	0.255	1.9	1.1	0.80
3	王家坝	15	−0.039	0.057	0.233	3.2	1.1	0.80
4	鲁台子	17	−0.027	0.039	0.154	3.0	2.2	0.80
5	蚌埠	23	−0.038	0.055	0.173	2.3	3.3	0.80
6	竹竿铺	7	−0.034	0.050	0.314	1.2	1.1	0.91
7	庙湾	14	−0.027	0.040	0.194	1.9	2.1	0.95
8	班台	12	−0.032	0.047	0.225	2.0	1.6	0.95
9	遂平	8	−0.022	0.032	0.203	1.1	1.1	0.95
10	蒋家集	11	−0.027	0.039	0.198	1.8	1.1	0.95
11	界首	13	−0.026	0.038	0.131	2.4	1.5	0.95
12	漯河	12	−0.018	0.026	0.103	1.5	1.8	0.95
13	大陈	11	−0.021	0.031	0.098	2.3	1.1	0.95
14	横排头	9	−0.028	0.054	0.334	1.1	3.3	0.95
15	白莲崖	7	−0.005	0.045	0.314	1.1	1.1	0.95

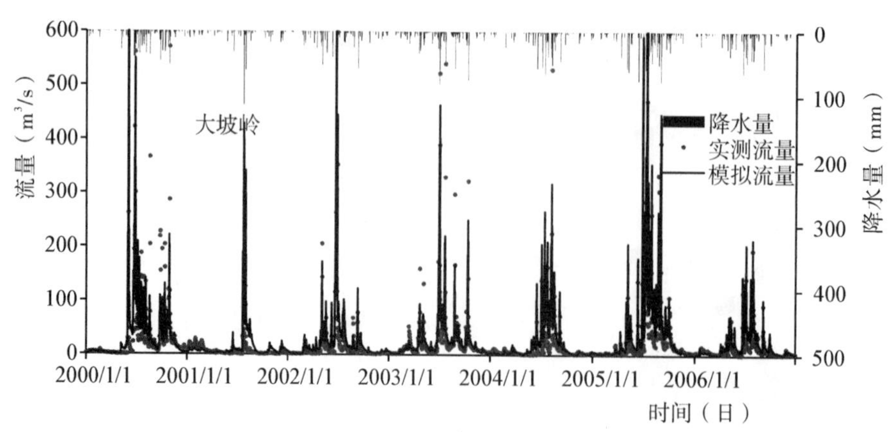

图 5.8　大坡岭站率定期实测模拟日流量对比图

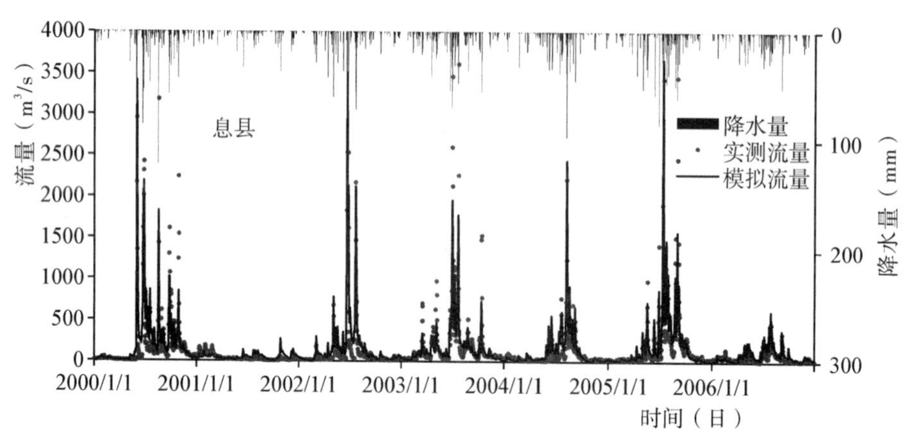

图 5.9　息县站率定期实测模拟日流量对比图

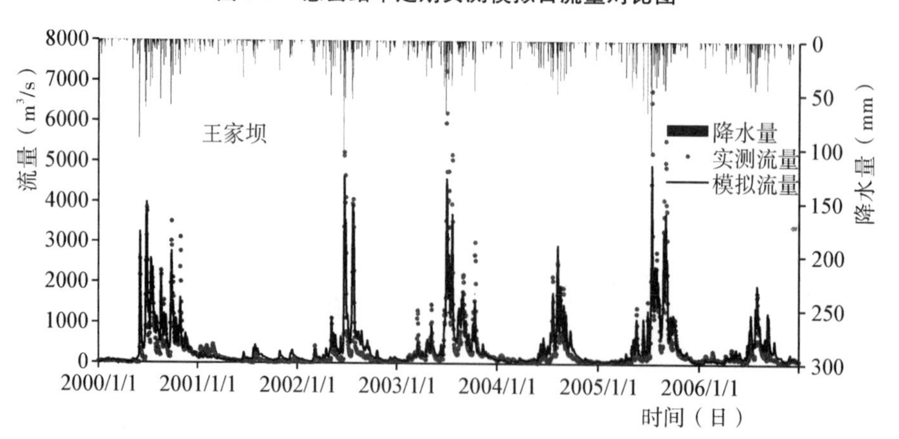

图 5.10　王家坝站率定期实测模拟日流量对比图

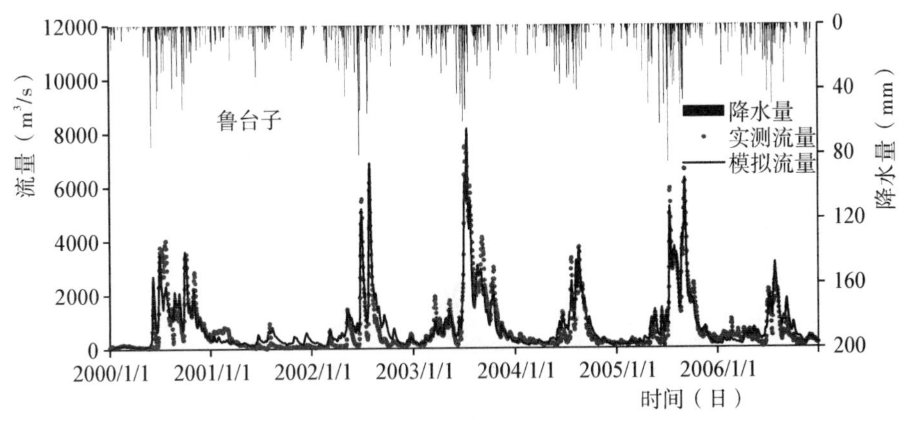

图 5.11　鲁台子站率定期实测模拟日流量对比图

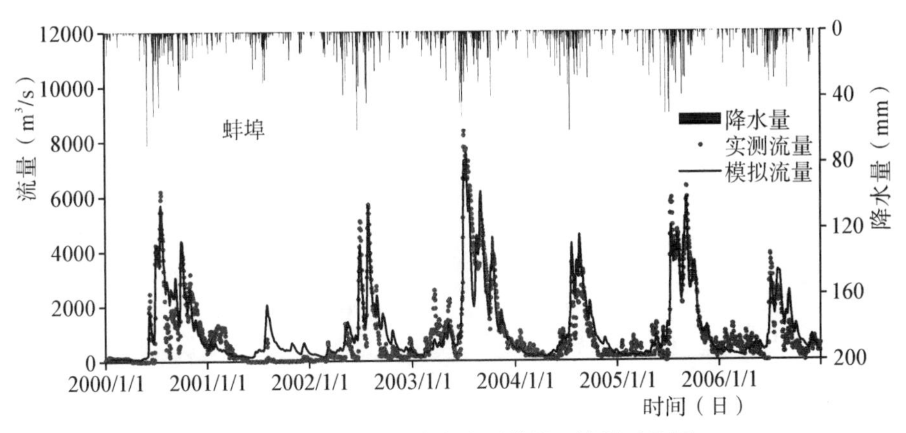

图 5.12　蚌埠站率定期实测模拟日流量对比图

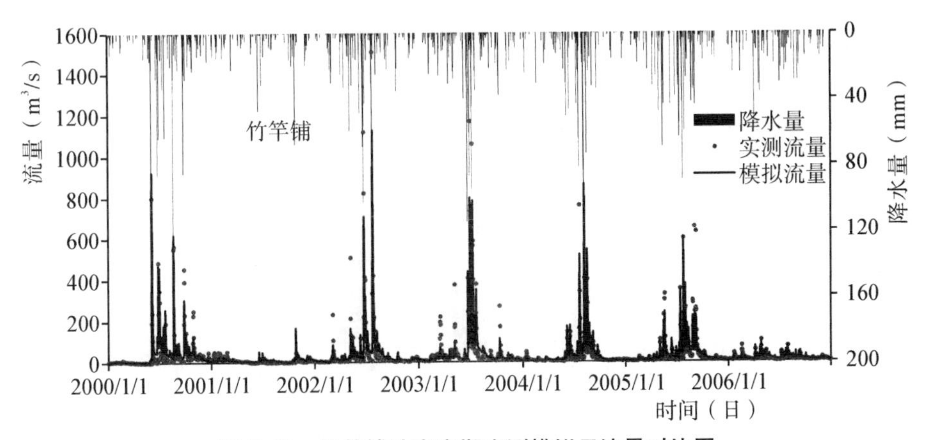

图 5.13　竹竿铺站率定期实测模拟日流量对比图

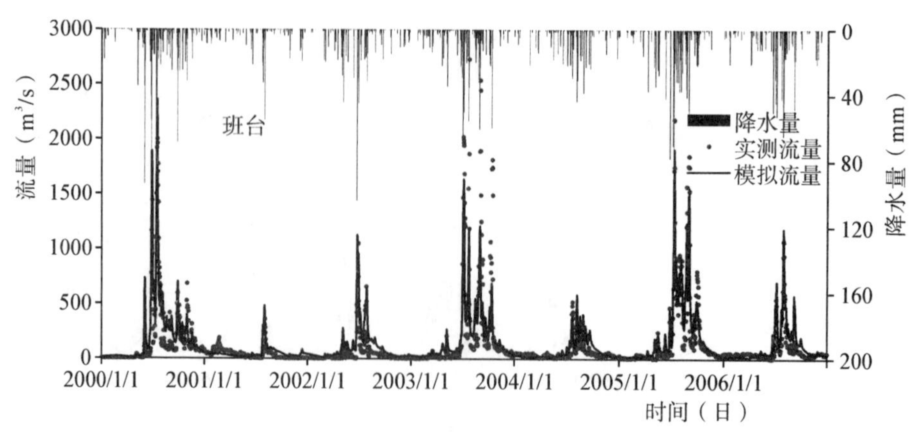

图 5.14　班台站率定期实测模拟日流量对比图

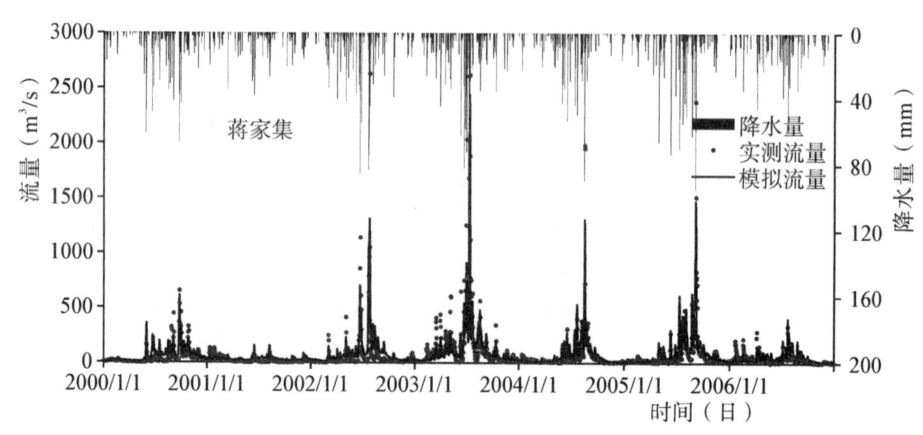

图 5.15　蒋家集站率定期实测模拟日流量对比图

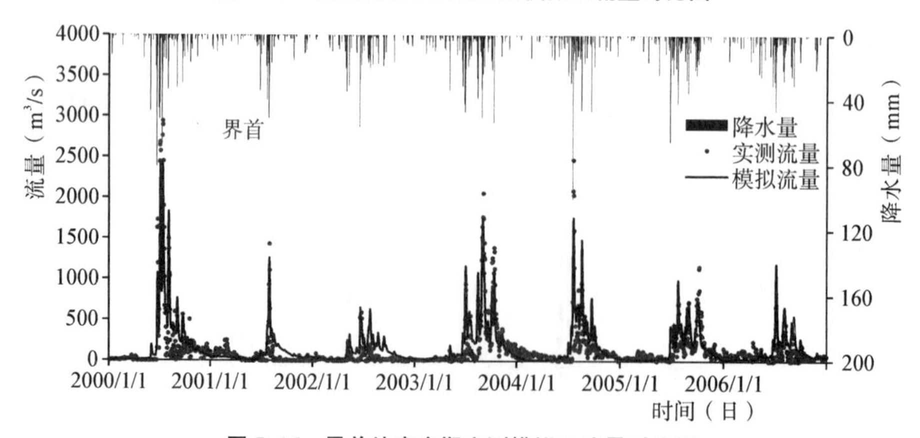

图 5.16　界首站率定期实测模拟日流量对比图

(2)模型的检验

利用 2007—2010 年数据对模型进行检验，检验效果如表 5.11 所示，从结果可以看出，在检验期，水量平衡系数总体满足要求，大部分站点都在 1.3 以下，但是总体较率定期水量平衡系数大，即水量平衡误差较率定期大。Nash-Sutcliffe 效率系数除庙湾、蒋家集、漯河、大陈、横排头外，其余站点都在 0.7 以上，在息县、王家坝、鲁台子、蚌埠四个干流站点 Nash-Sutcliffe 效率系数都在 0.8 以上，模拟效果较优。图 5.17 至图 5.25 为率定期代表性站点的实测流量及模拟流量日过程的对比图。

表 5.11　　淮河流域各水文站率定检验效果

编号	名称	率定期		检验期	
		WBE	NSE	WBE	NSE
1	大坡岭	1.24	0.72	1.32	0.78
2	息县	1.24	0.77	1.24	0.84
3	王家坝	1.18	0.85	1.19	0.84
4	鲁台子	1.10	0.88	1.08	0.88
5	蚌埠	1.13	0.84	1.10	0.83
6	竹竿铺	1.25	0.76	1.37	0.78
7	庙湾	1.18	0.73	1.09	0.64
8	班台	1.25	0.75	1.33	0.77
9	遂平	1.08	0.67	1.09	0.78
10	蒋家集	1.26	0.78	1.29	0.65
11	界首	1.36	0.71	1.17	0.72
12	漯河	1.23	0.72	0.96	0.64
13	大陈	1.49	0.56	1.76	0.57
14	横排头	1.21	0.52	1.05	0.53
15	白莲崖	1.14	0.58	1.43	0.72

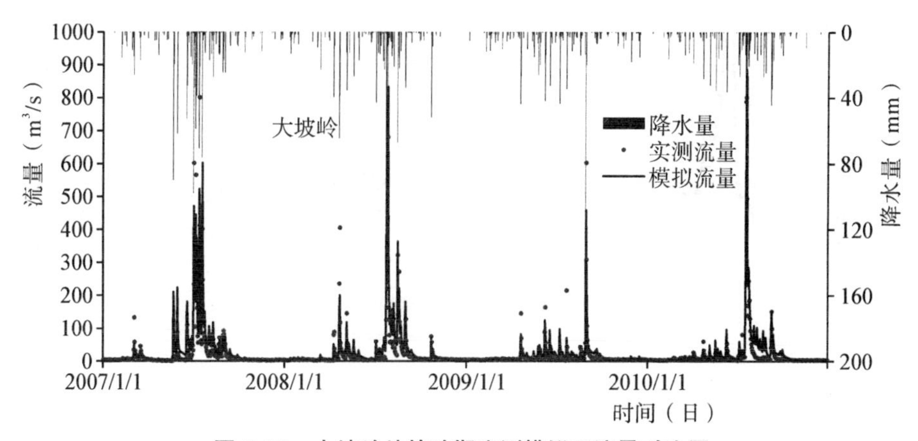

图 5.17　大坡岭站检验期实测模拟日流量对比图

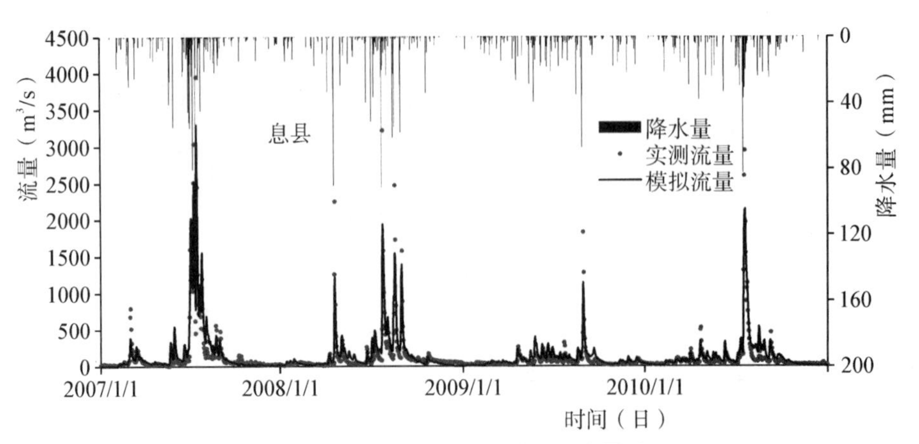

图 5.18　息县站检验期实测模拟日流量对比图

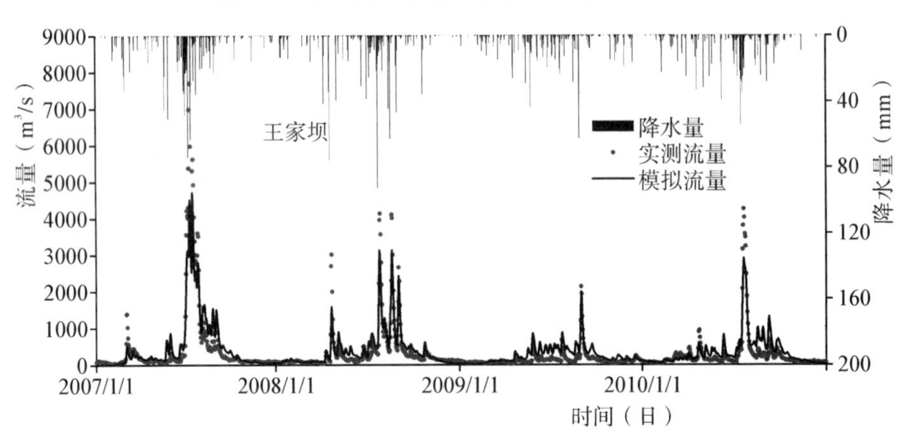

图 5.19　王家坝站检验期实测模拟日流量对比图

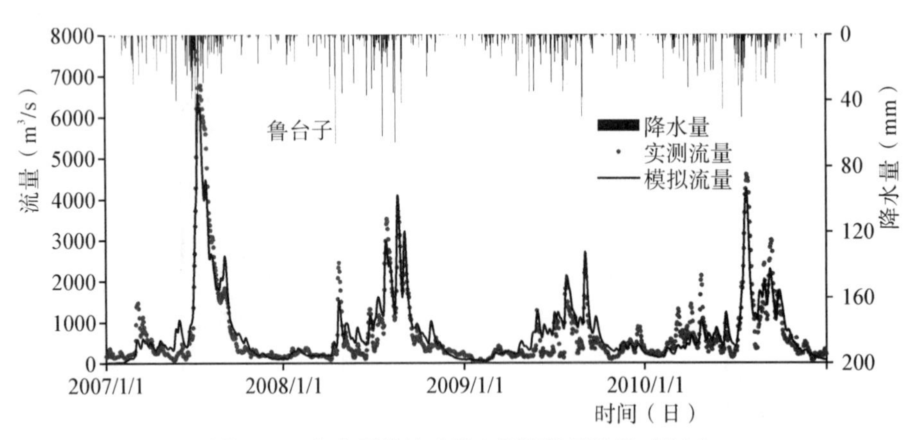

图 5.20　鲁台子站检验期实测模拟日流量对比图

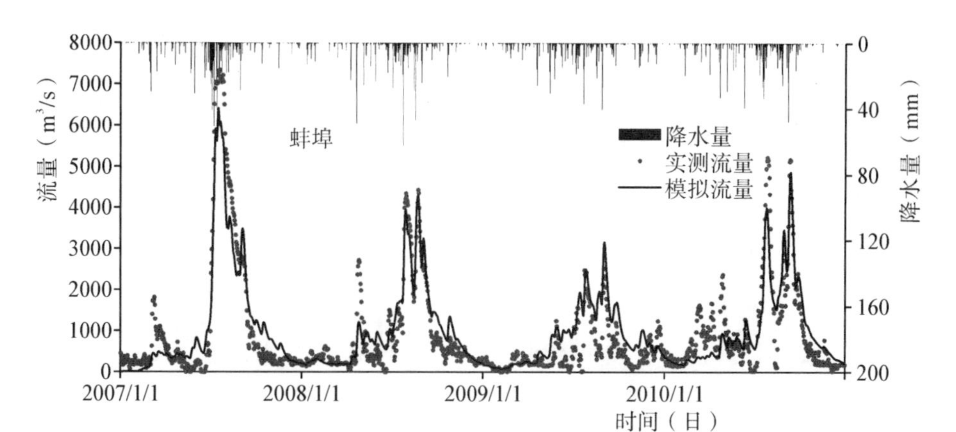

图 5.21 蚌埠站检验期实测模拟日流量对比图

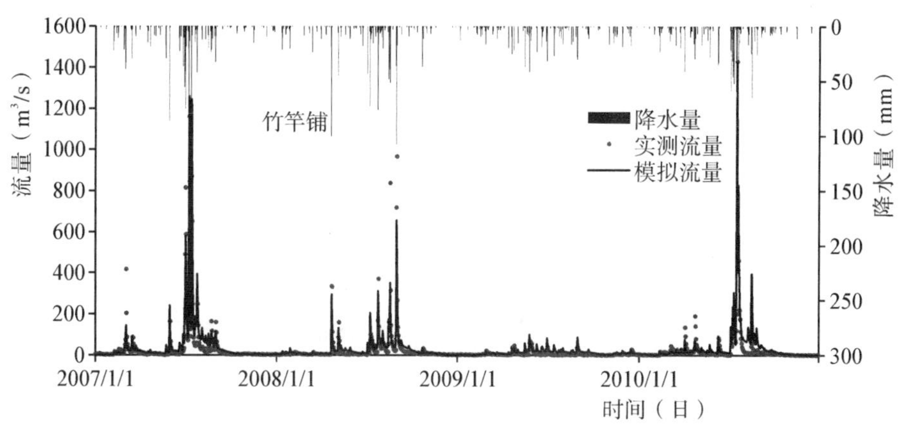

图 5.22 竹竿铺站检验期实测模拟日流量对比图

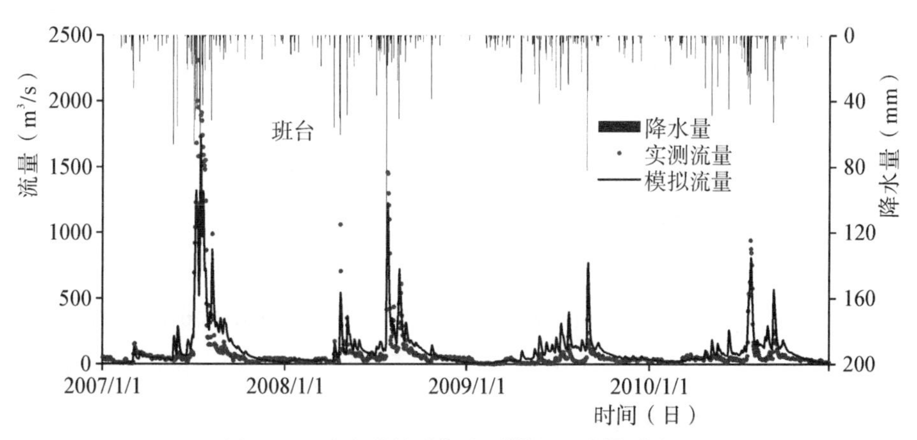

图 5.23 班台站检验期实测模拟日流量对比图

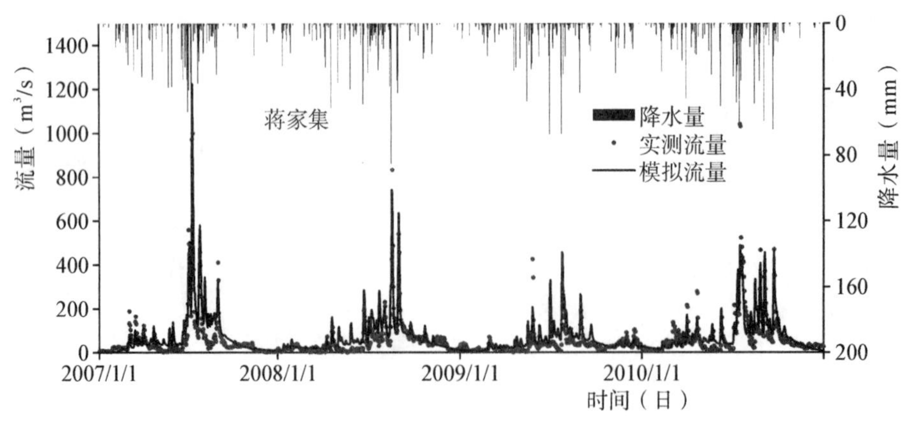

图 5.24　蒋家集站检验期实测模拟日流量对比图

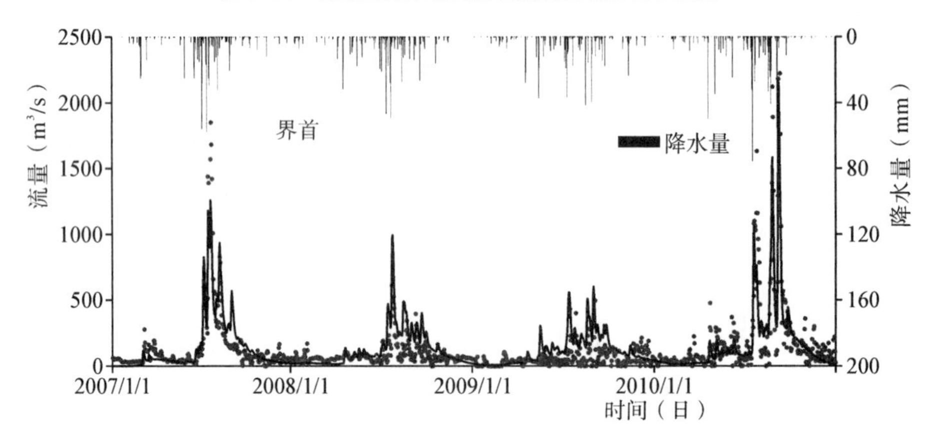

图 5.25　界首站检验期实测模拟日流量对比图

5.3.3　气候模式输出及径流预测

(1)气候模式输出分析

利用 IPCC AR4 未来三个不同情境下的 A1B、A2 和 B1 预报的降水数据，通过集合平均可得到三个情境下淮河流域 2020—2099 年降水日数据。通过插值得到淮河流域平均 2020—2099 年降水过程(图 5.26)，从图中可以看出，在三种气候情景 A1B、A2 和 B1 下，淮河流域年总降水量均呈现增加趋势，增加斜率分别为 1.46、2.00 和 0.67。三种气候情景下，淮河流域多年平均年降水空间分布如图 5.27 至图 5.29 所示。从图中可知，三种气候情景下，多年平均情况下淮河流域未来降水的空间分布状态比较相似，且与历史降水的空间分布也保持较为一致的空间分异特征。

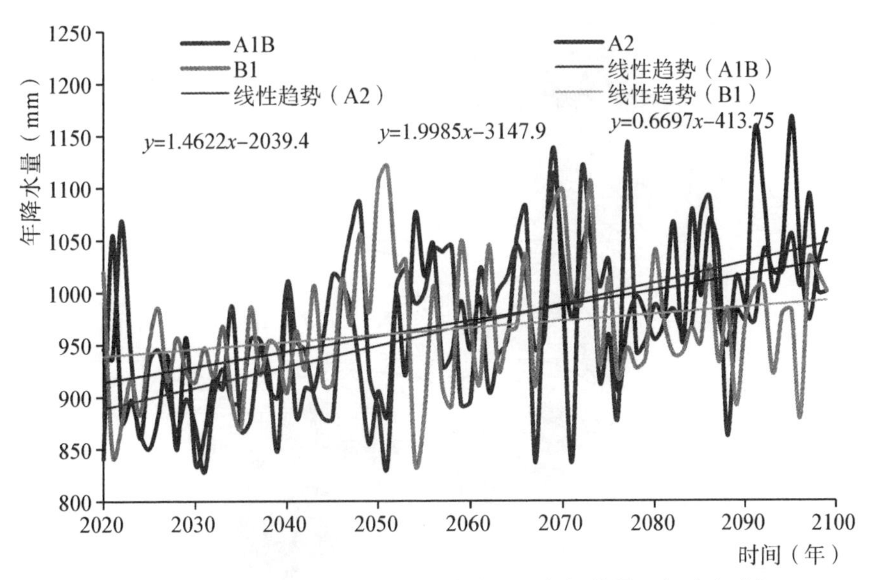

图 5.26 淮河流域 2020—2099 年未来不同气候情景下年降水过程

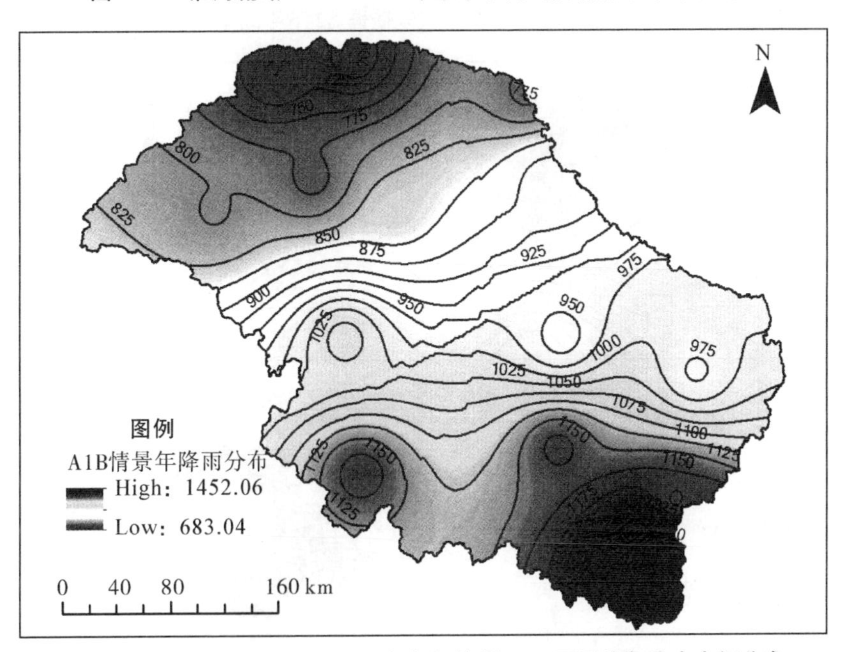

图 5.27 淮河流域 2020—2099 年气候情景 A1B 下平均年降水空间分布

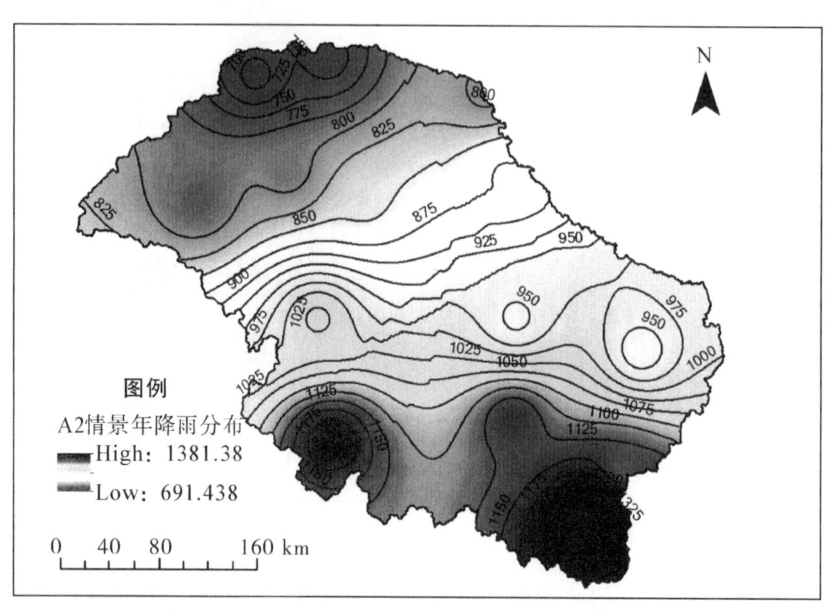

图 5.28 淮河流域 2020—2099 年气候情景 A2 下平均年降水空间分布

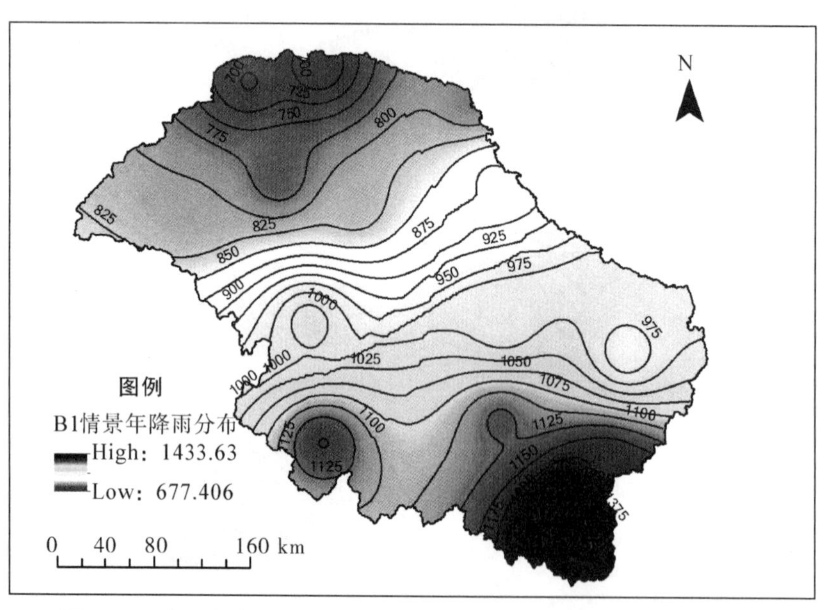

图 5.29 淮河流域 2020—2099 年气候情景 B1 下平均年降水空间分布

(2)未来径流预测

将未来三种气候情景的降水数据输入率定好的时变增益水文模型,模拟淮河流域未来 2020—2099 年日径流的变化,统计其年变化及年际变化 2030s(2020—2039 年)、2050s(2040—2059 年)、2070s(2060—2079 年)、2090s(2080—2099 年)过程,其中代表性站点 2020—2099 年年平均径流变化如图 5.30 至图 5.38 所示,年际统计值如表 5.12 所示。在 A1B 情景下,除蒋家集外,其他所有站点的年平均径流从 2030s—2090s 也是增加的,在 A2

情景下，大部分站点年平均径流同样从2030s—2090s都是增加的，而在B1情景下，部分站点呈现先增加后减少或者先减少后增加的趋势，无明显的一致的特征。

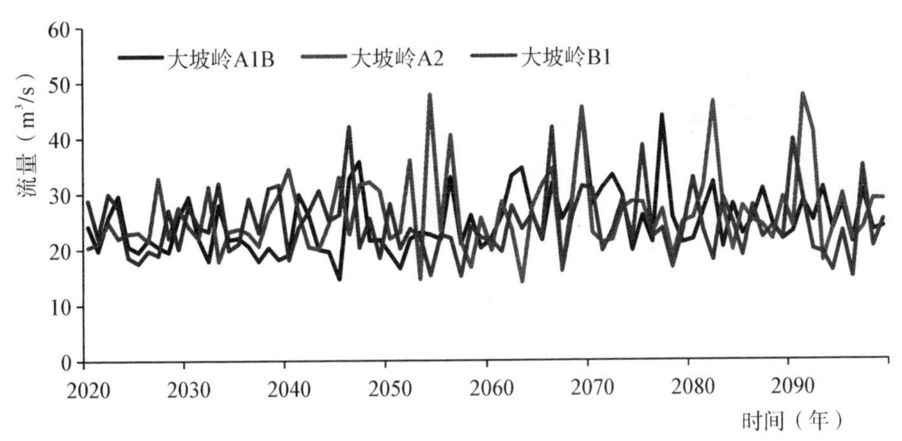

图5.30 大坡岭2020—2099年未来不同气候情景下年平均径流变化

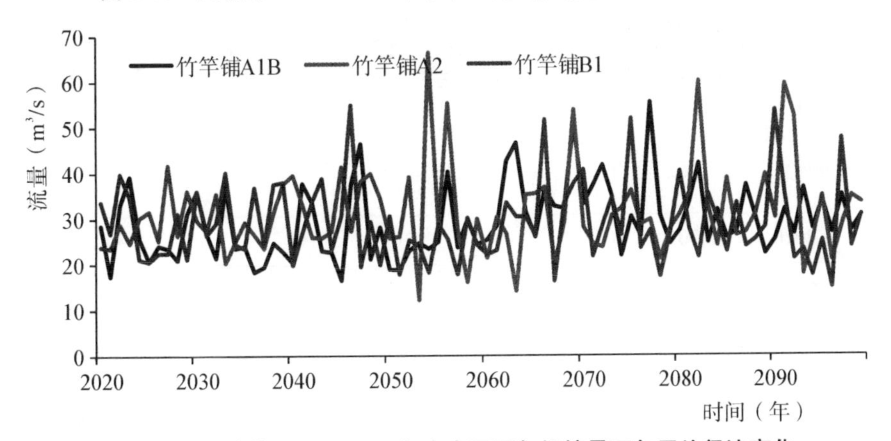

图5.31 竹竿铺2020—2099年未来不同气候情景下年平均径流变化

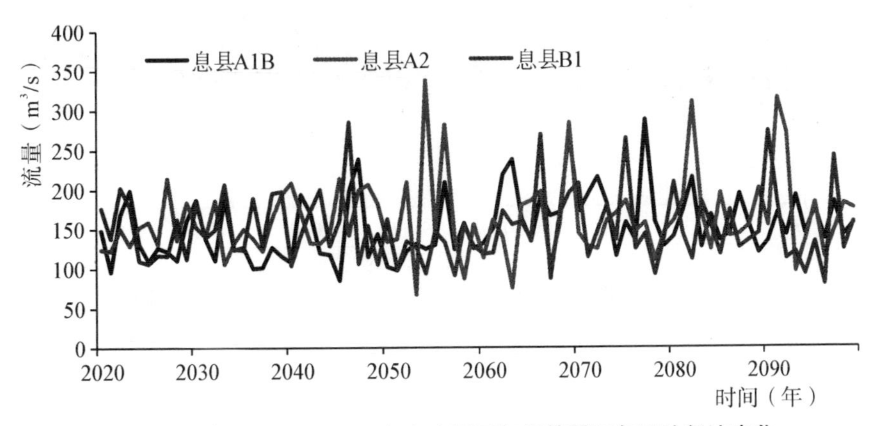

图5.32 息县2020—2099年未来不同气候情景下年平均径流变化

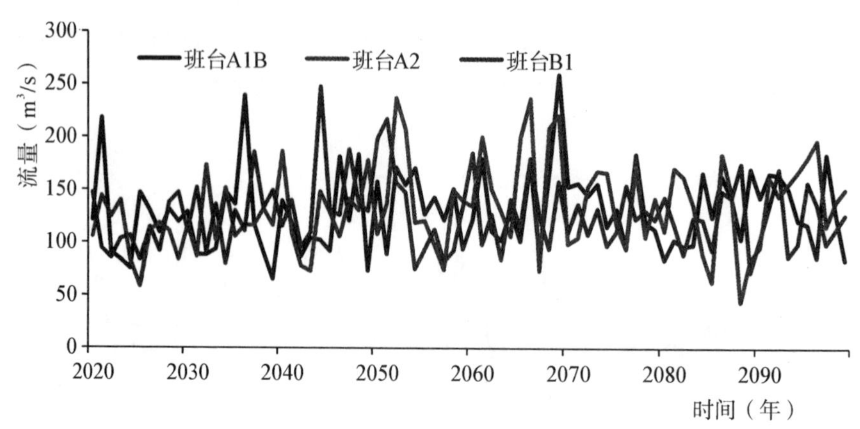

图 5.33　班台 2020—2099 年未来不同气候情景下年平均径流变化

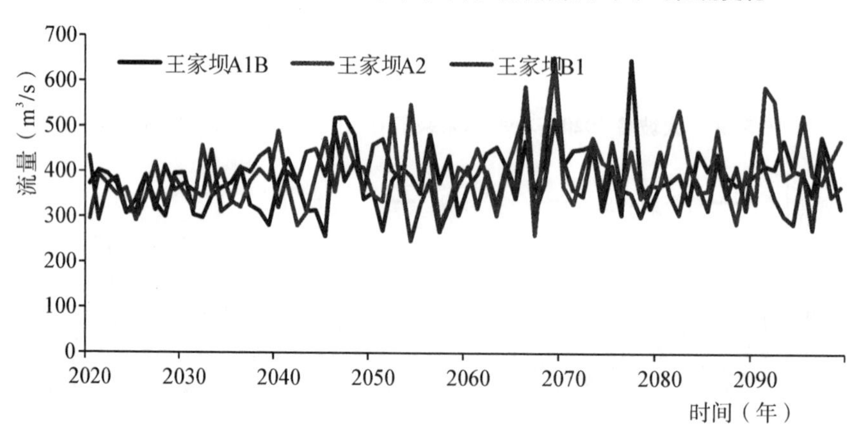

图 5.34　王家坝 2020—2099 年未来不同气候情景下年平均径流变化

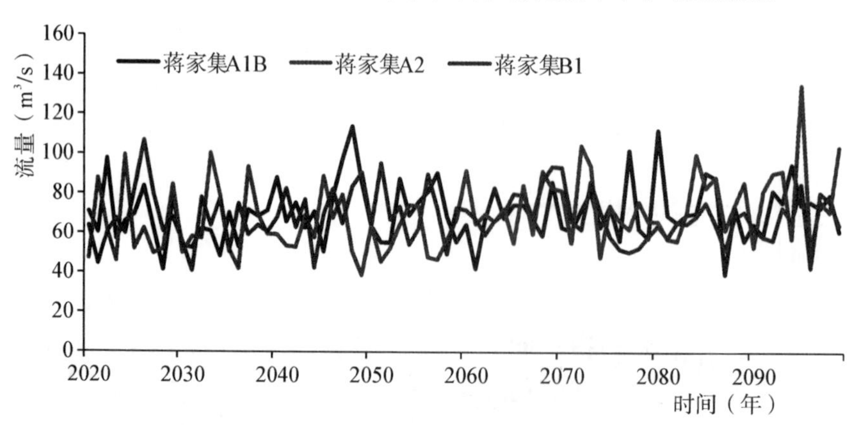

图 5.35　蒋家集 20820—2099 年未来不同气候情景下年平均径流变化

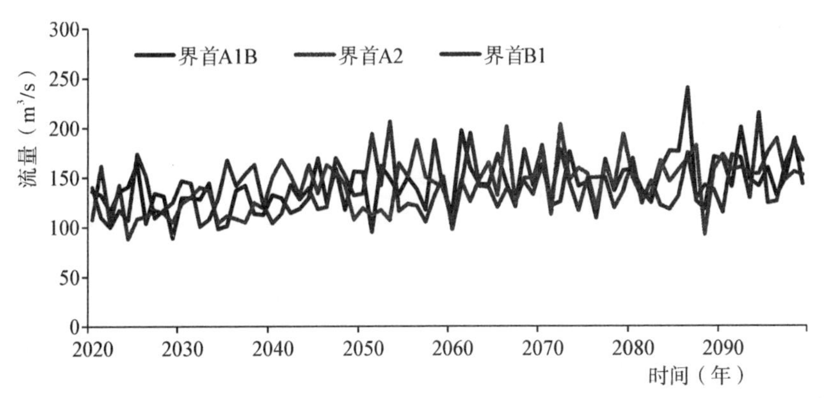

图 5.36　界首 2020—2099 年未来不同气候情景下年平均径流变化

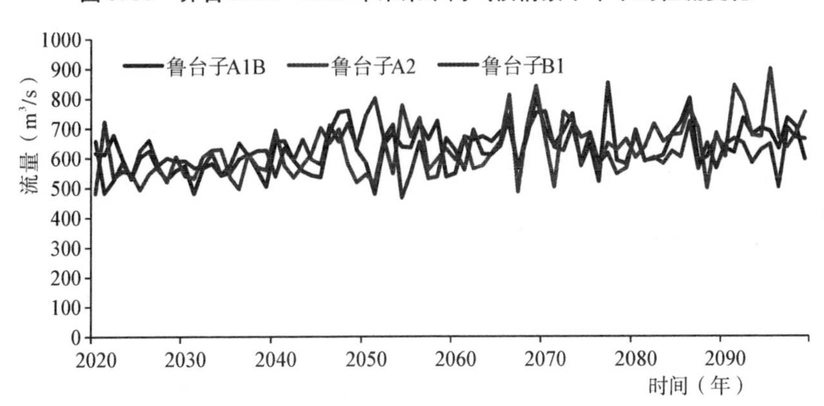

图 5.37　鲁台子 2020—2099 年未来不同气候情景下年平均径流变化

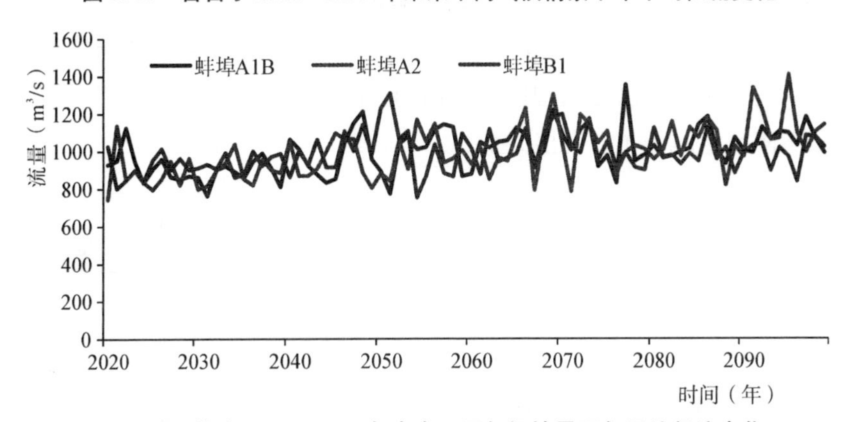

图 5.38　蚌埠 2020—2099 年未来不同气候情景下年平均径流变化

表 5.12　　淮河流域未来 2020—2099 年不同年代际年平均径流统计表　（单位：m³/s）

站点	A1B 情景				A2 情景				B1 情景			
	2030s	2050s	2070s	2090s	2030s	2050s	2070s	2090s	2030s	2050s	2070s	2090s
大坡岭	22.2	23.3	28.8	25.6	24.0	27.4	25.7	28.3	24.6	23.6	25.2	24.3
竹竿铺	25.9	26.9	34.4	30.2	28.9	33.0	29.3	34.2	29.5	27.0	30.2	29.1
息县	134.7	140.5	179.0	157.0	149.3	171.1	153.2	177.5	152.9	141.3	156.4	150.4

续表

站点	A1B 情景				A2 情景				B1 情景			
	2030s	2050s	2070s	2090s	2030s	2050s	2070s	2090s	2030s	2050s	2070s	2090s
遂平	16.5	17.4	19.0	17.6	15.6	18.0	20.5	18.1	16.3	18.4	16.9	16.5
庙湾	23.8	25.4	27.6	25.7	22.6	26.2	29.2	26.4	23.5	26.7	24.6	24.1
班台	121.2	129.2	140.2	129.8	114.9	133.5	149.1	134.9	119.5	136.6	126.4	122.6
王家坝	351.0	384.2	423.4	397.8	362.0	396.9	413.0	425.8	372.0	383.7	390.7	369.2
蒋家集	65.0	74.5	68.8	73.8	65.1	60.5	73.2	77.7	65.9	71.3	69.7	65.9
白莲崖	16.3	17.7	18.5	18.6	15.5	14.9	17.0	19.6	16.2	18.6	17.2	18.4
横排头	99.8	109.2	114.0	114.7	94.9	91.4	104.5	120.3	99.6	114.3	105.6	113.8
大陈	20.8	22.1	27.2	27.2	17.8	22.1	27.0	25.4	23.2	22.5	23.1	25.6
漯河	42.6	44.9	54.1	54.3	37.0	45.7	54.1	51.3	46.6	46.1	47.0	51.4
界首	125.9	138.7	148.8	157.9	118.1	143.1	151.0	155.3	131.4	137.2	141.0	148.1
鲁台子	574.1	634.3	660.0	663.5	564.6	619.8	652.2	692.5	590.6	632.9	640.5	627.7
蚌埠	904.0	999.8	1040.6	1049.6	887.2	978.9	1023.3	1092.3	925.1	1006.5	1016.2	995.3

图 5.39 至图 5.44 为淮河流域未来三种气候情景下年径流 Mann-Kendall 检验趋势及年径流空间分布图，从图中可以看出，A1B 和 A2 情景下年径流总的都表现为增加的趋势，干流下游及北部变化表现比较一致，但是在 A1B 情景下南部山区在上游及其支流呈现显著增加，在 A2 则是南部山区下游及其支流呈现显著增加趋势，然而在 B1 情景下，在上游及其支流有不显著的下降趋势，且除了界首外，其他站点都呈现不显著的增加趋势。从未来三个情景下年径流空间分布图可以看出，其空间分布是比较一致的，仅数量上有一定差异，这与未来不同情景下降水空间分布有直接关系。

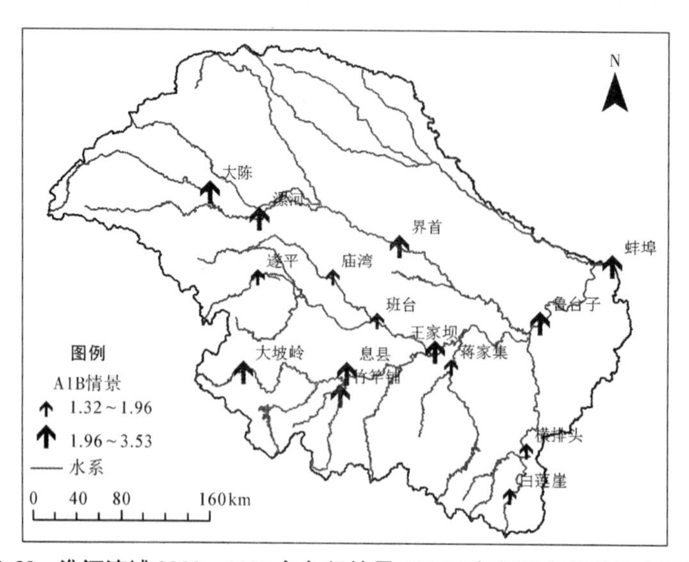

图 5.39 淮河流域 2020—2099 年气候情景 A1B 下年径流变化趋势空间分布

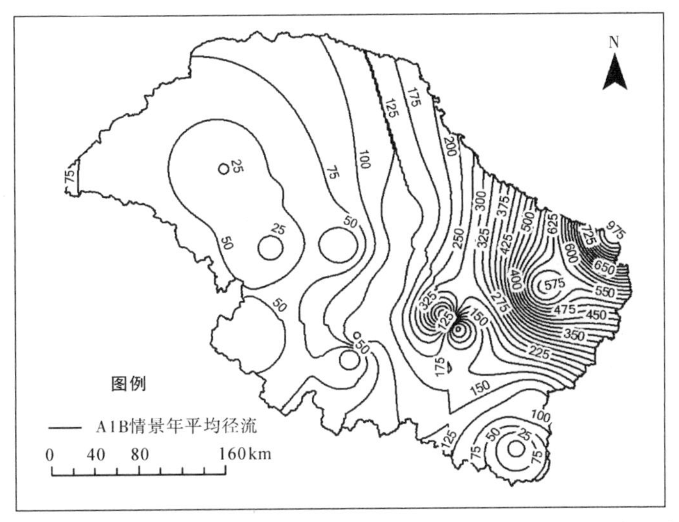

图 5.40　淮河流域 2020—2099 年气候情景 A1B 下平均年径流空间分布

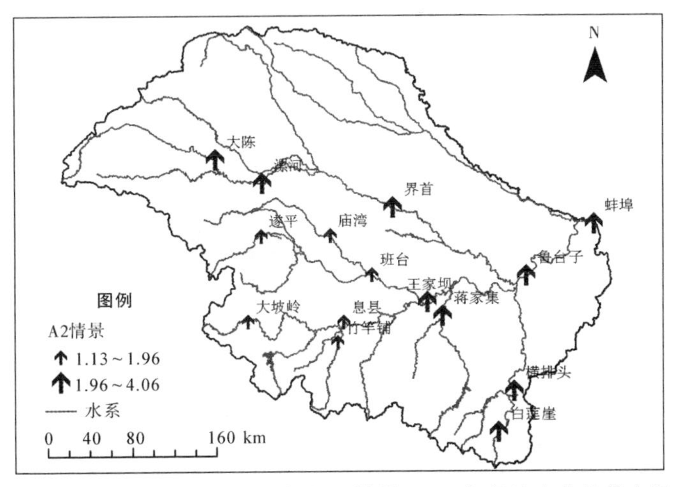

图 5.41　淮河流域 2020—2099 年气候情景 A2 下年径流变化趋势空间分布

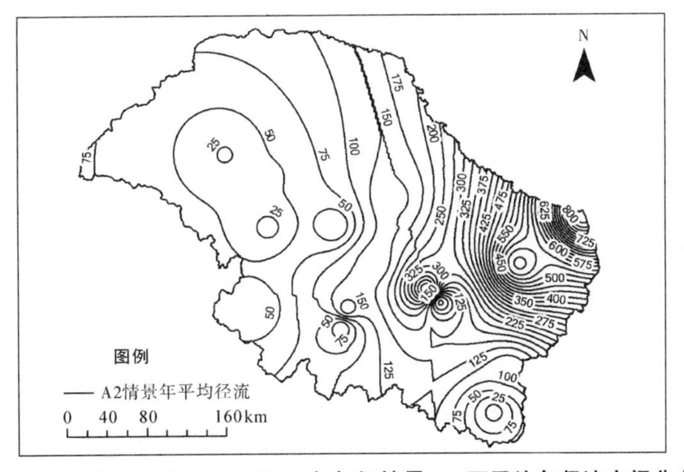

图 5.42　淮河流域 2020—2099 年气候情景 A2 下平均年径流空间分布

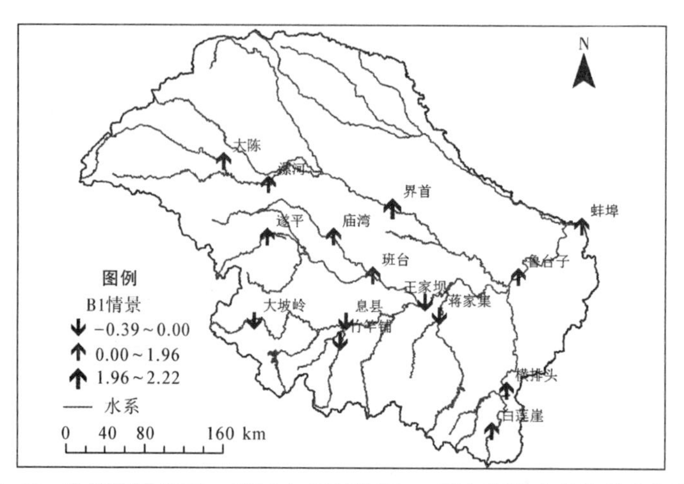

图 5.43　淮河流域 2020—2099 年气候情景 B1 下年径流变化趋势空间分布

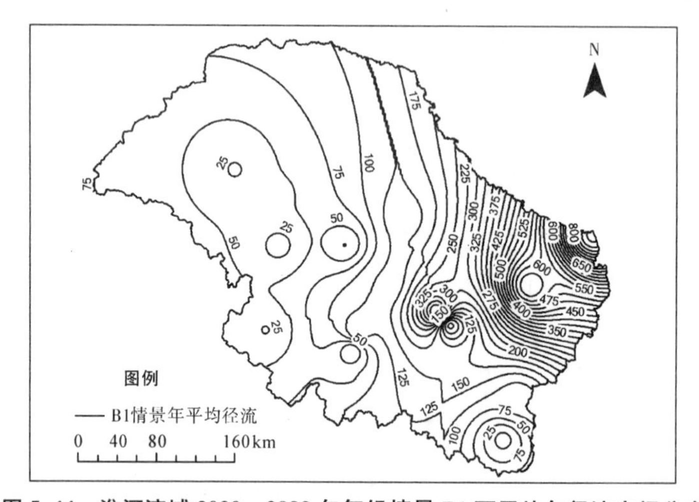

图 5.44　淮河流域 2020—2099 年气候情景 B1 下平均年径流空间分布

5.3.4　气候变化背景下洪水极值事件的时空变化规律分析

(1)AM 洪峰变化趋势

基于 M-K 趋势检验对淮河流域 15 个代表性水文站点的 1956—2099 年以及未来 2020—2099 年的 AM 洪峰序列的变化情况进行分析,结果如表 5.13 所示。

表 5.13　淮河流域 1956—2099 年以及未来 2020—2099 年 AM 洪峰变化趋势统计表　(单位:m^3/s)

站点	A1B 情景		A2 情景		B1 情景	
	1956—2099	2020—2099	1956—2099	2020—2099	1956—2099	2020—2099
大坡岭	−1.56	**2.19**	**−3.16**	−0.51	**−3.92**	−1.80
竹竿铺	−3.19	**2.02**	**−3.86**	−0.97	**−5.65**	−1.58
息县	−1.07	1.78	−3.86	−0.81	−3.67	−1.87

续表

站点	A1B 情景		A2 情景		B1 情景	
	1956—2099	2020—2099	1956—2099	2020—2099	1956—2099	2020—2099
遂平	−1.10	1.18	−1.33	1.23	**−1.97**	0.33
庙湾	−1.19	1.72	−0.18	**2.16**	**−2.02**	0.84
班台	0.99	1.50	**2.79**	1.91	0.42	0.65
王家坝	−1.67	**2.05**	**−2.18**	1.13	−3.14	−0.51
蒋家集	**−5.01**	−0.29	**−2.80**	1.73	−5.36	−2.58
白莲崖	**−3.64**	0.08	**−2.13**	**3.23**	**−4.62**	0.06
横排头	−0.86	0.20	−0.25	**2.80**	−1.01	0.06
大陈	−1.74	1.36	−1.47	**2.79**	**−2.06**	0.98
漯河	**−2.76**	1.26	**−2.29**	**2.80**	**−3.23**	0.86
界首	**−2.37**	1.88	−1.91	**3.60**	**−2.63**	**2.37**
鲁台子	**−2.46**	1.81	**−1.98**	**3.47**	**−3.10**	1.08
蚌埠	−1.51	**2.85**	−1.35	**4.87**	**−3.51**	1.38

注：黑体表明 M-K 趋势检验通过 0.05 的显著性检验。

从表 5.13 可以看出，总的来讲，在 A1B、A2 和 B1 三种情景下，大多数站点 1956—2099 年的 AM 洪峰呈现减小趋势，而 2020—2099 年的 AM 洪峰呈现增加趋势。具体来讲，在 A1B 情景下，1956—2099 年的 AM 洪峰除班台站呈现出不显著的增加趋势外，其余站点都显示出减少趋势，其中竹竿铺、蒋家集、白莲崖、漯河、界首和鲁台子站通过了 0.05 水平下的显著性检验。2020—2099 年 AM 洪峰除蒋家集站外均呈现出增加趋势，其中大坡岭、竹竿铺、王家坝和蚌埠 2020—2099 年的 AM 洪峰呈现显著增加趋势。A2 和 B1 情景同理可分析。即在三种情景下，相对于 1956—2010 年的 AM 洪峰来说，2020—2099 年的 AM 洪峰表现出减小趋势。

(2)洪水极值事件发生概率和量级分析

通过我国水文计算规范规定的 P—Ⅲ 分布曲线分别拟合 1956—2010 年以及 1956—2099 年的 AM 洪水系列，统计淮河流域 15 个代表性水文站点不同重现期下的洪水极值(表 5.14)。从表中可见，在 A1B、A2 和 B1 三种情景下，1956—2099 年不同重现期下的 AM 洪峰值均比 1956—2010 年不同重现期下的实测 AM 洪峰值小，表明未来情景下的 AM 洪峰比历史实测的有所减小。在不同的重现期下，大多数站点的 AM 洪峰是在 A2 情景下最大，B1 情景下最小，A1B 情景下居中，表明在高排放情景下的洪水极值事件的量级更大，在低排放情景下洪水极值事件的量级更小。

表 5.14　淮河流域 1956—2010 年以及 1956—2099 年不同重现期下的 AM 洪峰值　（单位：m^3/s）

站点	1956—2010			1956—2099								
	历史实测			A1B 情景			A2 情景			B1 情景		
	5	20	50	5	20	50	5	20	50	5	20	50
大坡岭	1285.19	2232.25	2842.17	784.59	1572.71	2126.59	862.20	1680.72	2246.03	763.72	1576.60	2152.16
竹竿铺	1132.81	1658.87	1970.36	842.35	1365.91	1700.58	939.49	1572.79	1985.04	821.65	1353.97	1695.92
息县	4078.80	6697.81	8341.29	3030.08	5222.48	6670.39	3339.77	5831.77	7485.89	2920.80	5104.38	6552.26
遂平	986.17	1966.90	2637.90	650.46	1321.17	1792.04	705.21	1425.68	1928.77	629.21	1310.91	1793.54
庙湾	356.97	549.44	666.57	279.89	445.39	551.22	311.44	504.83	628.77	275.85	442.28	548.68
班台	1710.46	2542.88	3027.06	1542.70	2334.50	2819.12	1750.64	2790.19	3443.22	1508.04	2299.56	2785.10
王家坝	5468.66	8728.90	10769.08	3655.07	6445.07	8363.00	3961.60	6715.27	8556.14	3588.91	6317.14	8177.91
蒋家集	2238.37	3462.41	4201.91	1275.14	2600.85	3543.09	1349.05	2688.90	3625.27	1270.21	2610.80	3565.48
白莲崖	768.46	1229.98	1525.55	509.70	921.65	1201.94	550.31	986.58	1277.50	533.77	951.48	1230.27
横排头	1814.81	4231.97	6025.64	1266.03	2699.20	3760.32	1341.04	2917.63	4073.86	1335.69	2800.13	3861.08
大陈	1232.53	2279.19	2972.32	725.82	1571.74	2179.26	720.37	1594.74	2226.82	671.67	1537.03	2173.74
漯河	1866.59	2851.53	3439.10	1116.28	2194.79	2939.51	1114.84	2212.76	2971.63	1051.96	2176.12	2969.61
界首	2255.31	3110.05	3581.32	1502.01	2524.55	3200.76	1498.71	2556.32	3259.15	1409.12	2532.21	3300.95
鲁台子	5614.41	7880.35	9183.42	3662.50	6263.85	8068.54	3797.82	6289.38	7970.91	3588.92	6245.13	8098.27
蚌埠	6010.86	8019.33	9196.90	4466.98	6530.23	8071.69	4560.68	6611.32	7987.08	4349.73	6502.99	8102.74

为了进一步分析洪水极值事件发生频率的变化，计算和统计了历史实测不同重现期下的 AM 洪峰值在未来不同情景下的重现期(表 5.15)。

表 5.15　淮河流域不同重现期下的 AM 洪峰值发生频率变化

站点	A1B 情景			A2 情景			B1 情景		
	5	20	50	5	20	50	5	20	50
大坡岭	12	59	158	10	49	129	12	57	145
竹竿铺	11	45	106	8	24	48	11	45	105
息县	10	51	144	8	32	80	10	55	155
遂平	10	70	246	9	54	176	11	69	235
庙湾	9	49	138	7	28	66	10	50	140
班台	7	30	75	5	14	28	7	32	80
王家坝	12	59	155	11	54	150	13	65	176
蒋家集	14	46	93	13	43	87	14	45	91
白莲崖	12	55	142	10	43	109	11	50	131
横排头	9	74	315	8	56	217	8	68	296
大陈	12	58	158	12	54	141	13	58	150
漯河	13	45	92	13	43	87	14	44	85
界首	14	44	84	13	41	76	14	40	70
鲁台子	14	45	87	14	48	96	15	45	85
蚌埠	14	55	124	13	54	125	15	53	114

从表 5.15 可知，在未来三种情景下，除了 A2 情景下历史 50 年重现期下竹竿铺和班台站，其余站点历史上 5 年一遇、20 年一遇和 50 年一遇的 AM 洪峰均分别变为大于 5 年一遇、20 年一遇和 50 年一遇，即在未来情景下，洪水极值事件发生的频率降低了，历史上原本平均 5 年可能发生一次的 AM 洪峰在未来情景下变为平均可能十年或十几年发生一次，20 年可能发生一次的 AM 洪峰变为平均四五十年发生一次，而 50 年可能发生一次的 AM 洪峰在未来情景下变为平均可能七八十年甚至一百多年发生一次。对于大多数站点，A2 情景下相对于历史实测洪水极值发生的频率减少幅度最小。

以 1956—2099 年不同重现期下的洪水极值为基准，统计淮河流域 15 个代表性水文站点 1956—2099 年特大洪水、大洪水、中等洪水和小洪水极值事件发生的情况，如图 5.45 所示。

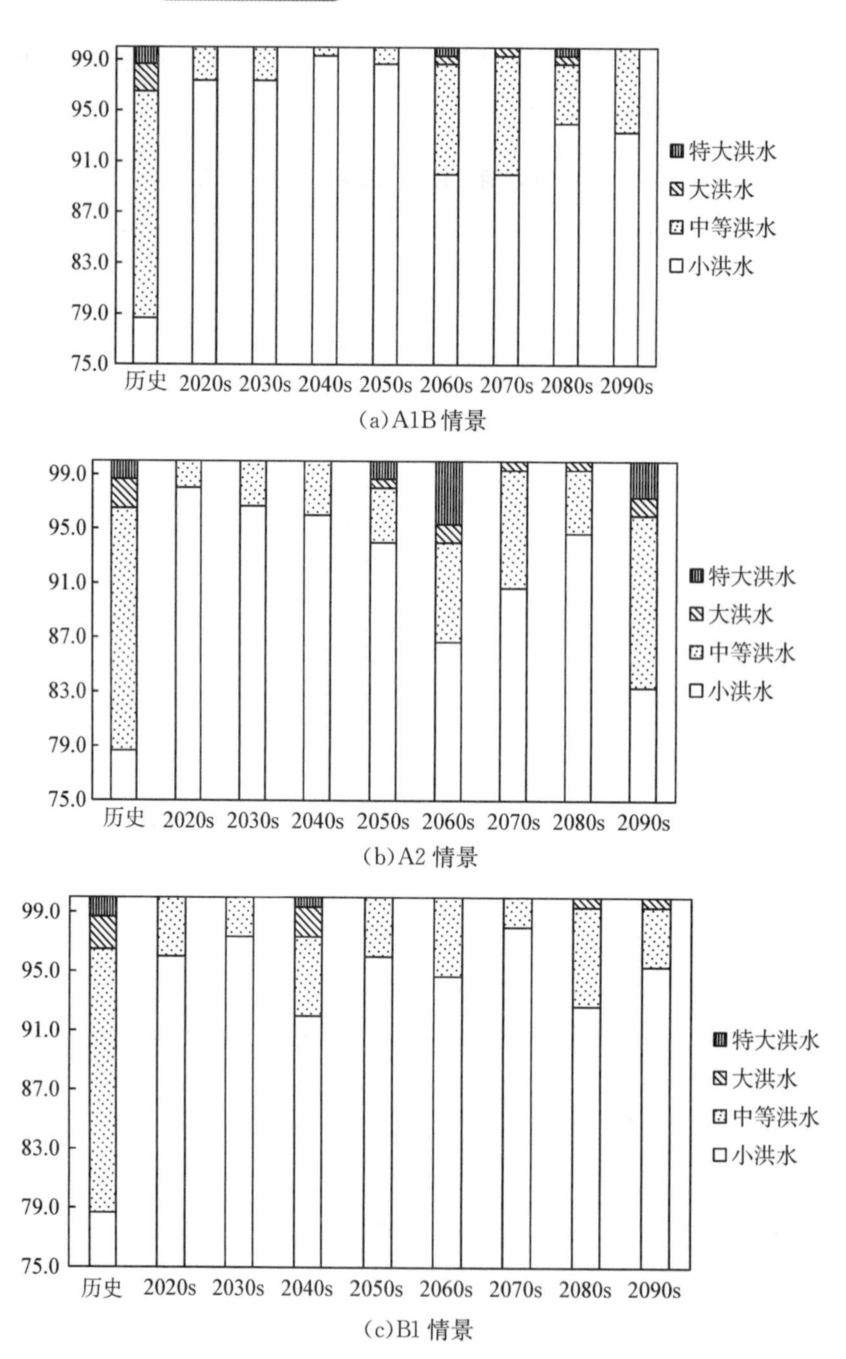

图 5.45 淮河流域三种情景下 1956—2099 年不同量级的洪水发生的频次

从图 5.46 可以看出，在历史时期(1956—2010 年)，洪水极值事件主要以中小洪水为主，其中小洪水占 78.7%，中等洪水占 17.8%，大洪水占 2.2%，特大洪水占 1.3%。在 A1B 情景下，中小洪水的发生更加频繁，各年代中小洪水事件占 90.0%～99.3%，尤其是在 2020s—2050s，主要以小洪水事件为主。各年代中等洪水事件占 0.7%～9.3%，而大洪水和特大洪水的发生有所减少，仅在 2060s 和 2080s 有特大洪水事件，占 0.7%。大洪水事件在 2050s—2080s 有发生，占 0.7%。在 A2 情景下，各年代小洪水事件的发生占 86.7%～98.0%，从 2020s 到 2060s，小洪水事件的发生呈现减少趋势，2060s—2080s 呈现增加趋势，2090s 又急剧减少。各年代中等洪水事件的发生占 2.0%～12.7%，2020s—2090s 呈现出波动增加的趋势，仅在 2080s 中等洪水事件的发生有所减少。对于大洪水事件，20—40 年代均未有发生，50 年代到 90 年代均有发生，占 0.7%～1.3%。特大洪水事件在 2050s，2060s 和 2090s 均有发生，占 1.3%～4.7%，其中 60 年代特大洪水发生尤其频繁，占 4.7%。在 B1 情景下，各年代小洪水的发生占 92.0%～98.0%，中等洪水发生占 2.0%～6.7%，大洪水仅在 40 年代，80 年代和 90 年代有发生，占 0.7%～2.2%，其中 40 年代发生大洪水最多，同时也仅在 40 年代有特大洪水事件发生，占 0.7%。

总的来讲，与历史洪水极值事件发生比较，3 种情景下大洪水和中等洪水事件发生减少，中等洪水减少较显著，小洪水事件发生增加。对于特大洪水，在 A1B 和 B1 情景下有所减少，B1 情景下减少显著，但在 A2 情景下 2050s、2060s 和 2090s 发生比例比历史增加，其余年代减少。A2 和 A1B 情景出现大洪水和特大洪水的比例比 B1 情景大。分析其原因，在高排放 A2 情景下，未来气温增加幅度最大，降水变率比较大，大洪水、特大洪水较容易发生，然而在低排放 B1 情景下，未来气温增幅最小，降水变率小，大洪水、特大洪水事件发生的可能性相对较小。

(3)洪水极值事件强度变化

以 2010 年为界划分了 1956—2010 年和 2020—2099 年前 55 年和后 80 年，分别计算两个时段重现期为 10 年、20 年和 50 年洪水极值事件强度的相对变化，如表 5.16 所示。

表 5.16　2020—2090 年相对于 1956—2010 年不同重现期的 AM 洪峰强度变化(%)

站点	A1B 情景			A2 情景			B1 情景		
	10	20	50	10	20	50	10	20	50
大坡岭	−67.25	−68.88	−70.23	−54.89	−54.14	−53.17	−69.53	−71.04	−72.31
竹竿铺	−43.32	−40.66	−37.56	−22.14	−14.23	−5.29	−47.16	−45.21	−42.95
息县	−44.49	−44.65	−44.48	−28.33	−25.79	−22.82	−49.78	−50.88	−51.74
遂平	−61.80	−64.97	−67.57	−50.83	−52.87	−54.50	−64.39	−66.93	−68.99
庙湾	−38.15	−38.96	−39.48	−18.94	−16.48	−13.61	−39.91	−40.49	−40.81
班台	−16.88	−15.78	−14.05	10.06	16.70	24.43	−19.54	−18.07	−16.02
王家坝	−59.58	−62.22	−64.48	−48.65	−49.62	−50.20	−63.37	−67.19	−70.70
蒋家集	−73.85	−75.18	−76.36	−66.14	−64.69	−62.95	−73.85	−74.82	−75.62
白莲崖	−61.20	−61.63	−61.91	−48.89	−45.08	−41.10	−54.54	−53.23	−51.86

续表

站点	A1B 情景			A2 情景			B1 情景		
	10	20	50	10	20	50	10	20	50
横排头	−60.75	−67.13	−71.96	−51.26	−55.91	−59.55	−55.04	−61.40	−66.37
大陈	−69.22	−70.72	−71.97	−68.42	−68.60	−68.61	−76.37	−78.62	−80.53
漯河	−68.96	−68.52	−67.89	−68.27	−66.76	−64.97	−75.58	−76.32	−76.95
界首	−59.73	−60.50	−61.06	−58.44	−57.57	−56.25	−66.56	−67.17	−67.53
鲁台子	−62.34	−64.36	−66.07	−58.12	−59.65	−60.92	−65.28	−67.90	−70.30
蚌埠	−48.20	−50.84	−53.17	−44.56	−46.34	−47.80	−51.97	−55.00	−57.81

从表 5.16 可知，相对于 1956—2010 年的 AM 洪峰，三种情景下 10 年、20 年和 50 年重现期的 2020—2090 年的 AM 洪峰表现出强度减小。其中以 B1 情景减小幅度最大，A2 情景减小幅度最小，A1B 情景减小幅度居中。在同一情景下，站点在不同重现期下的洪峰强度变化呈现相似性，而且不同重现期下同一站点的洪峰减小幅度相近。在 A1B 和 B1 情景下，除班台站，其余站点洪峰减小幅度均超过了 30%，分别在 38%～72%范围和 39%～81%范围内；在 A2 情景下，除竹竿铺、息县、庙湾和班台站外，其余站点减小幅度均超过了 30%，在 44%～69%范围内。

5.4 本章小结

本章基于统计途径采用参数时变的统计模型 GAMLSS 模型对气候变化背景下淮河流域的洪水极值事件进行了非一致性频率分析，接着基于成因途径采用 TVGM 水文模型和未来气候模式对淮河流域的洪水极值事件进行了未来气候情景下的预估，进一步研究了气候变化背景下淮河流域洪水极值事件发生的时空变化规律，分析了气候变化对淮河流域洪水极值事件发生频率和强度的影响。主要结论如下：

(1)采用位置参数、形状参数、尺度参数线性时变或非线性时变的 GAMLSS 模型拟合淮河流域 AM 洪峰的非一致性序列，模型的实际残差序列与理论残差序列的相关性良好，模型的正态 QQ 分布图的点据分布与理论直线很接近，表明相对于稳态的概率分布，GAMLSS 模型可以更好地描述和模拟非一致性水文序列。

(2)构建了淮河流域时变增益模型，通过降尺度 IPCC AR4 未来气候集合模式的降水数据作为输入，模拟和预测淮河流域未来径流过程。结果表明，时变增益模型对淮河流域的径流模拟效果较好，具有适用性。在三种气候情景 A1B、A2 和 B1 下，淮河流域年总降水量均呈现增加趋势。在 A1B 情景下，除蒋家集外，其他所有站点从 2030s—2090s 年平均径流都是增加的，在 A2 情景下，大部分站点年平均径流同样从 2030s—2090s 都是是增加的，而在

B1 情景下，部分站点年平均径流呈现先增加后减少或者先减少后增加的趋势，无明显的较为一致的特征。

(3)对气候变化背景下未来洪水极值事件的时空变化规律进行分析，发现在 A1B、A2、B1 三种情景下，大多数站点 1956—2099 年的 AM 洪峰呈现减小趋势，而在 2020—2099 年的 AM 洪峰呈现增加趋势。1956—2099 年不同重现期下的 AM 洪峰值均比 1956—2010 年不同重现期下的实测 AM 洪峰值小，表明未来情景下的 AM 洪峰比历史实测的有所减小。在不同的重现期下，大多数站点的 AM 洪峰是在 A2 情景下最大，B1 情景下最小，A1B 情景下居中。与历史洪水极值事件发生比较，3 种情景下大洪水和中等洪水事件发生减少，中等洪水减少较显著，小洪水事件发生增加。对于特大洪水，在 A1B 和 B1 情景下有所减少，B1 情景下减少显著，但在 A2 情景下 2050s、2060s 和 2090s 发生比例比历史增加，其余年代减少。在高排放 A2 情景下，未来气温增加幅度最大，降水变率比较大，大洪水、特大洪水较容易发生，然而在低排放 B1 情景下，未来气温增幅最小，降水变率小，大洪水、特大洪水事件发生可能性相对较小。相对于历史 AM 洪峰，未来气候情景下的 AM 洪峰表现出洪水强度减小。

第六章　结论与展望

气候变化背景下极端水文事件的研究是当前研究的重点和热点问题，其中洪水极值的研究是我国区域水安全和水资源适应性管理和风险管理的重大需求。本书以淮河流域为研究流域，对淮河流域洪水极值事件的时空变化特征和规律进行了分析，同时研究和比较了单站点频率分析和区域频率分析，并基于多元统计模型对淮河流域洪水极值事件进行了全面描述，最后基于统计途径和成因途径，研究了气候变化对淮河流域洪水极值事件的影响。

6.1　主要结论

本书的主要研究工作及结论如下：

(1)淮河流域降水和洪水极值事件的时空变化特征分析，揭示了淮河流域洪水极值事件的时空变化规律和周期演化特征。淮河流域 1956—2010 年降水量整体呈现不显著的增加趋势。流域内降水年际变化很大，年内分配很不均匀，汛期降水占全年降水总量的 60%左右。淮河流域年极端降水量的空间分布与淮河流域年降水量的空间分布一致，均为西北少，东南多，从北向南逐渐增加。近 55 年来，淮河流域的年极端降水量、年极端降水日数、极端降水强度、极端降水量比重、极端降水日数比重总体呈现增加趋势。淮河流域极端降水事件主要发生在 6—9 月，占全年的 75%以上。1956—2010 年，淮河流域最大洪峰多出现在 20 世纪六七十年代，且在 6 月、7 月、8 月汛期居多，50 年一遇及以上的特大洪水在 1960s 发生的站次数最多，之后呈现减少趋势，20～50 年一遇的大洪水在 1980s 发生的站次数最多，1990s 迅速减少，进入 21 世纪又有增加趋势。1470—2010 年，除信阳地区外，蚌埠、阜阳、徐州、临沂地区总体偏涝。蚌埠、阜阳、徐州、临沂四个地区均存在 40 年、90 年左右具有较为显著的周期性特征。

(2)淮河流域洪水极值事件的单变量频率分析，包括站点频率分析和区域频率分析，基于线性矩理论，采用站点频率分析和区域频率分析方法，研究了淮河流域洪水极值事件的区域分布特征，比较了两种方法分位点估算结果的准确性和不确定性，为系统分析洪水极值事件的时空演变规律和区域分布特征提供了有效途径。站点频率分析结果和区域频率分析结果均说明采用 AM 和 POT 序列来描述淮河流域洪水极值事件的时空变化特征是合理的，均符合淮河流域的地理特征和洪水特性。AM 和 POT 序列在不同重现期下的洪峰(洪量或者历时)的空间变化呈现出一定的相似性。对于洪峰序列,淮河干流的洪峰流量最大,干流和各支流的洪峰从上游往下逐渐增大,淮河右岸淮南山区的洪峰流量比淮河左岸的洪峰流量大。对于洪量和历时序列,淮河干流和各支流的洪量和历时从上游往下逐渐增大,与控制流域面积呈现较好的相关性,控制流域面积越大,洪量和历时相应越大(越长)。对于区域频率分析,分位数估计的误差随着重现期的增加而增加。当重现期大于 100 年时,分位数估计变得不可靠。相比较站点频率分析,区域频率分析的准确性较高,不确定性较小,尤其是在高分位数估计时。相比较 AM 序列,POT 序列能够更好地描述淮河流域洪峰极值事件。

(3)淮河流域极端洪水事件的多变量频率分析,将 Copula 函数拓展应用到气候变化影响下洪水极值事件的多变量分析研究中,构建能够反映气候变化影响的洪水极值事件多元统计模型,研究气候变化(降水)对洪水极值事件发生概率的影响。采用淮河流域 9 个典型水文站点的 AM 洪峰、洪量和历时序列,构建二维 Copula 函数对洪水极值事件的洪峰洪量、洪峰历时和洪量历时进行分析。通过拟合优度检验,选择的最优 Copula 函数能够较好地描述对应序列及其尾部相关性,与尾部相关性分析的结果相符合。通过重现期分析,发现淮河流域干流比支流,下游比上游更容易遭受长历时和峰高量大的洪水事件。进一步建立淮河流域洪峰、洪量和历时的三维 Copula 函数,分析取最大值情况下三变量的联合概率、同现概率和相应的重现期。结果表明,洪峰、洪量和历时的联合概率较大,而同现概率较小,研究表明至少有一个变量超过实测最大值的洪水事件较易发生,而洪峰、洪量和历时同时超过实测的最大值的洪水事件一般不易发生。以淮河流域出口水文站蚌埠站为例,构建了气候因子(前期累积降水量)同年最大洪峰之间的二维 Copula 函数,拟合优度检验表明 Student t-Copula 为最优 Copula 函数,能够较好地描述二者之间的关系。结果表明,随着前期累积降水量的不断增加,发生洪水的可能性逐渐增大;随着前期累积降水量的不断增加,发生小洪水的概率随着前期累积降水量的不断增加而逐渐减小,而发生特大洪水的概率随着前期累积降水量的不断增加而逐渐增大。发生中等洪水和大洪水的概率是随着前期累积降水量的不断增加,呈现出先增加后减小的变化。

(4)基于统计途径和成因途径的淮河流域洪水极值事件分析。基于统计途径采用参数时变的 GAMLSS 模型对气候变化影响下淮河流域洪水极值事件进行非一致性频率分析,同时基于成因途径采用时变增益水文模型和 IPCC AR4 未来气候模式,研究气候变化背景下淮河流域洪水极值事件的时空变化规律,进一步分析未来气候变化对淮河流域洪水极值事件发生的频率和强度可能产生的影响,为气候变化背景下洪水灾害的适应性管理和风险管理提供科学依据和技术支撑。相比较稳态的概率分布,采用参数时变的 GAMLSS 模型能够较好地描述和模拟淮河流域洪水极值事件中的非一致性序列。构建了淮河流域时变增益模型,通过降尺度 IPCC AR4 未来气候集合模式的降水数据作为输入,模拟和预测淮河流域未来径流过程,并基于未来径流过程对淮河流域未来的洪水极值事件进行分析,研究气候变化对淮河流域洪水极值事件的影响。结果表明：时变增益模型在淮河流域径流模拟中表现良好，有较好的适应性。未来情景下的 AM 洪峰比历史实测的有所减小。在不同的重现期下，大多数站点的 AM 洪峰是在 A2 情景下最大，B1 情景下最小，A1B 情景下居中。与历史洪水极值事件发生比较，3 种情景下大洪水和中等洪水事件发生减少，中等洪水减少较显著，小洪水事件发生增加。对于特大洪水，在 A1B 和 B1 情景下有所减少，B1 情景下减少显著，但在 A2 情景下 2050s、2060s 和 2090s 发生比例比历史增加，其余年代减少。在高排放 A2 情景下，未来气温增加幅度最大，降水变率比较大，大洪水、特大洪水较容易发生，然而在低排放 B1 情景下，未来气温增幅最小，降水变率小，大洪水、特大洪水事件发生可能性相对较小。相对于历史 AM 洪峰，未来气候情景下的 AM 洪峰表现出洪水强度减小。

6.2 研究展望

本书的研究内容包括洪水极值事件的时空演变规律、概率统计规律和气候变化对洪水极值事件的影响等方面。但是，在变化环境下，气候变化和人类活动对水文极值事件的影响非常复杂，而且具有不确定性。因此，以后将从以下几个方面进一步开展研究工作。

(1)从统计途径来讲，变化环境下非一致性的洪水极值事件频率分析不仅需要考虑单变量分析，同时也应该借助 Copula 函数的优点，考虑基于参数时变的 Copula 函数进行多变量的非一致性洪水极值分析，以期能够更全面描述洪水极值事件的统计特征，此外对于尾部相关特征的分析也需要进一步的拓展。

(2)从基于水文物理过程的成因途径来讲，本书的研究采用水文模型研究气候变化来分析气候变化对洪水极值事件的影响。同时，人类活动，如植被覆盖/土地利用(LUCC)变化、闸坝调度、工农业取用水、跨流域调水等也对水文循环产生了影响，从而影响了流域洪水极值事件的发生频率。因此，在现有的水文模型基础上，考虑耦合 LUCC、闸坝调度、工农业取用水、跨流域调水等因素建立流域水系统模型，综合考虑气候变化和人类活动的影响，可以进一步研究变化环境对洪水极值事件发生频率和强度的影响。同时，如何提高水文模型对水文极值事件的模拟能力以及如何降尺度以提高对水文极值事件的捕捉也是需要进一步研究和探讨的问题。此外，洪水极值事件的发生与极端天气气候系统密切相关，因此，通过研究极端天气气候系统进而对洪水极值事件进行成因分析将是进一步深入研究的重要途径。

(3)基于统计途径和成因途径相结合的方法，选取洪水极值事件关键性的指示因子以及水文物理过程的具有物理意义的因素，推导具有物理机制的洪水频率分析模型，是未来的一个重要的研究和发展方向。

参考文献

[1] 白爱娟,翟盘茂.中国近百年气候变化的自然原因讨论[J].气象科学,2007,27(5):584-590.

[2] 白丽,夏乐天,魏玉华.加权核密度估计在洪水频率分析中的应用[J].水文,2008,(5):36-39.

[3] 蔡敏,丁裕国,江志红.我国东部极端降水时空分布及其概率特征[J].高原气象,2007,26(2):309-318.

[4] 柴晓玲,郭生练,周芬,等.无资料地区径流分析计算方法研究[J].中国农村水利水电,2005,(5):20-22.

[5] 陈子燊,刘曾美,路剑飞.基于广义 Pareto 分布的洪水频率分析[J].水力发电学报,2013,32(2):68-73.

[6] 从树铮.水科学技术中的概率统计方法[M].北京:科学出版社.

[7] 丁裕国,江志红.极端气候研究方法导论(诊断及模拟与预测)[M].北京:气象出版社,2009.

[8] 丁裕国,郑春雨,申红艳.极端气候变化的研究进展[J].沙漠与绿洲气象,2008,2(6):1-5.

[9] 董洁,谢悦波,翟金波.非参数统计在洪水频率分析中的应用与展望[J].河海大学学报(自然科学版),2004,32(1):23-26.

[10] 杜鸿,夏军,曾思栋,等.淮河流域极端径流的时空变化规律及统计模拟[J].地理学报,2012,67(3):398-409.

[11] 段文明.渭河流域旱涝灾害研究[D]:硕士.北京:中国科学院研究生院,2012.

[12] 范丽军,符淙斌,陈德亮,等.统计降尺度法对未来区域气候变化情景预估的研究进展[J].地球科学进展,2005,20(3):320-329.

[13] 方彬,郭生练,肖义,等.年最大洪水两变量联合分布研究[J].水科学进展,2008,19(4):505-511.

[14] 方高干,王道虎,罗静,等.降低淮河流域中下游地区特大洪水威胁的思考[J].中国防汛抗旱,2013,23(2):66-68.

［15］ 封国林，侯威，支蓉，等. 极端气候事件的检测、诊断与可预测性研究［M］. 北京：科学出版社，2012.

［16］ 郭生练，闫宝伟，肖义，等. Copula 函数在多变量水文分析计算中的应用及研究进展［J］. 水文，2008，28(3)：1-7.

［17］ 郭生练. 洪水频率区域综合分析［J］. 武汉水利电力学院学报，1990，23(6)：69-76.

［18］ 郭生练. 设计洪水研究进展与评价［M］. 北京：中国水利水电出版社，2005.

［19］ 韩瑞光，丁志宏，冯平. 人类活动对海河流域地表径流量影响的研究［J］. 水利水电技术，2009，40(3)：4-7.

［20］ 侯芸芸，宋松柏，赵丽娜，等. 基于 Copula 函数的三变量洪水频率研究［J］. 西北农林科技大学学报（自然科学版），2010，38(2)：219-228.

［21］ 侯芸芸. 基于 Copula 函数的多变量洪水频率计算研究［D］：［硕士］. 陕西西安：西北农林科技大学，2010.

［22］ 江聪，熊立华. 基于 GAMLSS 模型的宜昌站年径流序列趋势分析［J］. 地理学报，2012，67(11)：1505-1514.

［23］ 江志红，陈威霖，宋洁，等. 7 个 IPCC AR4 模式对中国地区极端降水指数模拟能力的评估及其未来情景预估［J］. 大气科学，2009，33(1)：109-120.

［24］ 金光炎. 水文统计原理与方法［M］. 北京：中国工业出版社，1964：1-338.

［25］ 李春强，杜毅光，李保国. 1965-2005 河北省降水量变化的小波分析［J］. 地理科学进展，2010，29(11)：1340-1344.

［26］ 李天元，郭生练，罗启华，等. 双参数 Copula 函数在洪水联合分布中的应用研究［J］. 水文，2011，31(5)：24-28.

［27］ 李秀敏. 极值统计模型族的参数估计及其应用研究［D］：［博士］. 天津：天津大学，2007.

［28］ 李秀云，汤奇成，傅肃性，等. 中国河流的枯水研究［M］. 北京：海洋出版社，1993：33-34.

［29］ 梁忠民，胡义明，王军. 非一致性水文频率分析的研究进展［J］. 水科学进展，2011，22(6)：864-871.

［30］ 廖要明，陈德亮，谢云. BCC/RCG-WG 天气发生器非降水变量模拟参数气候变化特征［J］. 地理学报，2013，68(3)：414-427.

［31］ 廖要明，刘绿柳，陈德亮，等. 中国天气发生器（BCC/RCG-WG）模拟非降水变量的效果评估［J］. 气象学报，2011，69(2)：310-319.

［32］ 林小丽. 区域洪水频率在淮河流域的应用研究［D］：［硕士］. 南京：河海大学，2005.

[33] 刘昌明,刘小莽,郑红星.气候变化对水文水资源影响问题的探讨[J].科学对社会的影响,2008(2):21-27.

[34] 刘光文.皮尔逊Ⅲ型分布参数估计[J].水文,1990(4):1-15,1990(5):1-14.

[35] 刘昊,陈浪南.基于GAMLSS模型的高频流动性指标分布特征[J].山西财经大学学报,2011,33(4):25-33.

[36] 刘学锋,任国玉,范增禄,等.海河流域近47年极端强降水时空变化趋势分析[J].干旱区资源与环境,2010,24(8):85-90.

[37] 刘治中.数值积分权函数法推求P-Ⅲ型分布参数[J].水文,1987(5):11-14.

[38] 马明卫.Meta-elliptical copulas函数在干旱分析中的应用研究[D]:[硕士].西安:西北农林科技大学,2011.

[39] 马秀峰.计算水文频率参数的权函数法[J].水文,1984(4):1-8.

[40] 欧阳资生,王同辉.基于Copula方法的极值洪水频率与风险分析[J].统计与信息论坛,2012,27(1):71-76.

[41] 秦毅.区域洪水频率分析模型的稳健性检验[J].西安理工大学学报,1988(3):5.

[42] 桑燕芳,王栋,吴吉春.水文频率分析中参数估计SAGA-ML方法的研究[J].水文,2009,29(5):23-29.

[43] 佘敦先.气候变化背景下极端干旱的多元统计模型及应用研究[D]:[博士].北京:中国科学院大学,2013.

[44] 佘敦先,夏军,张永勇,等.近50年来淮河流域极端降水的时空变化及统计特征[J].地理学报,2011,66(9):1200-1210.

[45] 佘敦先,夏军,杜鸿,等.黄河流域极端干旱的时空演变特征及多变量统计模型研究[J].应用基础与工程科学学报,2012,20(S1):15-29.

[46] 史道济.实用极值统计方法[M].天津:天津科学技术出版社,2006.

[47] 水利部,电力工业部.水利水电工程设计洪水计算规范SDJ22-79(试行)[S].北京:水利出版社,1980.

[48] 水利部,能源部.水利水电工程设计洪水计算规范SL44-93[S].北京:水利电力出版社,1993.

[49] 水利部.水利水电工程设计洪水计算规范SL44-2006[S].北京:中国水利水电出版社,2006.

[50] 水利部水文局.流域性洪水定义及量化指标研究[R].北京:水利部水文局,2009.

[51] 水利部水文司.中国水文志[M].北京:中国水利水电出版社,1997:214-216,267-271.

[52] 宋松柏，蔡焕杰，金菊良，等. Copula 函数及其在水文中的应用[M]. 北京：科学出版社，2012.

[53] 宋星原，邵东国，夏军. 洋河流域非线性产汇流实时预报模型研究[J]. 水电能源科学，2003，9(21)：1-3.

[54] 宋星原. 时变增益水文模型的改进及实时预报应用研究[J]. 武汉大学学报(工学版)，2002，35(2)：1-4.

[55] 苏布达，姜彤，董文杰. 长江流域极端强降水分布特征的统计拟合[J]. 气象科学，2008(6)：625-629.

[56] 苏布达，姜彤. 长江流域降水极值时间序列的分布特征[J]. 湖泊科学，2008，20(1)：123-128.

[57] 万蕙，夏军，张利平，等. 淮河流域水文非线性多水源时变增益模型研究与应用[J]. 水文(录用待刊)，2014.

[58] 万仕全. 中国降水与温度极值的时空分布规律模拟[D]：[博士]. 兰州：兰州大学，2010.

[59] 万仕全，周国华，潘柱，等. 南京过去 100 年极端日降水量模拟研究[J]. 气象学报，2010，68(6)：790-799.

[60] 王冰. 水库防洪风险评估及水文序列变异影响的研究[D]：[博士]. 天津：天津大学，2012.

[61] 王纲胜，夏军，朱一中，等. 基于非线性系统理论的分布式水文模型[J]. 水科学进展，2004，15(4)：521-525.

[62] 王国庆，张建云，刘九夫，等. 气候变化和人类活动对河川径流影响的定量分析[J]. 中国水利，2008(2)：55-58.

[63] 王文圣，丁晶，李跃清. 水文小波分析[M]. 北京：化学工业出版社，2005.

[64] 王文圣，丁晶，向红莲. 水文时间序列多时间尺度分析的小波变换法[J]. 四川大学学报(工程科学版)，2002，34(6)：14-17.

[65] 王文圣，丁晶. 基于核估计的多变量非参数随机模型初步研究[J]. 水利学报，2003(2)：9-14.

[66] 魏凤英，曹鸿兴. 中国、北半球和全球的气温突变分析及其趋势预测研究[J]. 大气科学，1995，19(2)：140-148.

[67] 魏凤英，张婷. 淮河流域夏季降水的振荡特征及其与气候背景的联系[J]. 中国科学 D 辑，2009，39(10)：1360-1374.

[68] 吴志勇，陆桂华，刘志雨，等. 气候变化背景下珠江流域极端洪水事件的变化趋势

[J]. 气候变化研究进展,2012,8(6):403-408.

[69] 夏军,刘昌明,丁永健,等. 中国水问题观察第一卷:气候变化对我国北方典型区域水资源影响及适应对策[M]. 北京:科学出版社,2011.

[70] 夏军,刘春蓁,任国玉. 气候变化对我国水资源影响研究面临的机遇与挑战[J]. 地球科学进展,2011,26(1):1-12.

[71] 夏军,穆宏强,邱训平,等. 水文序列的时间变异性分析[J]. 长江职工大学学报,2001,18(3):1-41.

[72] 夏军,宋霁云,曾思栋,等. 水文非线性与水系统科学[J]. 中国水文科技新发展——2012 中国水文学术讨论会论文集,2012.

[73] 夏军. 水文非线性系统理论与方法[M]. 武汉大学学术丛书,2002.

[74] 肖可以,宋松柏. 最大熵原理在水文频率参数估计中的应用[J]. 西北农林科技大学学报(自然科学版),2010,38(2):197-205.

[75] 肖艳. 近 48 年来湘江流域极端强降水事件的时空特征分析[D]:[硕士]. 长沙:湖南师范大学,2010.

[76] 肖艳,黎祖贤,章新平,等. 近 48 年来湘江流域极端降水事件特征分析[J]. 长江流域资源与环境,2010,19(11):1356-1362.

[77] 肖义,郭生练,刘攀,等. 基于两变量分布的峰量联合分布[J]. 长江科学院院报,2007,24(2):13-16.

[78] 谢平,陈广才,雷红富,等. 论变化环境下的地表水资源评价方法[J]. 水资源研究,2007,28(3):1-3.

[79] 谢平,陈广才,雷红富,等. 变化环境下地表水资源评价方法[M]. 北京:科学出版社,2009.

[80] 谢平,陈广才,夏军. 变化环境下非一致性年径流序列的水文频率计算原理[J]. 武汉大学学报(工学版),2005,38(6):6-9.

[81] 谢平,窦明,朱勇,等. 流域水文模型——气候变化和土地利用/覆被变化的水文水资源效应[M]. 北京:科学出版社,2010.

[82] 谢平,许斌,陈广才,等. 变化环境下基于希尔伯特—黄变换的水资源评价方法[J]. 水力发电学报,2013,32(3):27-33.

[83] 熊立华,郭生练,王才君. 国外区域洪水频率分析方法研究进展[J]. 水科学进展,2004,15(2):261-267.

[84] 熊立华,郭生练,肖义. Copula 联结函数在多变量水文频率分析中的应用[J]. 武汉大学学报(工学版),2005,38(6):10-13.

[85] 熊立华,郭生练. L-矩在区域洪水频率分析中的应用[J]. 水力发电,2003,29(3):6-8.

[86] 熊立华,郭生练. 两变量极值分布在洪水频率分析中的应用研究[J]. 长江科学院院报,2004,21(2):35-37.

[87] 徐良金,陈富川. 临淮岗工程与淮河洪水资源化[J]. 2007(6):49-52.

[88] 薛丽芳. 面向流域的城市化水文效应研究[D]:[博士]. 北京:中国矿业大学,2009.

[89] 闫宝伟,郭生练,陈璐,等. Copula 函数在水文计算中的适用性分析[J]. 数学的实践与认知,2012,42(3):85-93.

[90] 严恺,王倩,姚华,等. 应用 GAMLSS 构建基于性别、年龄、身高的新疆 7-17 岁儿童青少年血压参考标准[J]. 中国循证儿科杂志,2011,6(5):343-348.

[91] 杨萍,侯威,封国林. 基于去趋势波动分析方法确定极端事件阈值[J]. 物理学报,2008,57(8):5334-5342.

[92] 杨涛,陈喜,杨红卫,等. 基于线性矩法的珠江三角洲区域洪水频率分析[J]. 河海大学学报(自然科学版),2009,37(6):615-619.

[93] 杨涛,陆桂华,李会会,等. 气候变化下水文极端事件变化预测研究进展[J]. 水科学进展,2011,22(2):279-286.

[94] 姚凤梅,张佳华. 1981—2000 年水稻生长季相对极端高温事件及其气候风险的变化. 自然灾害学报,2009,18(4):37-39.

[95] 叶守泽,詹道江. 工程水文学[M]. 北京:中国水利水电出版社,1987.

[96] 袁喆,杨志勇,郑晓东,等. 近 50 年来淮河流域降水时空变化特征分析[J]. 南水北调与水利科技,2012,10(2):98-103.

[97] 翟盘茂,潘晓华. 中国北方近 50 年温度和降水极端事件变化[J]. 地理学报,2003,58(增刊):1-10.

[98] 张德二,李小泉,梁有叶.《中国近五百年旱涝分布图集》的再续补(1993-2000 年)[J]. 应用气象学报,2003,14(3):379-384.

[99] 张德二,刘传志.《中国近五百年旱涝分布图集》续补(1980—1992 年)[M]. 气象,1993,19(11):41-45.

[100] 张金才. 淮河流域洪水灾害及防治建议[J]. 灾害学,1992,7(2):53-56.

[101] 张静怡. 水文分区及区域洪水频率研究[D]:[博士]. 南京:河海大学,2008.

[102] 张丽娟,陈晓宏,叶长青,等. 考虑历史洪水的武江超定量洪水频率分析[J]. 水利学报,2013,44(3):268-275.

[103] 张利平,杜鸿,夏军,等. 气候变化下极端水文事件研究进展[J]. 地理科学进展,

2011,30(11):1370-1379.

[104] 张利平,秦琳琳,胡志芳,等. 南水北调中线工程水源区水文循环过程对气候变化的响应[J]. 水力学报,2010,41(11):1261-1271.

[105] 张利平,曾思栋,王任超,等. 气候变化对滦河流域水文循环的影响及模拟[J]. 资源科学,2011,33(5):966-974.

[106] 张永勇,夏军,程绪水,等. 多闸坝流域水文环境效应研究及应用[M]. 北京:中国水利水电出版社,2011.

[107] 赵其庚,赵宗慈. 水文气象安全问题国际会议简介[J]. 气候变化研究进展,2006,2(6):307.

[108] 赵宗慈. 全球气候变化预估最新研究进展[J]. 气候变化研究进展,2006,2(2):68-71.

[109] 崔宗培. 中国水利百科全书[M]. 北京:中国水利水电出版社,1991.

[110] 中央气象局气象科学研究院. 中国近 500 年旱涝分布图集[M]. 北京:地图出版社,1981.

[111] 周芬,郭生练,方彬,等. 区域回归法对无资料地区设计洪水的估算[J]. 水力发电,2004,30(7).

[112] 朱延龙,陈进,陈广才. 长江源区近 32 年径流变化及影响因素分析[J]. 长江科学院院报,2010,28(6):1-4.

[113] Alexander L V,Zhang X,Peterson T C,et al. Global observed changes in daily climate extremes of temperature and precipitation [J]. Journal of Geophysical Research: Atmospheres(1984-2012),2006,111(D5). DOI:10. 1029/2005JD006290.

[114] Alila Y,Mtiraoui A. Implications of heterogeneous flood-frequency distributions on traditional stream-discharge prediction techniques [J]. Hydrological Processes,2002,16(5):1065-1084.

[115] Beniston M,Stephenson D B,Christensen O B,et al. Future extreme events in European climate: An exploration of regional climate model projections [J]. Climate Change,2007,81(Supplement 1):71-95.

[116] Benson M A. Uniform flood frequency estimating methods for federal agencies [J]. Water Resources Research,1968,4(5):891-908.

[117] Bortkiewicz L von. Variationsbreite und mitterlerer Fehler, Sitzungsber[J]. Berli. Math. Ges. ,1922,21:3-11.

[118] Brakenridge G R,Anderson E,Caquard S. Active Archive of Large Floods 1985-

2003. Dartmouth Flood Observatory (DFO). Hanover, USA. www. dartmouth. edu/%7Efloods/Archives/index. html(accessed on 16 December 2004).

[119] Chen L, Singh V P, Shenglian G, et al. Flood coincidence risk analysis using multivariate copula functions [J]. Journal of Hydrologic Engineering, 2011, 17(6): 742-755.

[120] Coles S. An Introduction to Statistical Modeling of Extreme Values [M]. Springer: London, 2001.

[121] Correia F N. Multivariate partial duration series in flood risk analysis [M]. Springer Netherlands, 1987: 541-554.

[122] Cunnane C. Unbiased plotting positions-a review [J]. Journal of Hydrology, 1978, 37(3): 205-222.

[123] Cunnane C. Statistical Distributions for Flood Frequency Analysis [M]. WMO Operational Hydrology Report, 1989, No. 33.

[124] Dalrymple T. Flood frequency methods [J]. U. S. Geological Survey, Water Supply Paper, 1960, 1543(A): 11-51.

[125] Davison A C, Smith R L. Models for exceedances over high thresholds [J]. Journal of the Royal Statistical Society. Series B(Methodological), 1990: 393-442.

[126] Deguenon J, Barbulescu A, Sarr M. GPD Models for Extreme Rainfall in Dobrudja [J]. Computational Engineering in Systems Applications (Volume Ⅱ), Conference, Computational engineering in systems applications, 2011(2): 131-136.

[127] Doblas F J, Pavan V, Stephenson D B. The skill of multi-model seasonal forecasts of the wintertime North Atlantic Oscillation [J]. Climate Dynamics, 2003, 21(5-6): 501-514.

[128] Dodd E L. The greatest and least variate under general laws of error [J]. Tansactions of the American Mathematical Society, 1923, 25: 525-539.

[129] Dore H I M. Climate change and changes in global precipitation patterns: what do we know? Environmental International, 2005, 31: 1167-1181.

[130] Endreny T A, Pashiardis S. The error and bias of supplementing a short, arid climate, rainfall record with regional vs. global frequency analysis [J]. Journal of hydrology, 2007, 334(1-2): 174-182.

[131] Fang H B, Fang K T, Kotz S. The meta-elliptical distributions with given marginal [J]. Journal of Multivariate Analysis, 2002, 82(1): 1-16.

[132] Favre A C, ElAdlouni S, Perreault L, et al. Multivariate hydrological frequency

analysis using copulas [J]. Water Resources Research,2004,40(1). doi:10. 1029/2003WR002456.

[133] Fiorentino M, Arora K, Singh V P. The two-component extreme value distribution for flood frequency analysis: Derivation of a new estimation method [J]. Stochastic Hydrology and Hydraulics,1987(1):199-208.

[134] Fisher N I,Switzer P. Chi-plots for assessing dependence [J]. Biometrika,1985, 72(2):253-265.

[135] Fisher N I,Switzer P. Graphical Assessment of Dependence [J]. The American Statistician,2001,55(3):233-239.

[136] Fisher R A,Tippett L H C. Limiting forms of the frequency distribution of the largest or smallest member of a sample[C]//Mathematical Proceedings of the Cambridge Philosophical Society. Cambridge University Press,1928,24(2):180-190.

[137] Frahm G, Junker M, Schmidt R. Estimating the tail-dependence coefficient: Properties and pitfalls [J]. Insurance:Mathematics and Economics,2005,37(1):80-100.

[138] Frechet M. Sur la loi de probabilte de l'ecart maximum [J]. Ann. Soc. Polon. Math. Cracovie,1927,6:93-116.

[139] Frees E W, Valdez E A. Understanding relationships using copulas [J]. North American actuarial journal,1998,2(1):1-25.

[140] Fuller W E. Flood flows [J]. Transactions of the American Society of Civil Engineers,1914,LXXVII(1):564-617.

[141] Gabriele V, James A S, Francesco S, et al. Flood frequency analysis for nonstationary annual peak records in an urban drainage basin [J]. Advances in Water Resources,2009,32:1255-1266.

[142] Gabriele V,James A S,Francesco S. Nonstationary modeling of a long record of rainfall and temperature over Rome [J]. Advances in Water Resources, 2010, 33: 1256-1267.

[143] Ganguli P, Reddy M J. Probabilistic assessment of flood risks usingtrivariate copulas [J]. Theoretical and applied climatology,2013,111(1-2):341-360.

[144] Genest C, Favre A C, Béliveau J, et al. Metaelliptical copulas and their use in frequency analysis of multivariate hydrological data [J]. Water Resources Research,2007, 43(9).

[145] Genest C, Favre A C. Everything you always wanted to know about copula modeling but were afraid to ask [J]. Journal of hydrologic engineering, 2007, 12(4):

347-368.

[146] Genest C, Ghoudi K, Rivest L P. A semiparametric estimation procedure of dependence parameters in multivariate families of distributions [J]. Biometrika, 1995, 82(3): 543-552.

[147] Genest C, Mackay J. The joy of copulas: Bivariate distributions with uniform marginal [J]. The American Statistician, 1986, 40(4): 280-283.

[148] González J, Valdés J B. A regional monthly precipitation simulation model based on an L-moment smoothed statistical regionalization approach [J]. Journal of hydrology, 2008, 348(1): 27-39.

[149] Greenwood J A, Landwehr J M, Matalas N C, et al. Probability weighted moments: definition and relation to parameters of distributions expressible in inverse form [J]. Water Resources Research, 1979, 15(5): 1049-1054.

[150] Grimaldi S, Serinaldi F. Design hyetograph analysis with 3-copula function [J]. Hydrological Sciences Journal, 2006, 51(2): 223-238.

[151] Haddad K, Rahman A, Stedinger J R. Regional flood frequency analysis using Bayesian generalized least squares: a comparison between quantile and parameter regression techniques [J]. Hydrological Processes, 2012, 26(7): 1008-1021.

[152] Hastie T J, Tibshirani R J. Generalized additive models [M]. CRC Press, 1990.

[153] Hernandez F J, Hare J A. Evaluating diel, ontogenetic and environmental effects on larval fish vertical distribution using generalized additive models for location, scale and shape [J]. Fisheries Oceanography, 2009, 18(4): 224-236.

[154] Hosking J R M, Wallis J R. Parameter and quantile estimation for the generalized Pareto distribution [J]. Technometrics, 1987, 29(3): 339-349.

[155] Hosking J R M, Wallis J R. Some statistics useful in regional frequency analysis [J]. Water Resources Research, 1993, 29: 271-281.

[156] Hosking J R M, Wallis J R. Regional Frequency Analysis: An Approach Based on L-Moments [M]. Cambridge University Press, UK, 1997.

[157] Hosking J R M. L-moments: analysis and estimation of distributions using linear combinations of order statistics [J]. Journal of the Royal Statistical Society, 1990, Series B(Methodological): 105-124.

[158] IPCC. Managing the Risks of Extreme Events and Disasters to Advance Climate Change Adaptation(SREX): a special report of working group Ⅰ and Ⅱ of the Intergovernmental

Panel on Climate Change[R]. Cambridge University Press,New York,2012.

[159] IPCC. Climate change 2007:synthesis report [R]. Geneva,2007.

[160] Jekinson A F. The frequency distribution of the annual maximum(or minimum) values of meteorological elements [J]. Quarterly Journal of the Royal Meteorological Society,1955,81(348):158-171.

[161] Jin X,Xu C Y,Zhang Q,et al. Parameter and modeling uncertainty simulated by GLUE and a formal Bayesian method for a conceptual hydrological model [J]. Journal of Hydrology,2010,383(3):147-155.

[162] Joe H,Xu J. The estimation method of inference functions for margins for multivariate models [R]. Technical Report 166. Department of Statistics,University of British Columbia:Vancouver,Canada,1996.

[163] Joe H. Multivariate concordance [J]. Journal of multivariate analysis,1990,35(1):12-30.

[164] Joe H. Parametric families of multivariate distributions with given margins [J]. Journal of multivariate analysis,1993,46(2):262-282.

[165] Joe H. Multivariate models and multivariate dependence concepts [M]. CRC Press,1997.

[166] John M G,Philip A Y. Point and standard error estimation for quantiles of mixed flood distributions. Journal of Hydrology,2010,391(3-4):289-301.

[167] Jones P D,Reid P A. Assessing future changes in extreme precipitation over Britain using regional climate model integrations [J]. International Journal of Climatology,2001,21(11):1337-1356.

[168] Kao S C,Chang N B. Copula-Based Flood Frequency Analysis at Ungauged Basin Confluences:Nashville,Tennessee [J]. Journal of Hydrologic Engineering,2011,17(7):790-799.

[169] Karl T R,Meehl G A,Miller C D,et al. Weather and climate extremes in a changing climate[R]. Hawaii:The US Climate Change Science Program,2008.

[170] Karl T R,Nicholls N,Ghazi A. CLIVAR/GCOS/WMO workshop on indices and indicators for climate extremes[J]. Climate Change,1999,42:3-7.

[171] Kendall M G. Rank Correlation Methods [M]. Oxford,England:Griffin,1948.

[172] Kim G,Silvapulle M J,Silvapulle P. Comparison of semiparametric and parametric methods for estimating copulas[J]. Computational Statistics & Data Analysis,

2007,51(6):2836-2850.

[173] Kotz S,Nadarajah S. Some extremal type elliptical distributions [J]. Statistics & probability letters,2001,54(2):171-182.

[174] Krstanovic P F, Singh V P. A multivariate stochastic flood analysis using entropy [M]//Hydrologic frequency modeling. Springer Netherlands,1987:515-539.

[175] Lang M,Ouarda T,Bobée B. Towards operational guidelines for over-threshold modeling [J]. Journal of Hydrology,1999,225(3):103-117.

[176] Leclerc M, Ouarda T. Non-stationary regional flood frequency analysis at ungauged sites [J]. Journal of Hydrology,2007,343(3-4):254-265.

[177] Leytham K M. Maximum likelihood estimates for the parameters of mixed distributions [J]. Water Resources Research,1984,20(7):896-902.

[178] Liao Y M,Zhang Q,Chen D L. Stochastic modeling of daily precipitation in China [J]. Journal of Geographical Sciences,2004,14:417-426. DOI:10. 1007/BF02837485

[179] Lima M I P,Santo F E,Ramos A M,et al. Recent changes in daily precipitation and surface air temperature extremes in mainland Portugal,in the period 1941-2007[J]. Atmospheric Research,2013,127:195-209.

[180] Lin G F, Chen L H. Identification of homogeneous regions for regional frequency analysis using the self-organizing map [J]. Journal of Hydrology,2006,324(1):1-9.

[181] Maidment D R. Handbook of Hydrology [M]. McGraw Hill,INC,1992.

[182] Mann H B. Nonparametric tests against trend [J]. Econometrica, 1945, 13: 245-259.

[183] Mises R von. Uber dieVariationsbreite einer Beobachtungsreihe [J]. Sit zungsber. Berli. Math. Ges. ,1923,22:3-8.

[184] Mishra A K, Singh V P. Drought modeling-A review [J]. Journal of Hydrology,2011,403(1-2):157-175.

[185] Mittchell J M,Dzerdzeevskii B,Flohn H,et al. Climate change. WMO Technical Note No. 79. World Meteorological Organization,1966.

[186] Mkhandi S,Opere A O,Willems P. Comparison between annual maximum and peaks over threshold models for flood frequency prediction [J]. Proceedings International Conference of UNESCO Flanders FIT FRIEND/Nile Project-' Towards a better cooperation'. International Conference of UNESCO Flanders FIT FRIEND/Nile Project-

Towards a better cooperation' location: Sharm El-Sheikh, Egypt, 2005.

[187] Mohammed H I Dore. Climate change and changes in global precipitation patterns: what do we know? [J]. Environmental International, 2005, 31(8): 1167-1181.

[188] Murphy J M, Sexton D M H, Barnett D N, et al. Quantification of modelling uncertainties in a large ensemble of climate change simulations [J]. Nature, 2004, 430 (7001): 768-772.

[189] Nadarajah S, Kotz S. Information matrices for some elliptically symmetric distribution [J]. Statistics and Operations Research Transactions, 2005, 29(1): 43-56.

[190] Nadarajah S. Fisher information for the elliptically symmetric Pearson distributions [J]. Applied Mathematics and Computation, 2006, 178(2): 195-206.

[191] Nash J E, Sutcliffe J V. River flow forecasting through conceptual models part I-A discussion of principles [J]. Journal of hydrology, 1970, 10(3): 282-290.

[192] Nelder J A, Baker R J. Generalized linear models [M]. John Wiley & Sons, Inc., 1972.

[193] Nelsen R B. An introduction to copulas [M]. Springer, 1999.

[194] NERC(Natural Environment Research Council). Flood Studies Report [M]. Department of the Environment, London, 1975.

[195] Ngongondo C S, Xu C Y, Tallaksen L M, et al. Regional frequency analysis of rainfall extremes in Southern Malawi using the index rainfall and L-moments approaches [J]. Stochastic Environmental Research and Risk Assessment, 2011, 25(7): 939-955.

[196] Pandey G R, Nguyen V. A comparative study of regression based methods in regional flood frequency analysis [J]. Journal of Hydrology, 1999, 225(1-2): 92-101.

[197] Petrow T, Merz B. Trends in flood magnitude, frequency and seasonality in Germany in the period 1951-2002 [J]. Journal of Hydrology, 2009, 371(1-4): 129-141.

[198] Pickands J. Statistical inference using extreme order statistics [J]. The Annals of Statistics, 1975, 3(1): 119-131.

[199] PoulinA, Huard D, Favre A C, et al. Importance of tail dependence in bivariate frequency analysis [J]. Journal of Hydrologic Engineering, 2007, 12(4): 394-403.

[200] Ramos M C. Divisive and hierarchical clustering techniques toanalyse variability of rainfall distribution pattern in a Mediterranean region [J]. Atmospheric Research, 2001, 57(2): 123-138.

[201] Renard B, Garreta V, Lang M. An application of Bayesian analysis and Markov

chain Monte Carlo methods to the estimation of a regional trend in annual maxima [J]. Water resources research,2006,42(12). doi:10. 1029/2005WR004591.

[202] Rigby B. A flexible regression approach using GAMLSS in R [D]. University of Lancaster,2009.

[203] Rigby R A,Stasinopoulos D M. \The GAMLSS project:a Flexible Approach to Statistical Modelling." In B Klein, LKorsholm (eds.), \ New Trends in Statistical Modelling:Proceedings of the 16th International Workshop on Statistical Modelling," pp. 249-256. Odense,Denmark,2001.

[204] Rigby R A,Stasinopoulos D M. Generalized additive models for location,scale and shape [J]. Journal of the Royal Statistical Society:Series C(Applied Statistics),2005, 54(3):507-554.

[205] Robson A, Reed D. Flood Estimation Handbook, Volume 3: Statistical Procedures for Flood Frequency Estimation [M]. Institute of Hydrology, Wallingford, UK,1999.

[206] Rosbjerg D,Madsen H,Rasmussen P F. Prediction in partial duration series with generalized pareto-distributed exceedances [J]. Water Resources Research,1992,28 (11):3001-3010.

[207] Rossi F,Fiorentino M,Versace P. Two-component extreme value distribution for flood frequency analysis [J]. Water Resources Research,1984,20(7):847-856.

[208] Sandoval C E, Raynal-Villasenor J. Trivariate generalized extreme value distribution in flood frequency analysis [J]. Hydrological Sciences Journal,2008,53(3): 550-567.

[209] Sandoval C E. Application of bivariate extreme value distribution to flood frequency analysis:a case study of Northwestern Mexico [J]. Natural Hazards,2007,42 (1):37-46.

[210] Seckin N,Haktanir T,Yurtal R. Flood frequency analysis of Turkey using L-moments method [J]. Hydrological Processes,2011,25(22):3499-3505.

[211] Silverman B W. Density Estimation for Statistics and Data Analysis [M]. New York:Chapman andHall,1986.

[212] Singh K P. A versatile flood frequency methodology [J]. Water International, 1987,12(3):139-145.

[213] Singh V P,Wang S X,Zhang L. Frequency analysis of nonidentically distributed

hydrologic flood data [J]. Journal of hydrology, 2005, 307(1): 175-195.

[214] Skaugen T, Vaeringstad T. A methodology for regional flood frequency estimation based on scaling properties [J]. Hydrological Processes, 2005, 19(7): 1481-1495.

[215] Stedinger J R, Vogel R M, Georgiou E F. Frequency analysis of extreme events, Chap. 18. In Handbook of Hydrology, Maidment DJ(ed). New York: McGraw-Hill, 1993.

[216] Strupczewski W G, Kaczmarek Z. Non-stationary approach to at-site flood frequency modelling II. Weighted least squares estimation [J]. Journal of Hydrology, 2001, 248(1): 143-151.

[217] Strupczewski W G, Singh V P, Feluch W. Non-stationary approach to at-site flood frequency modelling I. Maximum likelihood estimation [J]. Journal of Hydrology, 2001, 248(1): 123-142.

[218] Strupczewski W G, Singh V P, Mitosek H T. Non-stationary approach to at-site flood frequency modelling. III. Flood analysis of Polish rivers [J]. Journal of Hydrology, 2001, 248(1): 152-167.

[219] Svensson C, Kundzewicz W Z, Maurer T. Trend detection in river flow series: 2. Flood and low-flow index series/Détection de tendance dans des séries de débit fluvial: 2. Séries d'indices de crue et d'étiage[J]. Hydrological Sciences Journal, 2005, 50(5).

[220] Tadesse L, Sonbol M A, Willems P. At-site and regional flood frequency analysis of the upper Awash sub-basin in the Ethiopian Pleteau [C]//CD-ROM Proceedings International Conference of UNESCO Flanders FIT FRIEND/Nile Project-' Towards a better cooperation': 15 p, 2005.

[221] Thomas R K, Neville N, Anver G. Clivar/GCOS/WMO Workshop on Indices and Indicators for Climate Extremes Workshop Summary. Climatic Change, 1999, 42(1): 3-7.

[222] Thomson M C, Doblas F J, Mason S J, et al. Malaria early warnings based on seasonal climate forecasts from multi-model ensembles [J]. Nature, 2006, 439 (7076): 576-579.

[223] Tippett L H C. On the extreme individuals and the range of samples taken from a normal population [J]. Biometrika, 1925, 17: 364-387.

[224] Trenberth K E, et al. Observations: Atmospheric surface and climate change. Climate Change 2007: The Physical Science Basis. Cambridge University Press, 2007: 235-336.

[225] U. S. Water Resources Council. Guidelines for determining flood flow frequency [M]. Washington: Bulletin 17B, Hydrology Committee, Washington D. C. , 1981.

[226] Villarini G, Smith J A, Serinaldi F, et al. Flood frequency analysis for nonstationary annual peak records in an urban drainage basin [J]. Advances in water resources, 2009, 32(8): 1255-1266.

[227] Villarini G, Smith J A, Serinaldi F, et al. Analyses of extreme flooding in Austria over the period 1951-2006[J]. International Journal of Climatology, 2012, 32(8): 1178-1192.

[228] Vormoor K, Heistermann M, Lawrence D, et al. Climate change impacts on flood seasonality in Norway[C]//EGU General Assembly Conference Abstracts, 2013, 15: 13225.

[229] Wang B, Zhang M, Wei J, et al. Changes in extreme events of temperature and precipitation over Xinjiang, northwest China, during 1960-2009 [J]. Quaternary International, 2013, 298: 141-151.

[230] Xia J, Du H, Zeng S, et al. Temporal and spatial variations and statistical models of extreme runoff inHuaihe River Basin during 1956-2010 [J]. Journal of Geographical Sciences, 2012, 22(6): 1045-1060.

[231] Xia J, O'Connor K M, Kachroo R K, et al. A non-linear Perturbation model considering catchment wetness and its application in river flow forecasting [J]. Journal of Hydrology, 1997, 200: 164-178.

[232] Xia J. Real-time rainfall runoff forecasting by time variant gain models and updating approaches [M]. Research Report of the 6th International Workshop on River FlowForecasting. UCG, Ireland, 1995.

[233] Xia J. A system approach to real time hydrological forecasts in watersheds [J]. Water International, 2002, 27(1): 87-97.

[234] Yue S, Ouarda T, Bobee B, et al. The Gumbel mixed model for flood frequency analysis [J]. Journal of Hydrology, 1999, 226(1-2): 88-100.

[235] Yue S, Wang C Y. Applicability ofprewhitening to eliminate the influence of serial correlation on the Mannn-Kendall test. Water Resources Research, 2002, 38(6). doi: 10. 1029/2001WR000861

[236] Yue S. Applying bivariate normal distribution to flood frequency analysis [J]. Water International, 1999, 24(3): 248-254.

[237] Yue S. A bivariate extreme value distribution applied to flood frequency analysis [J]. Nordic Hydrology,2001,32(1):49-64.

[238] Yue S. A bivariate gamma distribution for use in multivariate flood frequency analysis [J]. Hydrological Processes,2001,15(6):1033-1045.

[239] Zhang L,Singh V P. Bivariate flood frequency analysis using the copula method [J]. Journal of Hydrologic Engineering,2006,11(2):150-164.

[240] Zhang L, Singh V P. Trivariate flood frequency analysis using the Gumbel-Hougaard copula [J]. Journal of Hydrologic Engineering,2007,12(4):431-439.

[241] Zhang L. Multivariate Hydrological Frequency Analysis and Risk Mapping [D]. Louisiana State University,2005.